教育部高等学校材料类专业教学指导委员会规划教材

材料塑性成形基础

Foundation of Materials Plastic Forming

张中武 主　编
刘英伟 副主编
张洋　崔烨　孙利昕 参　编

国防工业出版社

·北京·

内 容 简 介

全书共分为10章，注重对成形过程中的物理现象、材料要素、力学基本规律、基本原理、分析问题的方法加以阐述。具体内容包括：塑性成形的概念，金属冷塑性变形、热塑性变形对金属组织和性能的影响，应力分析与应变分析，屈服准则与本构关系，金属塑性成形的主应力法、滑移线法、变形功法与上限法，材料塑性流动及其影响因素，塑性成形新技术。本书在强调材料本身特性与变形力学特性的同时，将变形物理与变形力学等多方面知识、内容进行了有机凝练与整合；在内容的选取与表达上，力图与国内外该领域技术的发展和认知水平同步，以体现本书的时代特色。

本书适用于材料科学与工程、材料成形及控制工程专业本科教学，也可供相关专业研究生以及从事材料、先进制造等研究工作的专业人员使用。

图书在版编目(CIP)数据

材料塑性成形基础/张中武主编．—北京：国防工业出版社,2024.5
ISBN 978-7-118-13156-7

Ⅰ.①材…　Ⅱ.①张…　Ⅲ.①工程材料—塑性变形　Ⅳ.①TB3

中国国家版本馆 CIP 数据核字(2024)第 064772 号

※

国防工业出版社出版发行
(北京市海淀区紫竹院南路23号　邮政编码 100048)
雅迪云印(天津)科技有限公司印刷
新华书店经售

＊

开本 710×1000　1/16　印张 17¼　字数 304 千字
2024 年 5 月第 1 版第 1 次印刷　印数 1—2000 册　定价 90.00 元

(本书如有印装错误,我社负责调换)

国防书店：(010)88540777　　书店传真：(010)88540776
发行业务：(010)88540717　　发行传真：(010)88540762

前言

材料塑性成形是基于材料学与塑性力学的制造工艺技术。鉴于近年来对该领域基础理论及技术原理方面的认知不断丰富、深化和完善,也基于多年教学实践的经验、体会,我们深切感受到,现有教材与材料成形物理和材料成形力学结合得较少,教材内容跟不上当前材料成形技术的发展需要。因此,有必要对教材的内容体系做更新和充实。

本书是为了适应教学改革需要,为材料科学与工程、材料成形及控制工程专业的教师、学生所编写,可供有关高等院校选用。在本书的编写和内容的选择上,我们遵循以下两个原则。

第一,本书在内容选取与表达上,力图与国内外相关研究的发展和认知水平同步,以体现时代的特色。在这一点上,着重在变形物理基础和现代方法的内容及表达方面做了较多实质性的更新和补充,包括冷成形、热成形基础和规律等内容,其中较多内容反映了近年来国内外科研和生产中形成的重要规律和达成的最新共识,并补充了一些习题。

第二,本书坚持宽口径、厚基础的人才培养目标,对材料科学与工程专业和材料成形及控制工程专业传统的基础课内容的共性知识进行了科学、有机整合。其中,将变形物理与变形力学等内容进行了凝练与整理。本书在强调材料本身特性与变形力学特性的同时,梳理出如何将材料变形物理和变形力学有机结合起来,使学生全面掌握材料塑性变形过程中的影响因素和综合控制要素。

本书注重对成形过程物理现象、材料要素、力学基本规律、基本原理、分析问题的方法加以阐述,使学生对材料塑性成形过程及原理有较深入的理解,为后续的专业课程学习奠定理论基础。

本书第 1 章为绪论部分，第 2 章和第 3 章主要介绍了材料塑性成形物理基础，第 4 章到第 8 章主要介绍了材料成形力学基础，第 9 章重点介绍了材料塑性成形的影响因素，第 10 章系统介绍了材料塑性成形新技术。

第 1 章由张中武撰写，第 2 章由崔烨撰写，第 3 章由张洋撰写，第 4、5、6 章由刘英伟和张中武共同撰写，第 7、8 章由孙利昕撰写，第 9 章由崔烨撰写，第 10 章由张洋撰写。全书由张中武统稿。

鉴于编者水平有限，书中难免有疏漏不当之处，敬请读者批评指正。

编者

2023 年 6 月

目 录

- 第1章 绪论 ·· 1
  - 1.1 塑性成形的概念 ·· 1
  - 1.2 特点与分类 ··· 2
    - 1.2.1 特点 ··· 2
    - 1.2.2 分类 ··· 3
  - 1.3 塑性的实质 ··· 6
    - 1.3.1 金属键 ·· 6
    - 1.3.2 完美单晶的变形 ··· 7
    - 1.3.3 不完美单晶的变形 ·· 8
    - 1.3.4 多晶体塑性变形 ··· 10
  - 1.4 塑性力学的基本假设 ·· 10
  - 1.5 塑性理论的研究思路 ·· 12
  - 1.6 塑性成形的发展历史与展望 ······································· 12
  - 1.7 本课程的任务 ·· 14
  - 习题 ·· 14
  - 参考文献 ··· 15
- 第2章 金属冷塑性变形 ·· 16
  - 2.1 金属的塑性 ··· 16
    - 2.1.1 变形抗力及其影响因素 ···································· 16
    - 2.1.2 塑性指标 ··· 19
  - 2.2 塑性变形机理 ·· 19
    - 2.2.1 滑移 ··· 20
    - 2.2.2 孪生 ··· 22
    - 2.2.3 扩散 ··· 24
    - 2.2.4 晶间变形 ··· 25
  - 2.3 塑性变形的特点 ··· 26
    - 2.3.1 加工硬化 ··· 26

       2.3.2 晶界和晶粒位向的影响 ·· 28
       2.3.3 多晶体变形的不均匀性 ·· 28
  2.4 冷塑性变形对金属组织和性能的影响 ·· 29
       2.4.1 冷塑性变形对金属组织的影响 ·· 29
       2.4.2 冷塑性变形对金属性能的影响 ·· 33
  习题 ·· 34
  参考文献 ··· 35

第3章 热塑性变形对金属组织和性能影响 ·· 36
  3.1 金属热塑性变形中的软化过程 ·· 36
       3.1.1 回复 ··· 36
       3.1.2 再结晶 ·· 39
  3.2 回复和再结晶过程的组织演变 ·· 41
       3.2.1 静态回复过程及机制 ·· 41
       3.2.2 动态回复 ·· 46
       3.2.3 静态再结晶 ·· 49
       3.2.4 动态再结晶 ·· 53
  3.3 热变形的变形机制和变形抗力 ·· 56
       3.3.1 热变形的变形机制 ·· 56
       3.3.2 高温变形抗力 ·· 56
  3.4 热变形对金属组织性能的影响 ·· 57
  习题 ·· 59
  参考文献 ··· 60

第4章 应力分析与应变分析 ·· 61
  4.1 应力与应力状态 ··· 61
       4.1.1 外力 ·· 61
       4.1.2 内力 ·· 62
       4.1.3 应力 ·· 63
       4.1.4 点的应力状态 ·· 64
  4.2 主应力 ·· 66
       4.2.1 过一点任意斜面上的应力 ··· 66
       4.2.2 单向拉伸应力分析 ·· 69
       4.2.3 主应力的概念与求解 ··· 70
       4.2.4 主应力状态讨论 ·· 72
       4.2.5 主应力空间与一般应力空间比较 ··· 76

  4.2.6 应力张量不变量 ··· 77
  4.2.7 应力椭球面 ··· 78
  4.2.8 主应力图 ·· 79
  4.2.9 几种特殊的应力状态 ·· 79
 4.3 切应力和最大切应力 ··· 82
 4.4 应力偏张量 ··· 85
  4.4.1 应力偏张量的概念 ··· 85
  4.4.2 应力偏张量不变量 ··· 86
  4.4.3 八面体应力 ·· 86
  4.4.4 等效应力 ·· 87
 4.5 应力莫尔圆 ··· 88
  4.5.1 平面应力下的莫尔圆 ·· 88
  4.5.2 三向应力莫尔圆 ·· 90
 4.6 直角坐标系下的应力平衡微分方程 ··· 91
 4.7 圆柱坐标系下的应力状态与平衡微分方程 ··································· 93
 4.8 应变分析 ·· 94
  4.8.1 质点的位移与变形 ··· 94
  4.8.2 应变 ·· 96
  4.8.3 应变张量 ·· 98
  4.8.4 对数应变与工程应变 ·· 100
  4.8.5 塑性变形时的体积不变条件 ·· 102
 4.9 其他相关概念 ··· 103
  4.9.1 主应变 ·· 103
  4.9.2 应变张量不变量 ·· 104
  4.9.3 主应变简图 ·· 104
  4.9.4 主切应变和最大切应变 ·· 105
  4.9.5 应变偏张量和应变球张量 ··· 105
  4.9.6 八面体应变和等效应变 ·· 106
 4.10 位移分量和应变分量的关系——小变形几何方程 ······················ 107
  4.10.1 直角坐标系下的几何方程 ··· 107
  4.10.2 用应变表示位移 ·· 109
  4.10.3 圆柱坐标系下的几何方程 ··· 111
 4.11 应变连续方程 ·· 113
 4.12 应变增量和应变速率张量 ·· 114
  4.12.1 速度分量和速度场 ·· 115
  4.12.2 位移增量和应变增量 ··· 116

  4.12.3 应变速率和应变速率张量 …………………………………………… 117
 4.13 平面应变问题 ……………………………………………………………… 118
 4.14 轴对称问题 ………………………………………………………………… 119
 习题 ……………………………………………………………………………… 120
 参考文献 ………………………………………………………………………… 122

第5章 屈服准则与本构关系 ……………………………………………………… 123

 5.1 屈服函数与屈服曲面 …………………………………………………… 123
 5.2 屈服准则 ………………………………………………………………… 124
  5.2.1 Tresca 屈服准则 ………………………………………………… 124
  5.2.2 Mises 屈服准则 ………………………………………………… 125
  5.2.3 Mises 屈服准则的物理解释 …………………………………… 126
 5.3 两个屈服准则的比较——中间主应力的影响 ………………………… 128
 5.4 平面问题屈服准则的简化 ……………………………………………… 129
  5.4.1 平面应力情况 …………………………………………………… 129
  5.4.2 平面应变情况 …………………………………………………… 130
 5.5 屈服面与π平面 ………………………………………………………… 131
  5.5.1 屈服面 …………………………………………………………… 131
  5.5.2 π平面 …………………………………………………………… 134
 5.6 后继屈服面 ……………………………………………………………… 135
  5.6.1 材料硬化曲线 …………………………………………………… 135
  5.6.2 后继屈服 ………………………………………………………… 136
 5.7 弹性变形的本构关系 …………………………………………………… 138
 5.8 塑性变形的本构关系 …………………………………………………… 140
  5.8.1 塑性应力-应变关系的特点 …………………………………… 140
  5.8.2 列维-米塞斯方程(增量理论) ………………………………… 142
 5.9 加载与卸载判据 ………………………………………………………… 145
  5.9.1 Drucker 公设 …………………………………………………… 145
  5.9.2 理想塑性材料的加载、卸载准则 ……………………………… 148
  5.9.3 强化材料的加载、卸载准则 …………………………………… 149
 5.10 普朗特-罗伊斯方程 …………………………………………………… 150
 5.11 塑性变形的全量理论 …………………………………………………… 152
 5.12 应力应变顺序对应规律 ………………………………………………… 154
 5.13 屈服轨迹上的应力分区及其与塑性成形时工件尺寸变化的关系 … 155
  5.13.1 轴对称平面应力状态屈服轨迹 ……………………………… 155
  5.13.2 屈服轨迹图分区与工序对应关系 …………………………… 155

5.14 卸载问题 ··· 157
5.15 真实应力-应变曲线的测定方法 ·· 159
    5.15.1 基于拉伸试验的标称应力-应变曲线 ······································ 159
    5.15.2 真实应力-应变曲线的确定 ·· 160
    5.15.3 基于压缩试验确定真实应力-应变曲线 ···································· 162
    5.15.4 真实应力-应变曲线的简化形式 ·· 163
    5.15.5 影响真实应力-应变曲线的因素 ·· 165
习题 ··· 169
参考文献 ··· 170

第6章 金属塑性成形的主应力法 ·· 171

6.1 主应力法的基本原理 ·· 171
6.2 镦粗变形 ·· 172
    6.2.1 长矩形板镦粗 ·· 172
    6.2.2 圆柱体镦粗 ·· 175
6.3 筒形件拉深 ·· 177
    6.3.1 拉深时的应力和应变状态 ·· 177
    6.3.2 拉深过程的力学分析 ·· 180
    6.3.3 筒壁传力区的受力分析 ·· 184
习题 ··· 186
参考文献 ··· 187

第7章 滑移线法 ·· 188

7.1 理想刚塑性平面应变问题 ·· 188
    7.1.1 平面变形应力状态 ·· 188
    7.1.2 滑移线与滑移线场的基本概念 ·· 190
    7.1.3 α 滑移线 β 滑移线以及 ω 夹角 ·· 191
    7.1.4 滑移线的微分方程 ·· 192
7.2 汉基应力方程 ·· 192
7.3 滑移线的基本性质 ·· 194
    7.3.1 滑移线的沿线性质 ·· 194
    7.3.2 滑移线的跨线性质 ·· 195
7.4 塑性区的应力边界条件 ·· 197
7.5 滑移线场的建立方法 ·· 199
    7.5.1 常见的滑移线场 ·· 199
    7.5.2 滑移线场的数值积分法和图解法 ·· 201

7.6 滑移线法理论在塑性成形中的应用 …………………………… 202
习题 …………………………………………………………………… 204
参考文献 ……………………………………………………………… 205

第8章 变形功法与上限法 …………………………………………… 206

8.1 变形功法 ……………………………………………………… 206
8.1.1 变形功法的基本原理 …………………………………… 206
8.1.2 应用举例 ………………………………………………… 207
8.2 上限法 ………………………………………………………… 209
8.2.1 虚功原理 ………………………………………………… 209
8.2.2 最大散逸功原理 ………………………………………… 210
8.3 静可容应力场与动可容速度场 ……………………………… 211
8.3.1 静可容应力场 …………………………………………… 211
8.3.2 动可容速度场 …………………………………………… 212
8.4 极限定理 ……………………………………………………… 212
8.4.1 下限定理 ………………………………………………… 212
8.4.2 上限定理 ………………………………………………… 213
8.5 Johnson 上限模式的基本原理 ……………………………… 213
8.5.1 Johnson 上限模式求解成形问题的力和能 …………… 214
8.5.2 Johnson 上限法解析成形问题的基本步骤 …………… 214
8.5.3 应用举例 ………………………………………………… 214
习题 …………………………………………………………………… 216
参考文献 ……………………………………………………………… 216

第9章 材料的塑性流动及其影响因素 ……………………………… 217

9.1 塑性流动的最小阻力定律 …………………………………… 217
9.2 影响金属塑性、塑性变形和流动的因素 …………………… 218
9.2.1 塑性、塑性指标和塑性图 ……………………………… 218
9.2.2 变形条件对金属塑性的影响 …………………………… 220
9.2.3 其他因素对塑性的影响 ………………………………… 225
9.2.4 提高金属塑性的途径 …………………………………… 229
9.3 金属塑性成形中的摩擦 ……………………………………… 230
9.3.1 塑性成形时摩擦的分类和机理 ………………………… 230
9.3.2 塑性成形时摩擦的特点及其影响 ……………………… 232
9.4 塑性成形时接触表面摩擦力的计算 ………………………… 232
9.4.1 影响摩擦系数的因素 …………………………………… 233

9.4.2　塑性加工中摩擦系数的测定方法 ………………………………………… 235
9.5　金属塑性成形中的润滑 ……………………………………………………… 238
9.6　不同塑性加工条件下的摩擦系数 …………………………………………… 241
习题 ………………………………………………………………………………… 243
参考文献 …………………………………………………………………………… 243

第10章　塑性成形新技术 …………………………………………………… 244

10.1　螺旋孔型斜轧 ……………………………………………………………… 244
　　10.1.1　螺旋孔型斜轧的原理 …………………………………………………… 244
　　10.1.2　螺旋孔型斜轧的特点 …………………………………………………… 245
10.2　摆动辗压 …………………………………………………………………… 245
　　10.2.1　摆动辗压的原理 ………………………………………………………… 245
　　10.2.2　摆动辗压的特点 ………………………………………………………… 246
　　10.2.3　摆动辗压的分类 ………………………………………………………… 248
10.3　旋压成形 …………………………………………………………………… 248
　　10.3.1　旋压成形的原理 ………………………………………………………… 248
　　10.3.2　变形及受力分析 ………………………………………………………… 249
10.4　无模拉伸成形 ……………………………………………………………… 251
　　10.4.1　无模拉伸成形的原理 …………………………………………………… 251
　　10.4.2　无模拉伸成形的基本形式 ……………………………………………… 252
　　10.4.3　无模拉伸变形机制 ……………………………………………………… 254
10.5　管道内高压成形 …………………………………………………………… 256
　　10.5.1　液压成形的定义和种类 ………………………………………………… 256
　　10.5.2　变径管内高压成形技术 ………………………………………………… 256
10.6　严重塑性变形技术 ………………………………………………………… 257
　　10.6.1　等通道角挤压 …………………………………………………………… 258
　　10.6.2　高压扭转 ………………………………………………………………… 259
10.7　表面纳米化技术 …………………………………………………………… 260
　　10.7.1　金属表面纳米化方法 …………………………………………………… 261
　　10.7.2　金属表面纳米化机理 …………………………………………………… 262
习题 ………………………………………………………………………………… 262
参考文献 …………………………………………………………………………… 263

第 1 章 绪 论

随着科学技术的创新与发展以及人们需求水平的日益提高,塑性成形技术越来越向着高效低耗、短流程、近终成形等方向发展,这是21世纪走新型工业化道路的前提和基础,也是不断改善原有生产技术,开发新型材料、新型装备,以及开发新型产业链和加工成形新技术等各环节中的重要一环。因此,塑性成形需要不断对制件的形状特征、尺寸和重量、材料特性、加工能力和使用要求等诸多因素进行广泛研究、实践。工艺发展总是和工艺装备的发展紧密相连,为此工艺攻关和专用设备的研制一定要紧密结合,故塑性成形技术及装备不断涌现并得到迅速发展,如摆动辗压技术、激光冲击精密成形技术、精密塑性体积成形技术、金属超声振动塑性成形技术、大型锻件轧制技术、大型锥形件成形技术等。虽然不同的成形技术往往只适用于特定产品或领域,但它们既是常规工艺的延续发展,也是常规工艺的重要补充,甚至是技术更新的必经之路。对那些切实可行和能在经济上受益的先进塑性成形技术加强工艺基础的理论研究,进一步提高广度和深度,具有重大意义。综上所述,材料塑性成形工艺和技术在经历了漫长的历史发展后,正在走向一个全新的发展阶段,极大地满足了我国不断发展和完善的市场经济需求。

1.1 塑性成形的概念

材料塑性成形技术是指通过塑性变形,使材料获得具有所需形状、尺寸和力学性能的零件或者毛坯的方法,常见的塑性加工手段有锻造、轧制、挤压、拉拔和冲压等。具体来说就是:金属在外力作用下,将产生一定程度的变形,一般来说,当外力较小时,只产生弹性变形,此时应力应变之间有一一对应关系,如果撤去外力,物体还能恢复到初始状态,那么这部分变形为可恢复变形;当外力逐渐增大,大到物体中的某些点的应力达到某一临界值时,此时即使撤去外力,除了最先产生的弹性变形将消失外,物体将会产生一部分永久变形,再也不能恢复到初始状态,这一永久变形称为塑性变形。在实际加工中,加工对象以金属或合金居多(也有小部分高分子材料),因此这种变形常称为金属塑性成形、金属塑性加工、锻造、压力加工、压力成形等,为了方便,后文统一简称为塑性成形。

1.2 特点与分类

1.2.1 特点

与切削、铸造、焊接等加工方法相比,塑性加工主要有以下优点。

1. 使材料组织和性能得到改善和提高

金属材料经过塑性加工后,其组织、性能得到改善和提高。例如,炼钢铸出的钢锭,其内部往往组织疏松多孔,晶粒粗大且不均匀,偏析也比较严重,必须经过锻造、轧制或挤压等塑性加工,才能使其结构致密、组织改善、性能提高。因此,90%以上的铸钢都要经过塑性加工成为钢坯或钢材。此外,经过塑性成形后,金属的流线分布合理,也改善了制件的性能,如图1-1所示。

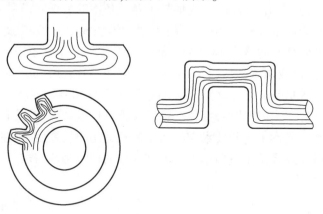

图1-1 锻造产生的流线

2. 材料利用率高

金属塑性加工主要依赖于金属在外力作用下,进入塑性状态后所具有的"流动性",因而可以通过材料的转移变成各种形状(类似于揉面或拓扑学)。这个过程不会产生切屑或者只有少量的工艺废料,因此材料利用率很高。

3. 便于组织高效率、大批量的自动化生产

金属塑性成形具有很高的生产率,适合大量生产。例如,高速冲床的行程次数已达 1500~1800 次/min；在双动拉深压力机上成形一个汽车覆盖件仅需几秒；在 12000t 热模锻压力机上，锻造汽车发动机的六拐曲轴仅需 40s。

4. 加工精度高，互换性好

不少塑性成形方法已达到少切削、无切削的要求。例如，精密模锻伞齿轮，其齿形部分可不经切削加工而直接使用；精锻叶片的复杂曲面可达到只需磨削的精度；采用微塑性成形技术成形微型零件，零件尺寸能够达到微米量级。另外，产品互换性好，例如，冲压件的尺寸公差与形状精度由冲模保证，加工出的零件质量稳定、互换性好。

1.2.2 分类

金属塑性成形的种类很多，目前分类方法还不统一。按照成形的特点，一般把塑性加工分为锻造、轧制、拉拔、挤压和冲压五大类。实际上，前 4 类都可以归于一个大类，即广义上的锻造。锻造的加工对象在几何上具有显著的三维尺寸（块体）；而冲压的加工对象为薄板，它的某一维尺寸和其他两维相比很小。方便起见，本书将塑性加工简单地划分为锻造和冲压两大类，这两大类又可以分成很多小类。时至今日，经过漫长的发展，各种加工方法不断涌现，已经形成一个枝繁叶茂的大体系，故在此不可能将所有的方法一一列出，只将一些主要的成形方法列出，以供参考。主要成形方法如表 1-1 所列。

锻造通常分为自由锻和模锻。自由锻一般是在锻锤或水压机上进行，利用简单的工具将金属锭或块料锻成所需形状和尺寸的加工方法。由于自由锻不使用专用模具，因而锻件的尺寸精度低，生产率也不高，主要用于单件、小批量生产。模锻是在模锻锤或热模锻压力机上利用模具来成形，由于金属的成形受模具控制，因此模锻件有相当精确的外形和尺寸，也有相当高的生产率，适合大批量生产。

轧制是使坯料通过旋转的轧辊而受到压缩，从而使其横截面减小、形状改变、长度增加。轧制可分为纵轧、横轧和斜轧。纵轧时，两工作轧辊旋转方向相反，轧件的纵轴线与轧辊轴线垂直；横轧时，两工作轧辊旋转方向相同，轧件的纵轴线与轧辊轴线平行；斜轧时，两工作轧辊旋转方向相同，轧件的纵轴线与轧辊轴线成一定的倾斜角。用轧制方法可生产板带材、型材、管材、周期断面型材、变断面轴以及钢球等。

拉拔是用拉拔机的夹钳把金属坯料从一定形状和尺寸的模孔中拉出，从而获得各种断面的型材、线材和管材。

挤压是把坯料放在挤压机的挤压筒中，在挤压杆的作用下，使金属从一定形状和尺寸的模孔中挤出，一般分为正挤压和反挤压。正挤压时，挤压杆的运动方向与从模孔中挤出的金属的流动方向一致；反挤压时，挤压杆的运动方向与从模孔中挤出的金属的流动方向相反。用挤压法可生产各种断面的型材、管材以及机器零件。

表 1-1 主要成形方法

锻造类			冲压类		
二次加工	自由锻	(图)	分离工序	冲孔	(图：零件、废料)
	开式模锻	(图：下模、坯料、上模)		落料	(图：废料、零件)
	闭式模锻	(图)		翻边	(图)
一次加工	轧制	(图：轧辊、坯料)		切断	(图：废料、零件)
	拉拔	(图：拉拔模、坯料)	成形工序	拉深	(图：压板、凸模、坯料、凹模)
	正挤压	(图：凸模、坯料、挤压筒、挤压模)		弯曲	(图)

续表

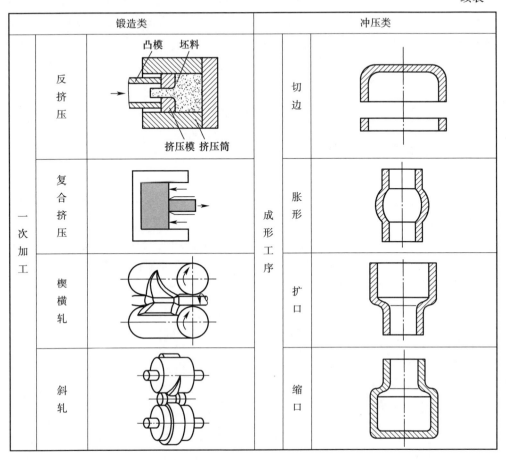

因为挤压是在很强的三向压应力状态下的成形过程,所以允许采用很大的变形量,更适合低塑性材料成形。

冲压、拉深等成形工序是在曲柄压力机或油压机上用凸模把板料拉进凹模中成形,用来生产各种薄壁空心零件,如各种空间曲面零件及覆盖件等。弯曲是指坯料在弯矩的作用下成形,如板料在模具中的弯曲成形、板带材的折弯成形、钢材的矫直等。剪切是坯料在剪切力作用下进行剪切变形,如板料在模具中的冲孔、落料、切边、板材和钢材的剪切等。

随着生产技术的发展,上述基本加工变形方式互相渗透,进而产生新的组合加工变形方式。例如,锻造和纵轧组合的辊锻工艺,可以生产各种变截面零件(如连杆等);锻造和横轧组合的楔横轧工艺,可以生产各种阶梯轴和锥形轴;锻造扩孔和横轧组合的辗环工艺,可以生产各种环形件(如轴承环、火车轮箍、齿轮坯等);冲压和轧制组合的旋压工艺,可以生产各种薄壁空心回转体零件;弯曲和轧制组合的辊弯工艺,可以生产各种断面的冷弯型材及焊管等。此外,随着技术的发展,也不断形成了新的塑性加工方法,如连铸连轧、液态模锻、等温锻造和超塑性成形等,所有这些方法都进一步扩大了塑性成形的应用范围。

1.3 塑性的实质

1.3.1 金属键

金属具有塑性是因其特有的金属键。图1-2所示为3种代表性材料的化学键图。图1-2(a)为离子晶体材料的化学键,它是靠正、负离子之间的静电吸引形成的。此时,晶体点阵中没有自由电子,每个离子周围的其他离子都与它的电性相反。当晶体受到外力作用时,晶体点阵有可能产生错动,错动使得带某种电荷的离子和临近的带同种电荷离子相遇,即原来正负相间的排列被破坏,变成正正(负负)排列,这样因同性电荷相排斥,晶体会解体,即没有塑性。

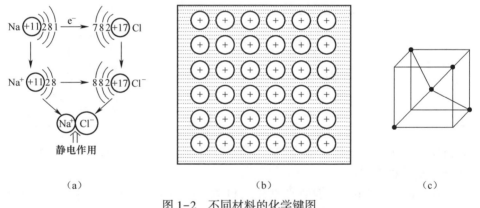

图1-2 不同材料的化学键图
(a)离子晶体材料;(b)金属晶体材料;(c)共价晶体材料。

图1-2(c)为共价晶体材料的化学键,它是靠原子之间的共用电子对结合在一起的,也就是说电子局域在原子之间,无共有化。如果此时晶体受到外力作用,导致两个原子位置偏离,则可能无法再共用这两个电子,故晶体亦会解体。

由此可见,这两种材料均是由于电子的局域化而导致化学键无"韧性",稍有"风吹草动",化学键就有可能断裂。对于金属来说,情况和上两者有些不同(图1.2(b))。金属中存在大量自由电子,并且共有化,即电子不被某个原子单独占有,而是充斥在整个晶体中,它像黏结剂一样把所有固定在晶格位置上的金属原子(实际是离子实,带正电)牢牢黏住。此时如果金属受到外力作用,尽管原子之间可能会有微小错动,但只要不超过一定的程度,靠这些"黏结剂",材料仍能保持不破裂,这就是金属具有塑性的原因。

当然有些高分子材料也具有塑性,但它们的塑性与金属的塑性有本质区别。高分子材料是大分子链的聚合体,柔软的分子链弯曲缠结在一起,中间留有很多空隙,在外力作用下,这些缝隙被压实,在外形上有变化,从而表现为"塑性"。

1.3.2 完美单晶的变形

当对一块没有缺陷的完美单晶施加足够大的剪切力时,沿着某原子面,晶体上下部分发生滑移,如图1-3(a)所示。这导致原子尺度的台阶的出现。当这种滑移大量发生并累积,就会在试样的表面出现宏观可见的滑移带和滑移台阶,如图1-3(b)所示,此时材料处于塑性状态。由于只有剪切力才能使原子面滑移而产生塑性变形,且与外力成45°方向上存在最大剪应力,因此滑移线一般与外力成45°,如图1-3(b)所示。如果晶体层错能较高,难以形成层错和不全位错,故通常很难形成孪晶,只有在低温或高应变速率变形时才形成孪晶,如图1-3(c)所示。此时原子以某一原子面(孪晶面)为对称面,呈对称分布,这是滑移机制以外的另一种变形机制,图1-3(d)所示为铜变形形成的孪晶带。综上所述,完美单晶的变形机制

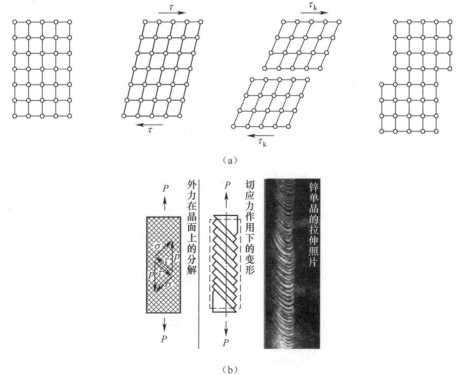

(a)

(b)

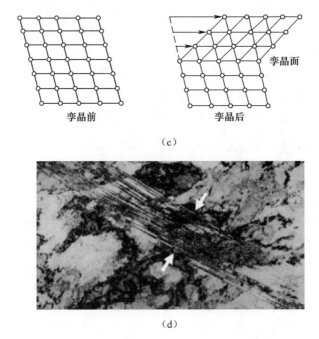

图1-3 完美单晶的变形机制
(a)滑移；(b)滑移带；(c)孪晶；(d)孪晶带。

有两种——滑移与孪晶,由材料本身的特性和加载方式决定是哪一种机制起作用。

1.3.3 不完美单晶的变形

完美单晶发生滑移,理论上需要的力很大,要产生塑性变形必须使原子层之间沿滑移面至少滑动一个原子间距离,即剪应变要达到"1"的量级,因此所需施加的剪应力应与剪切模量为同一量级。然而在实验中,人们发现金属塑性变形时所需的力仅为理论值的 $\frac{1}{1000} \sim \frac{1}{100}$,于是人们推测,原子面的整体滑移是不存在的,很可能存在某种缺陷,导致只能部分滑移。实际上,完美的单晶是不存在的,在高于热力学绝对零度的环境下,由于原子的热运动,晶体内存在各种缺陷,概括起来有点缺陷、线缺陷和面缺陷。位错就是线缺陷的一种,它的存在导致金属变形比理论上容易。

将多余的一个半原子面像刀刃一样切入晶体上半部时,就形成了一个线位错,如图1-4(a)中的位置1(垂直纸面)所示。此时将原子线1称为刃型位错。1所代表的原子线与2或3所代表的原子线之间没完美对接,存在滑移。由于滑移的存在,致使原子线1所在的半原子面失去了另一半的束缚,结合力较弱,因此给晶体施加剪切力时,该半原子面很容易发生滑移。滑移后,该半原子面将临近原子面的上半部"挤走",并和下半部结合形成整原子面,剩下的被挤走的半原子面相当于原来的半原子面移动到了新的位置,自然位错也跟着移动到了当前位置。如果这一机制持续下去,那么最终使得晶体上半部相对于下半部滑移了一个原子距离,如图1-4(a)所示。采取这种后浪推前浪的方式,变形容易得多,因为推动一个半原子面滑移所需的力要比推动整个上半部分滑移所需的力小很多。当晶体中存在大量刃型位错时,滑移累加起来就是一个可观的量,此时在试样表面会观察到滑移台阶以及由台阶组成的滑移带,如图1-4(b)所示。

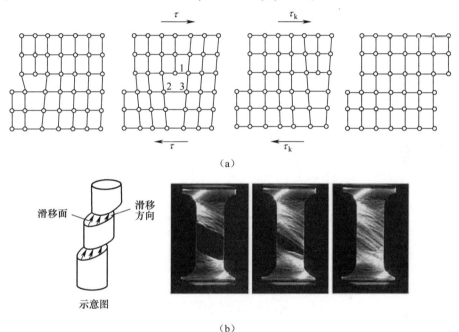

图 1-4　不完美单晶刃型位错滑移变形机制
(a)不完美单晶滑移;(b)滑移带。

除了刃型位错,还有另一种类型的线位错——螺型位错,在剪切力作用下,其变形过程如图1-5所示。有关螺型位错更详细的介绍,请读者参考材料科学基础的相关书籍。

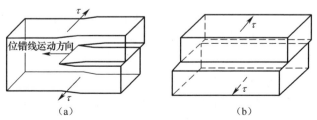

图 1-5　不完美单晶螺型位错滑移变形机制

1.3.4 多晶体塑性变形

实际的材料大都是多晶材料,即由取向不一的许多晶粒组成。因此,多晶体塑性变形机制比单晶体的要复杂得多。因为晶粒取向不一,变形自然不会同步,这就涉及晶粒之间的变形协调问题。如图 1-6 所示,变形时,滑移首先在滑移面与外力成 45°角的晶粒开始。这类晶粒内部的位错在外力作用下产生滑移,当位错滑移到晶界时,受到晶界阻碍而停止,后续的位错也聚集于此,因此产生位错的塞积,这必然对邻近的晶粒产生力的作用,导致周围晶粒发生转动。当转动到合适的位向时,临近晶粒也开始滑移,这样逐级开动滑移,使变形持续下去。由此可见,对于多晶体塑性变形,晶界的存在会带来变形抗力(阻碍),比单晶变形所需的力大。晶粒间存在相对滑动和转动,变形是分批、逐步进行的(低温时多为晶内变形,变形量较小;高温时多为晶间变形)。

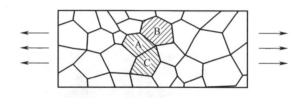

图 1-6 多晶体塑性变形

1.4 塑性力学的基本假设

固体材料通常分为晶体和非晶体两种。晶体是由许多离子、原子或分子按一定规则排列起来的空间格子(称为晶格)构成的,一般均处于稳定的平衡状态。普通固体(如低碳钢、黄铜、铝、铅等)是由许多方位不同的晶粒混乱地组合起来的,它们中间常有一些缺陷存在。非晶体一般是由许多分子集合组成的高分子化合物。由此可见,固体材料的微观结构是多样的、复杂的。如果在研究工程结构时,还要考虑固体材料的这些特征,在数学处理上必然存在极大困难。为了把所研究的问题限制在一个简便、可行的范围内,必须引入下列假设。

1. 连续性假设

连续性假设是指介质无空隙地分布于物体所占的整个空间。这一假设显然与上述介质是由不连续的粒子组成的观点矛盾。采用连续性假设不仅是为了避免数学上的困难,更重要的是,根据假设所做出的力学分析被大量的实验与工程实践证实是正确的。事实上,连续性假设与现代物质构造理论的分歧可以用统计平均的观点统一起来。从统计学的观点看来,只要所论物体的尺寸足够大,物体的性质就与体积的大小无关。通常,工程上的结构构件的尺寸与晶粒或分子团的大小相比,其数量级是非常悬殊的。在力学分析中,从物体中取出的任意微小单元,在数学上是一个无穷小量,但它却含有大量的晶粒晶体缺陷,此晶粒与物体尺寸相比更是小得多,因此连续性假设实际上是合理的。对于一些多相物体,通常也作为连续介质看待。

根据连续性假设,只要是用来表征物体变形和内力分布的量,就可以用坐标的连续函数来表示,因此,在进行弹塑性力学分析时,就可以应用数学分析这个强有力的工具。弹塑性力学的理论基础仍然是牛顿力学。连续性假设和理论力学中介绍的牛顿力学定律相结合必然会产生连续介质力学。当进一步给出了固体材料的弹塑性本构关系后,就必然会得到弹塑性力学的基本方程。

2. 均匀性假设

变形体内各质点的组织、化学成分都是均匀且是相同的,即各质点的物理性能均相同,且不随坐标的改变而变化。

3. 各向同性假设

认为物体内各点介质的力学特性相同,且各方向的性质也相同,也就是说,表征这些特性的物理参数在整个物体内是不变的。

4. 体积力近似为零

体积力(如重力、磁力、惯性力等)与面力相比是十分微小的近似为零,可忽略不计。

5. 体积不变假设

物体的体积在塑性变形前后不变。

6. 初应力为零

物体在受外力之前是处于自然平衡状态的,物体内各点应力均为零,质点之间无相互挤压和拉扯,我们的分析计算是从这种状态出发的。

7. 小变形假设

小变形假设认为物体在外力作用下所产生的总变形与其本身几何尺寸相比很小,可以不考虑因变形而引起的形状变化。这样物体的变形和各点的位移公式中二阶微量可以忽略不计,从而使得变形线性化。一般的塑性变形,物体外形、尺寸变化很大,属于大变形,不过在塑性变形阶段分析某一瞬时的变形时,仍可以按小变形来分析,即大变形是小变形的累积。

1.5　塑性理论的研究思路

塑性理论主要用来研究物体塑性变形规律。在研究中,需要对不同的研究内容、对象从不同的角度、方法进行描述,概括起来有以下几点。

1. 静力学角度

从变形体中质点的应力分析出发,根据静力平衡条件导出应力平衡微分方程。

2. 几何学角度

根据变形体的连续性和匀质性假设,用几何的方法推导出小应变几何方程。

3. 物理学角度

根据试验和基本假设导出变形体内应力与应变之间的关系式,即本构方程。建立变形体由弹性状态进入塑性状态并使继续进行塑性变形时所具备的力学条件,即屈服准则。

1.6　塑性成形的发展历史与展望

金属塑性加工是一种具有悠久历史的加工方法,早在二千多年前的青铜器时期,我国劳动人民就发现了铜具有塑性变形的性能,并掌握了锤击金属以制造兵器和工具的技术。随着近代科学技术的发展,赋予了塑性加工技术全新的内容和含义。作为这门技术的理论基础,金属塑性成形原理则发展得较晚,直到20世纪40年代才逐步形成独立的学科。

关于塑性力学的研究,最早始于法国工程师屈雷斯加(Tresca),他于1864年公布了一些关于冲压和挤压的初步实验报告。根据这些实验,他认为金属在最大剪应力达到某一临界值时就开始塑性屈服。随后,圣维南(Saint-Venant)于1870年提出平面问题理想刚塑性的应力应变关系,并假设最大剪应力与最大剪应变速率方向一致。圣维南应用屈雷斯加屈服准则计算了圆柱体受扭转或弯曲而处于部分塑性状态时的应力(1870年),以及圆管受内压而处于全塑性状态时的应力(1872年),认识到应力与应变全量之间无一一对应关系,因此假设应变速率主轴与应变主轴是不重合的。1870年,列维(Levy)采用了圣维南关于理想塑性材料的概念,提出了三维问题的应力与塑性应变增量间的比例关系。此后的一段时间内,塑性力学的研究进展很缓慢。值得一提的是,1913年德国力学家冯·米塞斯(von Mises)从数学简化的要求出发,针对屈雷斯加准则提出了新的准则。该准则后来被解释为最大弹性畸变能达到某一临界值就开始屈服的能量准则。此外,这期间米塞斯还独立提出了列维曾提出的应力应变关系。

1923年,纳达依(Nadai)用解析法研究了柱体扭转问题并进行了实验验证。汉基(Hencky)和普朗特(Plandtl)于1923年提出了平面塑性应变问题中滑移线场理论。1926年,罗德(Lode)用钢、铜和镍的薄壁管试件进行了在不同的轴向拉伸和内压力联合作用下的实验。泰勒(Taylor)和奎奈(Quinney)于1931年用薄壁管进行了在轴向拉伸和扭转的联合作用下的实验。实验证明,列维-米塞斯(Levy-Mises)关系是对真实情况下的很好近似。罗伊斯(Reuss)于1932年提出了包含弹性应变的三维弹塑性应力应变关系。至此,经典塑性理论已初步形成。不过在当时,除了平面应变平冲头压入问题可解以外,其他具体问题求解的进展很少。

享盖(Hencky)于1924年提出了全量理论,比起增量理论,这个不太严谨的理论在实际应用中显得方便些,而且对于某些问题的计算结果与实验结果吻合得很好。苏联与我国的许多工艺教材中就是应用全量理论来解决工程问题的。在工程界,即使是初步近似的理论,如果能给出对生产实际有指导意义的结果,也会比那些虽然严谨但无法求解的理论更切合实际需求。

正因为如此,一些初等解析法(如切块法)开始被提出用于求解塑性加工问题。例如,1925年冯·卡门(von Karman)提出轧板时压力分布的计算公式,1927年萨克斯(Sachs)提出拉拔力计算公式,1934年齐别尔(Siebel)提出墩粗力计算公式。

如果说塑性力学起源于法国,在德国又有很大发展的话,那么到了第二次世界大战以后,就出现了多极化的发展趋势。英国的希尔(Hill)及约翰逊(Johnson)著有很多著作;美国的阿维祖(Avitzur)运用上限法、日本的小林(Kobayashi)运用有限元法解决了不少塑性加工问题;苏联的翁克索夫(Унксов)、古布金(Губкин)、波波夫(Попов)、托马良诺夫(Томленов)在塑性加工理论方面有不少论著;日本的工藤英明(Hideakikudo)在上限法及冷锻方面、小坂田宏造(Kozo Osakada)在刚塑性有限元方面、宫川松男(Miyagawa Matsuo)在失稳理论及管材成形方面、木内学(Manabu Kiucki)在极限分析及滚弯成形方面都有很多论著。

我国学者中,王仁较早地将滑移线理论用于分析平板间的塑性流动问题(1957年);刘叔仪提出了固体现实应力空间为钟罩这一形象而完整的概念(1954年);张作梅等给出了多种金属在均匀压缩下应力应变关系的宝贵数据(1962年);徐东业、熊祝华、杨桂通等对塑性理论的基本问题予以了系统论述;余同希对平面应力问题做了深入研究。在计算方法方面,王祖唐等在滑移线法及刚塑性有限元法、关廷栋、阮雪瑜、李双义、陶永发等在上限法、赵静远、李铁生、彭炎荣等在滑移线法、林治平在力的工程计算等方面都发表了不少文章。王仲仁等在应力空间理论、应力应变关系理论、屈服准则实验研究、滑移线理论推广应用于硬化圆环的解析,以及关于应力张量及应力张量第三不变量物理意义的阐述等方面有不少论著。王仲仁与李守栋将 Mises 圆柱面合理分区,首次把塑性加工的有关工序在其上标出,便于分析各工序尺寸变化趋势、塑性及抗力的高低。汪涛在滑移线场理论推广应用于轴对称问题及旋压力学解析等方面有不少研究。宋玉泉、罗子健、郭殿俭、海锦涛、朱宝泉、周天瑞、张凯锋、许言午、周大军等在超塑成形力学方面取得了不少新成果。可以毫不夸张地说,我国拥有相当多从事塑性力学研究的科研与教学人员,并且做出一些很有特色的研究。今后我国科技界定会在发展塑性加工力学并应用于实际做出更大的贡献。

1.7 本课程的任务

金属塑性成形方法多种多样,具有各自的特点,但它们有着共同的基本规律。金属塑性成形原理课程的目的就在于科学地、系统地阐明这些规律,为合理制定塑性成形工艺奠定理论基础。因此,本课程的任务如下。

(1) 掌握金属塑性变形的金属学基础,了解金属的塑性变形行为以及变形条件对其塑性和变形抗力的影响,以便使工件在成形时获得最佳的塑性状态、最高的变形效率和优质的性能。

(2) 掌握应力、应变以及应力应变关系和屈服准则等塑性理论知识,以便对变形过程进行应力应变分析并寻找塑性变形物体的应力应变分布规律。

(3) 掌握塑性成形时的金属流动规律和变形特点,分析影响金属塑性流动的各种因素,以便合理地确定坯料尺寸和成形工序,使工件顺利成形。

(4) 掌握塑性成形力学问题的各种解法及其在具体工艺中的应用,以便确定变形体中的应力应变分布规律和所需的变形力和功,为选择成形设备和设计模具提供依据。

金属塑性成形原理是一门专业理论课,在学习本课程时,要建立准确的物理概念,掌握塑性变形的基本规律,注意理论联系实际,提高分析和解决塑性成形实际问题的能力。

习 题

1. 塑性成形的概念。
2. 金属塑性的实质是什么?
3. 单晶和多晶的变形机制分别是什么?

参考文献

[1] XU S S, LI J P, CUI Y, et al. Mechanical properties and deformation mechanisms of a novel austenite-martensite dual phase steel[J]. International Journal of Plasticity, 2020, 128: 102677.

[2] ADMAL N C, PO G, MARIAN J. A unified framework for polycrystal plasticity with grain boundary evolution[J]. International Journal of Plasticity, 2018, 106: 1-30.

[3] 宗影影, 王琪伟, 袁林, 等. 航空航天复杂构件的精密塑性体积成形技术[J]. 锻压技术, 2021, 46(9): 1-15.

[4] 高峻, 李淼泉. 精密锻造技术的研究进展与发展趋势[J]. 精密成形工程, 2015, 7(6): 37-43, 80.

[5] 李尧. 金属塑性成形原理[M]. 北京: 机械工业出版社, 2008.

[6] 俞汉清, 陈金德. 金属塑性成形原理[M]. 北京: 机械工业出版社, 2002.

[7] 彭大暑. 金属塑性加工原理[M]. 长沙: 中南大学出版社, 2004.

[8] 王平, 崔建忠. 金属塑性成形力学[M]. 北京: 冶金工业出版社, 2006.

第 2 章 金属冷塑性变形

2.1 金属的塑性

塑性是指固体材料在外力作用下发生永久变形而又不破坏其完整性的能力。塑性变形是指当作用在物体上的外力取消后,物体的变形不能完全恢复而产生的残余变形。因此,塑性反映了材料产生塑性变形的能力。与之相对的是弹性,具体表现为对一物体施加外力,物体产生形变,移除外力,形变消失,物体恢复原样。弹性越大的物体,越能承受更大的外力而不发生永久形变;塑性越大的物体,能发生永久形变所需的最小力越小。

金属之所以能在外力作用下改变几何形状与尺寸,从而获得所需要的几何形状与尺寸及内部组织结构,主要是由于金属具有塑性这一特点。金属的塑性不是固定不变的,受诸多因素影响,大致包括以下两个方面:一是金属的内在因素,如晶体结构、化学成分、组织状态等;二是变形的外部条件,即工艺过程,如变形温度、变形速率和变形的力学状态等。同一种金属或合金,由于变形条件不同,可能表现出不同的塑性。例如,受单向拉伸的大理石是脆性物体,但在较强的三向压力作用下压缩时,却能产生明显的塑性变形而不被破坏。塑性取决于变形条件,所以不应把塑性看作是某种材料的性质,而应看作是某种材料的状态,对金属与合金塑性的研究目的在于,选择合适的变形方法,确定最好的变形温度、速度条件,从而获得最大的变形量,以便使低塑性难变形的金属与合金能顺利实现成形。

2.1.1 变形抗力及其影响因素

塑性成形时,必须对金属或合金施加外力,称为变形力;金属或合金对变形的反抗能力,称为变形抗力。变形抗力的大小是指在一定的加载条件下和一定的变形温度及速度条件下,引起塑性变形的单位变形力的大小,或者说金属的变形抗力大小是指该材料在变形瞬间的屈服强度,代表了金属抵抗产生塑性变形的能力,一般由试验测定,它反映了金属材料产生屈服的最小应力,即金属内部的应力达到该值时,便开始产生塑性变形。变形抗力的大小与材料、变形程度、变形温度、变形速度、应力状态有关,而实际变形抗力还与接触界面条件有关。

1. 化学成分的影响

化学成分对变形抗力的影响非常复杂。一般情况下,对于不同种类的纯金属,因原子间相互作用不同,变形抗力也不同;同一种类金属,纯度越高,变形抗力越小;组织状态不同,抗力值也有差异,如退火态与加工态的抗力明显不同。

合金元素对变形抗力的影响主要取决于合金元素的原子与基体原子间相互作用特性、原子体积的大小以及合金原子在基体中的分布情况。合金元素引起基体点阵畸变程度越大,变形抗力也越大。

杂质含量也对变形抗力有影响,含量增大,抗力显著增大。但有些杂质也会使抗力下降,如青铜中的砷含量为 0.05% 时,σ_s = 190MPa,而当砷含量提高到 0.145% 时,σ_s = 140MPa。杂质的性质与分布同样对变形抗力产生影响。杂质原子与基体组元组成固溶体时,会引起基体组元点阵畸变,从而提高变形抗力。杂质元素在周期表中离基体元素越远,杂质的硬化作用越强烈,变形抗力提高得越显著。若杂质以单独夹杂物的形式弥散分布在晶粒内或晶粒之间时,对变形抗力的影响较小;若杂质元素形成脆性的网状夹杂物,则使变形抗力下降。

2. 组织结构的影响

1) 结构变化

金属与合金的性质取决于结构,即取决于原子间的结合方式和原子在空间的排布情况。当原子的排列方式发生变化时,即发生了相变,则抗力也会发生变化。

2) 单相组织和多相组织

当合金为单相组织时,单相固溶体中合金元素的含量越高,变形抗力也越大,这是晶格畸变的后果。当合金为多相组织时,第二相的性质、大小、形状、数量与分布状况对变形抗力都有影响。一般而言,硬而脆的第二相在基体相晶粒内呈颗粒状弥散分布,合金的抗力就大。第二相越细小,分布越均匀,数量密度越高,则变形抗力越大。

3) 晶粒尺寸

金属和合金的晶粒越细小,同一体积内的晶界越多。在室温下,由于晶界强度高于晶内,所以金属和合金的变形抗力就大。

3. 变形温度的影响

由于温度升高,金属原子间的结合力降低,金属滑移的临界切应力降低,几乎所有金属与合金的变形抗力都随温度的升高而降低。但是对于那些随着温度变化而产生物理化学变化和相变的金属与合金,则存在例外。

4. 变形速度的影响

变形速度的提高使单位时间内的发热率增加,这有利于软化的产生,从而使变形抗力降低;另一方面,提高变形速度缩短了变形时间,塑性变形时位错运动的发生与发展不足,又使变形抗力增加。一般情况下,随着变形速度的增大,金属与合金的抗力增大,但增大的程度与变形温度密切相关。冷变形时,变形速度的提高,使抗力有所增大,但抗力对速度不是非常敏感;在热变形时,变形速度的提高会导致抗力明显增大。

5. 变形程度的影响

无论在室温还是在高温条件下,只要回复和再结晶过程来不及进行,则随着变形程度的增加必然产生加工硬化,使变形抗力增大。通常,变形程度在30%以下时,变形抗力显著增加。当变形程度较大时,变形抗力增加变缓,这是因为变形程度的进一步增大,晶格畸变能增加,促进了回复与再结晶过程的发生与发展,也使变形热效应增强。

6. 应力状态的影响

变形抗力是一个与应力状态有关的量。例如,假设棒材挤压与拉拔的变形量一样,但变形力肯定不一样。由图2-1可知,单元体(假设位于轴线上并忽略摩擦,因此处于主应力状态)挤压和拉拔变形力均为σ_1,但由Tresca屈服准则可知,两者所需的力分别为$\sigma_3-\sigma_1=\sigma_s$(注意,应力为负)和$\sigma_1-\sigma_3=\sigma_s$(注意,仅$\sigma_1$为正)。不难看出,挤压和拉拔的变形抗力分别为$|\sigma_1|=\sigma_s+|\sigma_3|$和$\sigma_1=\sigma_s-|\sigma_3|$。因而拉拔所需的变形力小一些。

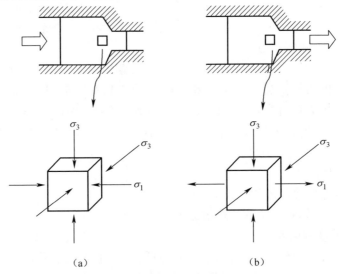

图2-1 不同应力状态下的变形力
(a)挤压;(b)拉拔。

7. 接触摩擦的影响

实际变形抗力还受接触摩擦影响,一般摩擦力越大,实际变形抗力越大。

2.1.2 塑性指标

衡量金属材料塑性的高低,可用金属在断裂前产生的最大变形来表示,它是金属塑性变形的限度,所以也称为"塑性极限",一般称为"塑性指标"。

塑性指标通常用金属材料开始被破坏时的塑性变形量来表示,一般采用拉伸、镦粗、扭转等试验来测定。本节主要介绍拉伸试验法测定延伸率 $\delta(\%)$ 和断面收缩率 $\Psi(\%)$ 这两个塑性指标,分别由下式确定:

$$\delta = \frac{L_k - L_0}{L_0} \times 100\% \qquad (2-1)$$

$$\Psi = \frac{A_0 - A_k}{A_0} \times 100\% \qquad (2-2)$$

式中:L_0 为试样原始标距长度;L_k 为试样断裂后标距间的长度;A_0 为试样原始面积;A_k 为试样断裂处的截面面积。

延伸率表示金属在拉伸轴方向上断裂前的最大变形量。一般塑性较高的金属,当拉伸变形到一定阶段便开始出现缩颈,缩颈后变形仅集中在试样的局部地区,直到拉断。另外,在缩颈出现以前试样所受的是单向拉应力,而在缩颈出现以后,在缩颈处承受三向拉应力。由此可见,试样断裂前的延伸率包括均匀变形和集中的局部变形两部分,反映了在单向拉应力和三向拉应力作用下两个阶段的塑性总和。

延伸率的大小与试样的原始计算长度有关,试样越长,集中变形数值的作用越小,延伸率就越小。因此,δ 作为塑性指标时,必须把计算长度固定下来才能相互比较。对圆柱形试样,标准试样的原始标距长度有 $L_0 = 10d$ 和 $L_0 = 5d$(d 为试样原始直径)两种。

与延伸率一样,断面收缩率也能反映在单向拉应力和三向拉应力作用下的塑性指标,但断面收缩率与试样原始的标距长度无关,因此在塑性材料中,用 Ψ 作为塑性指标更为合理。

2.2 塑性变形机理

金属和合金绝大部分均为多晶体,由大量取向不同的单个晶粒组成。当外力作用于金属多晶体时,多晶中的单个晶粒的塑性变形机理和单晶体金属的塑性变形完全一样。按物理本质,金属变形机理可以分为 3 类:剪切塑性变形机理、扩散塑性变形机理以及晶间塑性变形机理。其中,剪切塑性变形机理主要有滑移和孪生。在金属塑性变形过程中,变形机理主要取决于金属的变形条件(变形温度、变形速度、应力状态等)与金属的本性(晶格排列、晶粒大小、合金成分等)。对于金属,在一定的塑性变形条件下,塑性变形通常不是仅通过一种塑性变形机理来进行,而是几种变形机理同时起作用,并通过其中较占有优势的变形机理来进行。因此,研究复杂的塑性变形过程,要先了解其基本的塑性变形机理,这是完全必要的。下面简述常见的变形机理及其所呈现的现象。

2.2.1 滑移

金属塑性变形最常见的方式为滑移,即晶体一部分沿一定的晶面和晶向相对于另一部分产生滑移,滑移后晶体排列的完整性并不破坏,大量滑移的积累就构成了宏观的塑性变形。

1. 滑移面和滑移方向

金属塑性变形的基本机制是晶体在切应力作用下沿着特定的晶面和晶向而产生滑移。只有特定的晶面和晶向的切应力达到金属变形的临界分切应力时,才会使晶体产生滑移变形。当位错滑移难以进行而应力又较高时,金属可能以孪生的变形方式发生塑性变形,滑移和孪生变形前后的原子排列示意图如图 2-2 所示。

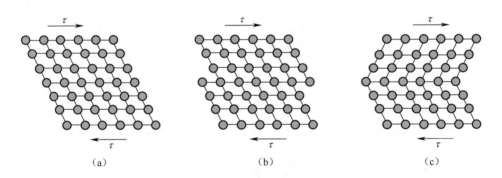

图 2-2 剪切变形的基本形式
(a)未变形;(b)滑移;(c)孪生。

滑移是指在剪应力的作用下,晶体(单晶体或构成多晶体的晶粒)的一部分相对于另一部分沿着一定的晶面和晶向产生的移动。产生滑移的晶面和晶向分别称为滑移面和滑移方向。通过滑移,晶体内的原子逐步从一个稳定位置移到另一个稳定的位置,在宏观上即晶体产生了塑性变形。

所谓滑移面,即为原子排列密度最大、包含原子最多的晶面(密排面)。滑移方向为滑移面上原子排列线密度最大的晶向(密排方向)。因为密排面和密排方向上原子的结合力最强,同时其相邻密排面和密排方向间的间距最大,结合力最弱,因此滑移往往沿晶体的密排面和该面的密排方向进行。

对于图 2-3 中的晶格,AA 面的原子排列最紧密,原子间距离最小,原子间结合力最强;但由于其晶面间的距离较大,所以晶面与晶面之间的结合力较弱,滑移阻力较小,故 AA 面最容易成为滑移面。而 BB 面原子间距大,结合力弱,晶面与晶面间距离小,结合力强,故难以产生滑移。

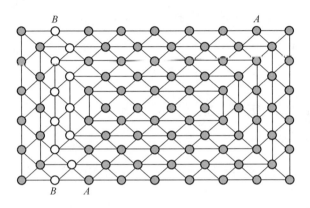

图 2-3 滑移面示意图

2. 滑移系

每一个滑移面和该面上的一个滑移方向合起来构成一个滑移系。每一个滑移系表示金属晶体在进行滑移时可能采取的一个空间取向。在其他条件相同时,滑移系越多,则滑移时可能出现的滑移取向越多,金属的塑性就越好。

面心立方金属的滑移面为{111},共有 4 组,每组有 3 个滑移方向⟨110⟩,因此有 12 个滑移系。密排六方晶体的滑移面一般为{0001}面,这个面含有 3 个滑移方向,即<1120>,因此只有 3 个滑移系。体心立方晶体可以在{110}、{112}、{123}三组面上滑移,滑移方向为<111>,故有 48 个滑移系。

一般来说,面心立方和体心立方金属的滑移系较多,因此比密排六方金属的塑性好。但金属塑性的好坏不仅取决于滑移系的数量,还与滑移面上原子密排程度和滑移方向的数目等有关。例如,α-Fe 虽然和 γ-Fe 一样有 48 个滑移系,但滑移方向却没有 γ-Fe 多,原子密排的程度也较 γ-Fe 的低,因此其塑性比 γ-Fe 以及其他面心立方金属(Cu、Al、Ag)的塑性低。

滑移面对温度敏感。温度升高时,原子热振动的振幅加大,使得原子密度次大的晶面也参与滑移。例如,体心立方晶格金属在高温变形时,除{110}滑移面外,还可能会增加新的滑移面{112}和{123}。面心立方晶格金属在高温变形时,除{111}滑移面外,还可能会增加{001}滑移面。正因为高温条件下出现新的滑移系,所以高温下金属的塑性也相应提高。

3. 滑移的临界剪应力

金属晶体在受到外力作用时,会产生滑移,沿滑移面和滑移方向的剪应力必须达到或超过某一临界值,即临界剪应力。设有一个圆柱形金属单晶体试件受到拉伸力 P 的作用,如图 2-4 所示。图中,A 为试件横截面积,B 为滑移面,φ 为滑移面与横截面的夹角,λ 为滑移方向与拉伸轴的夹角。则作用在滑移方向的剪应力为

$$\tau = \frac{P}{A}\cos\varphi\cos\lambda = \sigma\cos\varphi\cos\lambda \qquad (2-3)$$

当应力 σ 达到屈服应力 σ_s 时,晶体开始滑移,即产生塑性变形。这时滑移方向上的剪应力即为临界剪应力,用 τ_c 表示,即

$$\tau_c = \sigma_s\cos\varphi\cos\lambda \qquad (2-4)$$

式中:$\cos\varphi\cos\lambda$ 为取向因子,其值越大,剪应力越大。

由于 $\lambda + \varphi = 90°$,因此取向因子 $\cos\varphi\cos\lambda = \cos\varphi\cos(90° - \varphi) = \frac{1}{2}\sin(2\varphi)$,当 $\varphi = 45°$ 时,其最大值为 1/2。对于具有多组滑移面的立方结构金属,位相趋于 45°方向的滑移面将首先发生滑移。

对于某种晶体,其临界剪应力为常数,与外力取向无关,故又称为临界剪应力定律。

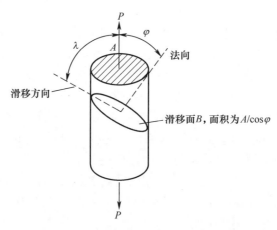

图 2-4 滑移变形过程中的应力分解图

2.2.2 孪生

孪生变形是晶体特定晶面(孪晶面)的原子沿一定方向(孪生方向)协同位移(称为切变)的结果,但是不同层的原子移动的距离也不同,它是除滑移之外,另

一种重要的材料塑性变形机制。通常认为,孪生是一个发生在晶体内部的均匀切变过程,切变区的宽度较小,各层晶面的位移量与其离开孪晶面的距离成正比,晶体的变形部分(孪晶)与未变形部分(基体)以孪晶面为分界面,构成了镜面对称的位向关系,如图2-5所示。

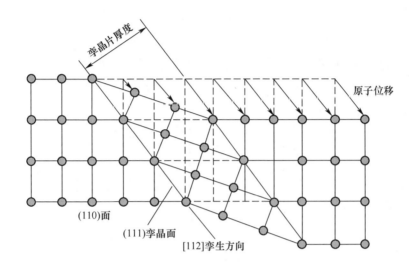

图 2-5 孪生过程示意图

孪生的产生不仅与晶格的特征有关,而且与变形条件有关。高变形速率及低加工温度会促进孪生的发生,尤其当冲击作用及低温静压作用时较容易产生孪生。孪生的产生主要有3个因素。

(1) 由于晶粒的滑移系相对于外力的取向不利时,发生孪生需要的应力比产生滑移时所需的应力低。

(2) 在有些情况下,金属晶体中大多数晶粒发生滑移变形的同时,其他晶粒由于某种原因不能产生滑移而发生孪生。

(3) 在个别晶粒中呈现利于发生孪生的局部应力集中。

图 2-6 所示为滑移和孪生两种不同的切变形式,与滑移相比孪生的特点如下。

(1) 孪生也是一种纯的切变,与滑移相同。

(2) 孪生切变是一种均匀的切变,切变部分每一层原子相对于下一层都切变过相同的距离;而滑移则属于不均匀切变,切变集中在滑移面上。

(3) 孪生切变的结果虽不是均匀晶格类型,但发生了一部分晶格的转动,切变部分与未切变部分形成镜面对称,而滑移不发生晶格转动。

(4) 滑移过后,除了不全位错运动会在滑移面上造成层错外,一般在滑移面上不留下任何痕迹;而孪生发生后,晶体内部出现了孪生和孪晶界。

(5)孪生变形的应力应变曲线也与滑移变形时有明显不同,在拉伸曲线上,孪生将产生锯齿形变化,因为孪生形成时,往往需要较高的应力,一旦产生孪生切变后,载荷下降速度很快。伴随着载荷的下降,新的孪生出现又需再增大应力,因此导致锯齿形的变化。

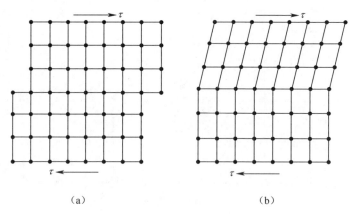

图 2-6 滑移和孪生的切变形式示意图
(a)滑移;(b)孪生。

比起滑移切变,孪生切变需要大得多的切应力,因此滑移是更普遍的塑性变形的形式,而孪生只是在某些滑移系少的金属中容易发生,如在密排六方晶体中,孪生是主要切变方式。对于面心立方、体心立方等高对称性的金属,只有在低温下,或形变速度很高时,才可能产生孪生切变。有时孪生和滑移可以交叉产生,开始时,先产生滑移,随着加工硬化、位错运动的阻力增大、流动应力增加,当应力超过孪生抗力时,可能产生孪生切变。由于孪生切变造成了一部分晶体发生偏转,因此有可能出现新的活动滑移系,促使滑移在新的滑移系上再发生。

2.2.3 扩散

对于变形温度比金属晶体熔点低很多的塑性变形,起控制作用的变形机制为滑移和孪生;相对而言,对于变形温度较高的塑性变形,起控制作用的变形机制为扩散。扩散作用是双重的:一方面,它对剪切塑性变形机制可以有较大的影响,形成扩散-位错变形机制;另一方面,它又可独立地产生塑性流动,变形机制为溶质原子定向溶解与定向空位流。

1)扩散-位错变形机理

在间隙固溶体合金晶粒内部,溶质原子周围的应力场与围绕位错的应力场相互作用,使得溶质原子被集中或由位错场内排出,导致溶质原子的扩散及原子空间晶格位能的降低。

当金属晶体塑性变形时,在应力场的作用下,位错产生移动,溶质原子通过扩散在金属晶体的一定体积内产生新的平衡,并且围绕在位错周围而形成原子气团。当位错运动时,此原子气团将跟随位错运动而使溶质原子扩散到基体金属内,并且这种运动是不可逆的,它使金属晶体内部能量消失,产生塑性变形。通常在合金中存在这种原子气团,故合金的位错运动会比在纯金属中的慢。

移动原子气团包围的位错,所需的应力取决于塑性变形速度。当塑性变形速度小时,位错移动速度小于原子气团中溶质的扩散速度,此时原子气团的存在不会影响位错移动所需的应力,从而不会影响塑性变形力。当塑性变形速度大时,位错移动速度大于原子气团中溶质的扩散速度,由于原子气团要跟随在位错的周围,就需要加上较大的力才能使位错移动,产生塑性变形。

扩散过程在空位数最多和晶格畸变最大的晶粒间界面上进行得最强烈,同时在两个晶粒交界处位错数较大,此时溶质原子占据了晶格中应力最小的位置,这种情况产生滑移很困难,故此部位的塑性变形只能通过原子的逐渐扩散而产生,因此塑性变形的扩散机理在晶粒界面处占有一定优势。

2) 溶质原子定向溶解机理

晶体无外力作用时,溶质原子随机、无序地分布在晶体中。当受到弹性应力作用时,这种无序状态被破坏,溶质原子通过扩散优先聚集在沿受力方向的晶界上,因而在晶体结构的不同方向上溶解溶质原子的能力产生差别,这种现象称为定向溶解。这种择优分布的固溶体不可避免地伴随着晶体点阵和整个试件的变形,即产生了所谓的定向塑性变形。应力松弛和弹性后效现象就是这种作用的结果。在应力的作用下,溶质原子产生定向溶解,去掉应力后,定向溶解的状态又消失了。因此,这种扩散引起的原子流动是可逆的。

3) 定向空位流机理

定向空位流是由扩散引起的不可逆的塑性流动,是在低应力和高温下产生一种应力诱导的原子定向扩散过程。当金属晶体受拉伸应力时,应力诱导作用使受拉部位的晶界产生空位的能量提高了,造成空位从受压晶界向受拉晶界的迁移。这种应力诱导的流动结果使得晶粒在受拉方向上伸长,受压方向缩短。实际上,通过扩散过程使原子从受压晶界迁移到受拉晶界上。由于晶界的可动性较差,因此晶粒由于原子定向扩散引起的形状变形就是不可逆的。如果每个晶粒都发生了上述的变化,多晶体也就相应地发生了不可逆的塑性变形。

2.2.4 晶间变形

晶间变形的主要方式是晶粒之间的相互滑动和转动。多晶体受力变形时,沿晶界处可能产生剪应力,当此剪应力能够克服晶粒间的滑动阻力时,便会发生相对滑动。另外，由于各个晶粒所处的位向不同，因此它们变形的难易程度也就不同，这样在相邻晶粒间便会引起力的相互作用，可能产生一对力偶，引起晶粒间的相互转动，如图 2-7 所示。

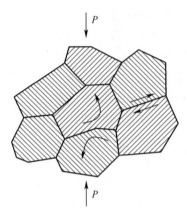

图 2-7　晶粒间的滑动和转动

晶间变形的发展主要受晶粒大小、应力、温度及晶内变形的影响。总变形中晶内变形量比例大，因此总变形对晶间变形的影响反映了晶内变形对晶间变形的影响。晶间变形是综合的变形机理，它与晶内滑动、扩散塑性机理是相互协调的。即使在只考虑两个晶粒的晶界情况下，由于两个晶粒间的晶界一般都不是平坦的平面，是犬牙交错的，因此两个晶粒沿晶界产生相对切变时，就必须伴随其他机理来协调。例如，多晶体内部晶间变形时，晶粒沿着晶界相对滑动时，如果没有其他的变形机理来协调，则受拉伸作用的晶间之间势必被破坏而产生裂缝，晶间滑动就不可能进行下去。事实上，这种晶间变形可通过位错-扩散机理来协调。自然由应变诱导的定向空位流机理也会发生作用。

综上所述，变形温度不同时，金属的变形机理也不尽相同。变形温度较低，如冷变形时，塑性变形的主要机理是位错的运动和增殖，即是滑移和孪生。当温度升高时，原子扩散能力增强，晶界的强度下降，金属塑性变形的机理除了有晶内位错的运动外，还会有扩散和晶间变形。

2.3　塑性变形的特点

2.3.1　加工硬化

1. 单晶体的加工硬化

金属的加工硬化特性可以从加工硬化曲线上反映出来。图 2-8 是金属单晶体的典型加工硬化曲线,其硬化过程大体可分为 3 个阶段。当作用在某一滑移系上的剪应力达到晶体的临界剪应力时,首先发生单滑移,变形开始进入第 I 阶段。由于晶体中只有一组滑移系产生滑移,在平行滑移面上移动的位错很少受到其他位错的干扰。因此,位错运动遇到的阻力较小,故加工硬化系数 $\theta = \mathrm{d}\tau/\mathrm{d}\gamma$ 较小。当滑移以两组或多组滑移系进行时,变形就进入第 II 阶段,由于滑移面相交,很多位错线穿过滑移面,形成像在滑移面上竖立起的森林一样,称为林位错。滑移面上位错的移动,必须不断地切割林位错,产生各种位错割阶,使位错继续移动的阻力增加;位错相交割后,不能移动的位错还会造成位错塞积,也使变形阻力增加。因此,这种晶体的加工硬化系数很大。当应力增加到一定程度时,变形就进入第 III 阶段,这时滑移面上的位错产生交滑移,因而可以绕过些障碍,使硬化系数相对下降。

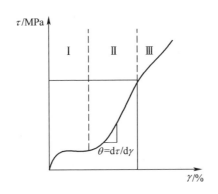

图 2-8　金属单晶体的典型加工硬化曲线

实际上,单晶体的加工硬化曲线因其晶体结构类型、晶体位向、杂质含量及实验温度等因素的不同,与上述典型加工硬化曲线有所变化,但基本特征总的来说是一样的。图 2-9 是 3 种常见金属单晶体的加工硬化曲线:面心立方晶体显示出典型的三阶段加工硬化情况;密排六方金属由于只能沿一组滑移面滑移,曲线平缓,加工硬化效应不大;体心立方晶体由于可以同时开动好几个滑移系,曲线较陡,呈现较强的加工硬化效应。

2. 多晶体的加工硬化

由于多晶体的塑性变形较单晶体的复杂,故其加工硬化过程也更为复杂。由于晶界的阻碍作用以及晶粒之间变形协调的要求,各晶粒不可能以单一滑移系滑动,必然有多组滑移系同时开动。因此,多晶体在塑性变形一开始就进入第 II 阶段的硬化,随后便进入第 III 阶段,而且多晶体的硬化曲线较单晶体的更陡,加工硬化系数更大,表明流动应力远高于单晶体的,这是因为晶界对滑移起封锁作用。此外,加工硬化还与晶粒大小有关,晶粒越细,加工硬化越显著。

加工硬化的结果是使金属的强度提高、塑性下降,这对许多金属冷变形工艺产

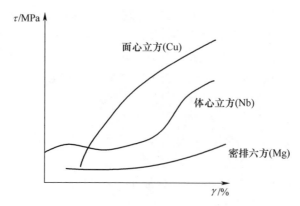

图 2-9　3 种常见金属单晶体的加工硬化曲线

生很大影响。由于加工硬化后金属的屈服强度提高,要进行塑性加工的设备能力增加;同时,金属的塑性下降,使金属继续塑性变形困难,所以不得不增加中间退火工艺,从而降低了生产率,提高了生产成本,以上这些都是不利方面。加工硬化有利的一面是可以作为一种强化金属的手段,一些不能用热处理方法强化的金属材料可应用加工硬化方法来硬化,以提高金属零件的承载能力。例如,发动机上的青铜轴瓦,采用加工硬化工艺可以提高其强度和硬化,从而提高了轴瓦的承载能力和耐磨性。

2.3.2　晶界和晶粒位向的影响

多晶体在受到外力时,变形首先在那些晶粒位向最有利的晶粒中进行。在这些晶粒中,位错将沿着最有利的滑移面运动,移到晶界处即行停止,一般不能直接穿过晶界。位错能否越过晶界主要取决于晶界层的性质和邻近晶粒的位向。因为晶界处的原子排列紊乱,聚集着较多的杂质原子,故变形阻力较大,表现为多晶体塑性变形的抗力较单晶体的高。多晶体内晶粒越细,晶界总面积越大,金属的强度越高;同时,每颗晶粒周围具有不同取向的晶粒数目就越多,变形就容易传给邻近的晶粒,塑性也越好。

2.3.3　多晶体变形的不均匀性

由于多晶体的晶粒有各种位向和受晶界的约束,各晶粒的变形先后不一致,各晶粒的变形大小不同,甚至同一晶粒内的不同部分变形也不一致,因此造成多晶体变形的不均匀性。由于变形的不均匀性,晶粒内部和晶粒之间会存在不同的内应力,且变形结束后不会消失,成为残余应力。

2.4 冷塑性变形对金属组织和性能的影响

塑性成形的目的不仅是为了获得一定形状和尺寸的零件,同时也是为了改善其内部组织和性能以满足应用需求。金属材料经过塑性变形后,不仅宏观上会发生形状变化,组织也会发生一定程度的变化,最终使材料的性能发生改变。当变形方式不同时,这一影响也不同。

金属的塑性变形方法按照不同的标准有不同的分类:按照成形特点分为体积成形(也称为块料成形)和板料成形;按照成形方式不同可以分为轧制、挤压、拉拔、锻造和冲压;按照塑性成形时坯料温度的不同,还可以分为冷成形、热成形和温成形三类。

本节重点介绍冷塑性变形对金属组织和性能的影响。金属的冷变形是指在室温下的金属塑性变形。也就是说,在对金属材料进行塑性加工时,不对其进行加热。由于没有加热处理,金属冷变形加工的成品工件不会发生氧化、脱碳,所以表面质量好,同时产品可以达到很高的尺寸精度。例如,钢材在冷挤压成形时,尺寸精度可以达到 0.03~0.25mm。另外,随着变形的继续,金属内部的晶粒不会长大,在变形量达到一定程度时,晶粒甚至会变得更加细小。但在室温条件下,金属的塑性受到限制,所以对于同一件产品,相对于热变形而言,冷变形所需的工序更多,对设备的要求也更高。

掌握和利用塑性变形对金属组织和性能影响的规律,通过采用合适的变形工艺(如精密成形、静液挤压、表面形变强化等)和选择合理的参数,可以有效地改善金属材料的组织和性能。采用形变和相变复合工艺(即形变热处理)可以更大限度地发挥材料的潜力。下面,我们从冷变形的角度,了解变形对金属材料组织和性能的影响。

2.4.1 冷塑性变形对金属组织的影响

多晶体金属经冷塑性变形后,在晶粒内部出现了滑移带和孪生带,同时晶粒的外形也发生变化,晶粒的位向也发生改变。

1. 晶粒形状的变化

金属材料冷变形后,内部晶粒的形状和尺寸会发生一定的变化,形状的变化趋势大致与金属的宏观变形一致,当宏观变形量达到一定程度后,晶粒会被打碎,晶粒尺寸变小。

拉拔和轧制时,晶粒以及沿晶界分布的杂质都会沿着轴向即变形延伸方向被拉长,形成纤维状组织,如图 2-10 所示。当金属中含有夹杂物或第二相质点时,它们会沿变形方向被拉成细带状(塑性杂质)或被碾成链状(脆性杂质),变形程度越大,纤维组织越明显。

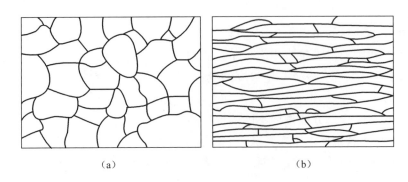

图 2-10　变形前后的晶粒形状
(a)变形前;(b)变形后。

若变形程度足够大,在晶粒形状发生变形的同时,金属晶粒间的夹杂物和第二相也会随着金属的流动被拉长或拉碎成链状排列。在金相中晶粒呈现纤维状的条纹,称为纤维组织。由于纤维组织的形成,金属的力学性能会产生各向异性,沿流线方向比垂直于流线方向有更高的力学性能。这是因为在承受拉应力时,在纤维附近产生的微观空隙不容易扩大和贯穿到整个试件的横截面上,而垂直于纤维方向受拉时,纤维处产生的微小空隙和裂纹很容易从纤维处扩展,进而穿过整个试件的横截面,导致试件断裂。

在生产实践中,要注意以下几点。首先,为了使零件工作时有良好的力学性能,应使其工作时的最大正应力与纤维方向一致,而所受的冲击应力和剪应力与纤维方向垂直。其次,使纤维组织与零件的外部轮廓相符合而不被切断,即尽量避免零件的工作表面产生纤维露头。因为纤维露头相当于一个微观缺陷,在载荷的作用下易产生应力集中,成为疲劳源而使零件破坏,再者,裸露在外的纤维含有大量杂质,原子排列较为杂乱,很容易受到腐蚀,从而引起零件破坏。

2. 金属组织的变化

多晶体经过塑性变形后,其显微组织发生了明显改变,各晶粒出现大量的滑移带,易发生孪生变形的金属中还会出现孪晶带。此外,晶粒形状也会发生变化。原来的等轴晶粒沿着变形方向或被拉长或被压扁,变形量很大时,会呈现出一片如纤维状的条纹。在晶粒被拉长的同时,晶间夹杂物和第二相也跟着被拉长或拉碎呈链状排列,这种组织称为纤维组织。

3. 冷变形过程中亚结构的形成

金属的塑性变形主要通过位错的运动进行。在塑性变形过程中,位错运动并不断增殖,经过较大的冷变形量后,金属内部位错的密度大大增加。这些位错相互作用,在金属内部的分布并不是很均匀,而是相互纠缠在一起,形成"位错缠结"。如果变形量继续增大,就会形成胞状亚结构。这些胞状亚结构是晶粒内部被分割成的许多个小区域,大小约为 $10^{-3} \sim 10^{-6}$ cm。在这些小区域的边界上存在大量位错缠结,而区域内部的位错密度很低,晶格的畸变很小。各个胞之间的取向差异很小,如果进一步加大变形程度,随着位错缠结程度的增加,胞的数量会增加,尺寸会减小,胞间的取向差异也更加明显。经过大的冷变形,如冷拔后,胞的外形甚至也会随晶粒的外形变化,其变形趋势与金属的宏观变形一致。

如果金属冷变形后,晶粒内部位错的分布很均匀,位错缠结没有把晶粒分成许多个小区域,即使位错密度大大增加,也不会形成亚结构。另外,层错能的大小直接影响亚结构形成的难易程度。具有高层错能的金属及合金进行塑性变形时,会很快地形成亚结构。这是因为高层错能金属的全位错不易分解,它能借助位错的交滑移来克服其滑移过程中所遇到的障碍,具有较大的滑移灵活性,直到与其他位错发生交互作用而塞积形成缠结,并将晶体分成许多高位错密度和低位错密度的区域,这就是亚结构的初始阶段。随着变形的继续进行,位错不断增殖和运动,大量的位错缠结发展成为胞壁,将低位错密度地区包围分隔开来,形成了明显的胞状亚结构。对于具有低层错能的金属,如不锈钢,其位错通常分解成较宽的扩展位错,使其交滑移困难。因此,在这类材料中易观察到位错塞积群的存在,由于位错的滑移灵活性差,大量位错杂乱地排列于晶体中,因此这种金属经较大的塑性变形后也不倾向形成胞状亚结构。

然而,当金属含有杂质和第二相时,在变形量大和变形温度低的情况下,所形成的亚晶较小,亚晶间的取向差大,亚晶的完整性也差(即亚晶内的晶格畸变大)。亚晶形成的原因可以认为是由于变形的发生与发展的不均匀,复杂滑移和孪生变形等的交互作用使晶粒逐渐被分割成许多不同取向的小晶块。变形金属中亚结构的形成不仅与变形量有关,还与材料的种类有关。

4. 变形织构的形成

金属材料在发生塑性变形后,晶粒取向会发生变化,其变化与受力状态有关,受力晶粒发生转动,使晶粒取向发生变化。材料变形主要依靠滑移。变形织构的形成主要是因为滑移产生位错,晶粒在位错及相邻晶粒的共同作用下,向某些特定的取向偏转。随着变形程度的增加,趋向于某种取向的晶粒越来越多,金属的织构特征也越明显。由于织构的形成,金属的性能表现出各向异性。

一个典型的例子是,拉深用的钢板是经轧制生产的。沿轧制方向表现出很强的织构性,沿不同的方向表现出不同的伸长率,用这种板材下料的圆形毛坯拉成筒形件后,口部不平齐,在与轧制方向成45°的方向上形成明显的"制耳",如图2-11所示。

图2-11　各向异性导致的"制耳"

金属经拉拔、挤压、轧制后都能产生变形织构。不同的加工方式会产生不同类型的织构,如丝织构和板织构。拉拔和挤压加工方式会形成丝织构,拉拔和挤压都是轴对称变形,变形后有一个共同的晶向与最大主应变方向趋于一致,拉拔形成的丝织构如图2-12所示。轧制的板材则形成一种板织构,其特征是各个晶粒的某一晶向趋向于与轧制方向平行,而某一晶面趋向于与轧制平面平行。轧制形成的板织构如图2-13所示。

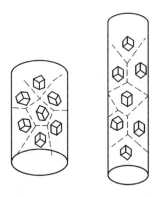

图2-12　拉拔形成的丝织构

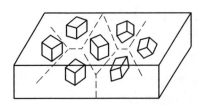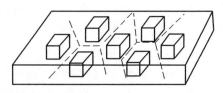

图2-13　轧制形成的板织构

2.4.2 冷塑性变形对金属性能的影响

由于冷塑性变形使金属的内部组织发生变化,因此金属的力学性能也随之发生变化。随着变形程度的增加,金属的强度、硬度增加,塑性、韧性降低,这一现象称为加工硬化。

金属变形过程中形成的纤维组织和变形织构导致的各向异性,使强度沿着变形方向增加,这是加工硬化产生的原因之一。同时,由于塑性变形而引起位错密度增大,导致位错之间相互作用增强,大量形成缠结、不动位错等障碍,形成高密度的"位错林",使其余位错运动阻力增大,于是塑性变形抗力提高。"位错林"的出现使位错难以越过这些障碍而被限制在一定区域内运动。只有不断增加外力,才能克服位错间强大的交互作用力而继续运动。随着塑性变形的进行,金属内部的晶粒不断变形、破碎,并形成亚晶。由于亚晶界的存在,阻止了位错的运动,使金属表现出强度、硬度增强。加工硬化既是金属塑性变形的特征,也是强化金属的重要手段。通过轧制、挤压等加工工艺,可以明显提高工件的强度,还能改善金属纤维的分布,有利于提高金属的综合力学性能。对于不能用热处理工艺强化的金属材料,可以通过冷变形强化来提高强度。例如,制造发电机护环的高锰奥氏体无磁钢(40Mn18Cr3、40Mn18Cr4、50Mn18Cr4WN 等),在加热过程中无相变,无法通过淬火提高其强度,但可以采用冷变形强化的手段来提高其力学性能,如采用液压胀形、芯轴扩孔强化等方法。

对于滑移系较多的金属,滑移可以在几个滑移面上进行,位错间的交互作用较强,所以加工硬化速率快。也就是说,立方晶系的金属加工硬化速率要比密排六方晶系的大。另外,在层错能低且层错宽度大的金属中,位错在交滑移之前需要聚集,也就是说,位错的可动性较差,不易发生交滑移,故其加工硬化速率比层错能高的金属大。这就解释了同为面心立方晶格的金属铜和铝,铜的层错能较低,其加工硬化率远比层错能高的铝的大。最后,由于晶界对位错的阻碍作用,一般细晶金属比粗晶金属的加工硬化率高。

了解加工硬化现象的规律对实际生产有重要的指导意义。对于加工硬化率较高的金属,随着变形量的增加,硬化现象严重,影响了金属塑性的发挥。在这类金属加工时,需要采取多道次塑性加工,还需要在各道次之间增加退火工艺,以消除加工硬化的影响,保证成形工艺的完成。但更多时候,可以利用加工硬化来提高产品的实用性。

加工硬化是提高金属强度、硬度、耐磨性的重要方法,尤其是对那些无法用热处理工艺强化的金属和合金。例如,用高锰钢制作的坦克、拖拉机履带,16Mn 钢制作的自行车链条等,均使用加工硬化的强化方法。

正是由于加工硬化现象,某些工件冲压成形时,弯角处变形最严重。首先发生加工硬化,由于变形到一定程度后弯角处发生硬化,之后发生的变形就转移到薄板的其余部分,最终才得以形成薄厚均匀的冲压件。

利用加工硬化可以使金属的强度、硬度增强,从而提高零件使用过程中的安全性。如零件在承受载荷时,若局部区域的负荷超过了屈服极限,这一区域的金属就会发生塑性变形并伴随着加工硬化,此后这部分金属得到强化,可以承受该负荷而不被破坏,并把部分载荷转嫁给周围受力较小的区域,从而提高零件使用过程中的安全性。可以认为,加工硬化率较高的金属拉伸变形时不易发生颈缩,从而推迟断裂的发生。

此外,冷塑性加工还对金属的物理化学性能产生一定的影响,如密度降低、导电性下降等,具体表现如下。

(1) 金属的密度降低:在冷变形过程中,由于晶内及晶间物质的破碎,使变形金属内产生大量的微小裂纹和空隙,因此导致金属的密度降低。例如,在退火状态下钢的密度为 $7865 kg/m^3$,而经冷变形后,密度则降至 $7780 kg/m^3$。

(2) 金属的导电性降低或电阻增大:导电性一般随冷变形程度的增加而降低,这种降低在变形程度不大时尤为显著。例如,紫铜拉伸变形 4% 时,其单位电阻增大 1.5%;当变形程度达到 40% 时,其单位电阻增加 2%。不同金属在冷变形时的单位电阻变化是不相同的。例如,镍在拉丝后单位电阻可增加 8%,钼可增加 18%;冷变形为 99% 的钨丝,单位电阻增加 50%。

(3) 导热性降低:冷变形可使导热性降低,例如,铜晶体在冷变形后,其导热性降低可达 78%。

(4) 金属磁性改变:磁饱和度基本上不发生变化,但矫顽力和磁滞则因冷变形而增加 2~3 倍,最大导磁率减小了。对于一些反磁体的金属,如铜、银、铅及黄铜等,则增加了对磁化的感应,而铜及黄铜则由反磁体变为顺磁状态。对于顺磁金属,则降低了磁化感应,而对于铝、金、锌、钨及白铜等,实际上不发生变化。

(5) 化学稳定性降低:金属经冷变形后,其内部的能量增高,导致其化学性能不稳定而容易被腐蚀。例如,经冷变形后的黄铜,会加速其晶间腐蚀,使黄铜在潮湿,特别是在有氨气的气氛中产生破裂。

习题

1. 名词解释:塑性、塑性指标、变形抗力、冷变形、滑移、滑移面、滑移方向、滑移系、滑移的临界剪应力、孪生、加工硬化。

2. 最常用的塑性测定方法是什么?用什么塑性指标表示?

3. 试分析晶粒大小对金属的塑性和变形抗力的影响。
4. 变形抗力的影响因素都有哪些?
5. 简述滑移和孪生两种塑性变形机理的主要区别。
6. 设有一简单立方结构的双晶体,如图 1 所示,如果该金属的滑移系是 {100}、<100>,试问在应力作用下,该双晶体中的哪一个晶体首先发生滑移?为什么?

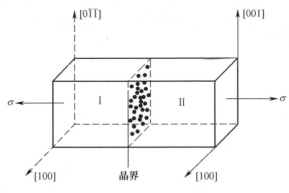

图 1 立方结构的双晶体

7. 室温下,面心立方金属、体心立方金属和密排六方金属哪个滑移系最多?
8. 什么是加工硬化?产生加工硬化的原因是什么?加工硬化对塑性加工有何利弊?
9. 简述冷变形过程中亚结构的形成过程。
10. 冷塑性变形如何影响金属的强度、硬度、塑性和韧性?
11. 举例说明冷塑性变形对金属的物理化学性能的影响。

参考文献

[1] 雷玉成,汪建敏,贾志宏. 金属材料成型原理[M]. 北京:化学工业出版社,2006.
[2] 闫洪,周天瑞. 塑性成形原理[M]. 北京:清华大学出版社,2006.
[3] 运新兵. 金属塑性成型原理[M]. 北京:冶金工业出版社,2012.
[4] 杜艳迎,刘凯,陈云. 金属塑性成形原理[M]. 武汉:武汉理工大学出版社,2020.

第 3 章

热塑性变形对金属组织和性能的影响

3.1 金属热塑性变形中的软化过程

金属发生塑性变形后,吸收了部分变形功,内能增高,结构缺陷增多,处于不稳定的状态,当条件满足时,就有自发回复到原始低内能状态的趋势。室温下,原子的扩散能力低,这种亚稳状态可以保持,一旦温度升高,原子扩散能力增强,尤其当温度升高到一定程度,原子获得足够扩散能力时,就将发生组织、结构以及性能的变化。随着温度的升高,金属内部依次发生回复与再结晶过程。热塑性变形与冷塑性变形相比,最大的不同就在于回复、再结晶与加工硬化同时发生,加工硬化不断被回复、再结晶消除,使金属材料始终保持高塑性、低变形抗力的软化状态。因此,回复与再结晶过程也称为金属热塑性变形中的软化过程。

3.1.1 回复

回复是变形材料在再结晶之前发生的变化,这种变化将材料性能部分回复到它们变形前的状态。按照发生回复的温度不同,回复可以分为低温回复、中温回复和高温回复。温度为 $0.1T_m \sim 0.3T_m$(T_m 是金属的绝对熔化温度),称为低温回复。回复的主要机理是空位、间隙原子等点缺陷的运动,其结果是空位与间隙原子结合或点缺陷运动至晶界、位错或表面处消失,导致晶粒内部点缺陷总数减少。温度为 $0.3T_m \sim 0.5T_m$ 时,称为中温回复。在该阶段,除了有上述点缺陷的运动外,原来金属中运动受阻的位错由于温度升高,原子受热运动能力增强而重新开始滑移,并成为中温回复的主要机制。最终表现为同一滑移面上的异号位错对消或位错滑向位错胞,与胞壁内的异号位错对消,使胞壁由于位错密度的减小而变得窄而清晰成为亚晶界。温度大于 $0.5T_m$ 而小于再结晶温度时,称为高温回复。由于温度进一步升高,受热激活的作用更为显著,位错的运动加强,此时的位错运动主要表现为位错的攀移、亚晶的合并和多边形化。

根据热塑性变形时发生回复过程的不同特点,可以将回复分为静态回复和动态回复。静态回复是在热塑性变形后或变形的间歇利用金属变形余热发生的;动态回复是在热塑性变形的过程中发生的。

1. 静态回复

冷加工后的金属材料在较低温度退火时,其性能朝着原来的水平作某种程度的回复,这种反应称为静态回复。静态回复过程中没有新位错的引入,这是其与下面介绍的动态回复的本质区别,在不特别强调与动态回复区别的情况下,经常被简称为回复。

金属发生塑性变形时会普遍形成点缺陷以及位错,因此理论上静态回复过程应包括点缺陷的静态回复和位错的静态回复。然而,由于大多数点缺陷将在低温下退火过程中消失,这通常不会导致明显的变形金属性能的回复,因此一般不会重点考虑。目前的研究主要考虑位错的静态回复过程,一般来说,静态回复是指材料的位错结构在不引入新位错的情况下回复到变形前的状态的过程。

位错的静态回复不是单一的微观结构变化,而是一系列连续微观组织变化事件,其中可能包括位错缠结、位错胞形成、位错胞内位错的湮灭、亚晶形成和亚晶长大过程,如图3-1所示。这些过程的发生与否由热变形过程的材料种类、纯度、应变、变形温度和退火温度决定。上述过程和影响因素将在3.2节进行介绍。

2. 动态回复

动态回复是指金属在热塑性变形过程中通过热激活而进行的空位扩散、位错运动(滑移、攀移、相消、重排)的过程。金属材料的回复过程几乎与塑性变形同时发生,是热加工过程中金属材料保持软化状态的主要原因,对不发生动态再结晶的金属材料则是唯一原因。动态回复过程与上面介绍的静态回复大致相同,其显著特征是晶粒沿变形方向呈纤维状,在晶粒内形成等轴亚晶粒,其强度比再结晶组织高得多。金属在动态回复过程中往往形成胞状组织,其大小和胞壁的清晰程度与金属的层错能和变形热力学条件密切相关。金属高温下的应力-应变曲线硬化率减少的区域为发生动态回复过程的区间,在这一区域,热激活和应力的作用促使发生交滑移,并且由于温度高,动态回复所需的激活能可促使点阵的扩散,胞壁仍存在但很薄。

研究发现,动态回复主要通过位错的攀移、交滑移来实现。在位错运动容易发生攀移、交滑移的金属内部,异号位错比较容易相互抵消,导致位错密度下降,金属内部的畸变能降低,不足以达到动态再结晶所需的能量。因此,这类金属发生热塑性变形时,即使温度足够高、变形量足够大,也不会发生动态再结晶,只发生动态回复。可以看出,是否发生动态回复,与金属层错能的高低有很大关系。层错能高的金属,如铝、铝合金以及密排六方金属锌、镁等,变形时扩展位错宽度小,位错易束

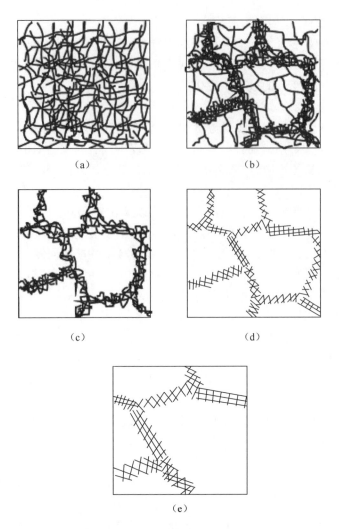

图 3-1 塑性变形材料中回复过程的各个阶段
(a)位错缠结;(b)位错胞形成;(c)位错胞内位错的湮灭;(d)亚晶形成;(e)亚晶长大。

集,容易发生交滑移,在这类金属内部,动态回复是热塑性变形过程中唯一的软化机制。有实验表明,对于层错能较低的金属,若变形程度较小,通常也只发生动态回复。经过动态回复后,金属内部的位错密度首先下降,然后随着变形的进行,增殖的位错与回复抵消的位错达到动态平衡,可以说动态回复导致了金属内部位错的重新分布。经显微观察,虽然金属组织仍然保持纤维状,但拉长的晶粒内部都存在等轴状亚晶,即胞状亚结构。变形速率越高,变形温度越低,所形成的亚结构尺寸越小,内部位错密度越高。与再结晶组织相比,动态回复后所形成的组织内部位错的密度更高,因此,一般来说回复组织的强度也更高。在实际生产中,可以通过快冷措施使动态回复组织保持下来,从而提高金属材料的强度。目前,这一技术已成功应用于提高建筑用镁铝合金挤压型材的强度。

在高层错能的金属中,如铝及其合金和铁素体钢,位错攀移和交滑移能够发生。因此,动态回复在高温下快速而普遍进行,动态回复通常是唯一的能量回复形式。在这种情况下,应力-应变曲线的特点是升高到某一应力平台,随后流变应力保持不变,如图3-2所示。这是由于在变形的初始阶段,随着位错相互作用和增殖,流变应力增加。然而,随着位错密度升高,驱动力增加和因此发生回复的概率升高,同时在此期间的小角度晶界和亚晶进一步发展。在一定的应变上,加工硬化和回复的速率达到动态平衡,位错密度保持恒定,因此,形成图3-2所示的稳态流变应力。

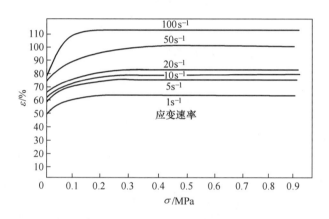

图3-2　Al-1%Mg在400℃时的应力-应变曲线

3.1.2　再结晶

热塑性变形过程中的再结晶过程可以分为静态再结晶、动态再结晶和亚动态再结晶。静态再结晶是在热塑性变形后或变形的间歇利用金属变形余热发生的;动态再结晶是在热塑性变形的过程中发生的;亚动态再结晶是指在热塑性变形过程中已经形核,但还未长大的再结晶晶粒,或者形核后有一定程度长大的晶粒被遗留下来,变形停止后,热量还未降低很多,这些晶核或晶粒会继续长大,也就是动态再结晶晶粒在热变形停止后的长大过程。

1. 静态再结晶

冷变形金属加热到更高的温度后,在原来变形的金属中会重新形成无畸变的等轴晶,重新生成的组织完全取代原来金属的冷变形组织,这个过程称为金属的再结晶。金属的再结晶通过形核长大完成,其形核机理比较复杂,金属的材质不同、变形条件不同,形核方式也不尽相同。再结晶是一个金属内部组织彻底改变的过程,晶粒的形态及大小都发生改变,因此使金属的性能也发生彻底改变。如金属的强度、硬度显著下降,塑性大大提高,加工硬化和产生的内应力完全消除,金属可以回复到冷变形之前的状态。当然,如果科学地控制变形条件和再结晶条件,甚至可以调整再结晶晶粒的大小和再结晶的分布,从而改善和调节金属的组织和性能。金属的再结晶是在一定的温度范围内进行的。关于再结晶的温度,工程上的规定是:冷塑性变形量超过 90%的金属,在一小时的保温时间内,能完成再结晶过程的最低温度。

再结晶温度与金属的变形量、纯度、加热速度和时间等因素有关。一般来说,变形程度越大,金属内部积累的畸变能就越大,其组织越不稳定,再结晶所需的温度就越低。而金属中的合金或杂质元素,尤其是高熔点的元素,均会阻碍原子的扩散或迁移,影响再结晶的发生,因此会显著提高再结晶的温度。

再结晶完成后,金属内部组织处于较低的能量状态。如果温度等条件允许,细小晶粒合并成较大的晶粒会使总的界面面积减小,界面能降低,从能量角度来看,晶粒长大后的组织越发稳定。因此,再结晶完成后,或延长加热时间,晶粒必然会继续长大。

2. 动态再结晶

动态再结晶是在热塑性变形过程中发生的再结晶。动态再结晶同样通过形核长大完成。如前所述,动态再结晶容易发生在层错能较低的金属中,且当热塑性变形量较大时才会发生。这是因为层错能低,扩展位错的宽度就大,不易发生位错集中;同时由于层错能低,不易发生位错的交滑移和攀移,因此不易发生动态回复。因此,金属材料的内部就会积累足够的位错密度差,产生更大的畸变能。另外,当变形程度增大到远远高于静态再结晶所需的临界变形程度,此时积累的畸变能很大,即使发生动态回复,剩余的畸变能也足以诱发动态再结晶。若这两个条件不能满足,则只发生动态回复。晶界迁移的难易也会影响动态再结晶。溶质原子和杂质的加入以及弥散分布的第二相粒子会阻碍晶界的迁移,从而延缓再结晶的速率。因此,金属越纯,发生动态再结晶的概率越大。

与静态再结晶相比,由于动态再结晶的过程中还在进行塑性变形,即新形成的晶粒随即发生塑性变形(发生位错的增殖和运动),因此动态再结晶晶粒较相同的静态再结晶晶粒有更高的强度和硬度。实验表明,降低变形温度、提高变形程度和应变速率会使动态再结晶后的晶粒细小。

动态再结晶有如下特点。

(1) 发生动态再结晶的材料的应力-应变曲线通常表现出与动态回复平台不同的宽峰。在低齐纳-霍洛曼(Zener-Hollomon)参数条件下,应力-应变曲线可以在低应变处表现出多个峰,如图 3-3 中 870℃和 915℃时的应力-应变曲线。

(2) 存在一个启动动态再结晶的临界应变(ε_c)。这在应力-应变曲线的峰值(最大值)之前发生。对于一系列测试条件,最大值与 Zener-Hollomon 参数(Z)无关。

(3) ε_c 随着应力或 Zener-Hollomon 参数稳定地减少,而在非常低(蠕变)的应变速率下,临界应变可能再次增加。

(4) 动态再结晶晶粒的尺寸(D_R)随着应力的降低而单调增加,不会发生晶粒生长,并且在变形过程中晶粒尺寸保持恒定。

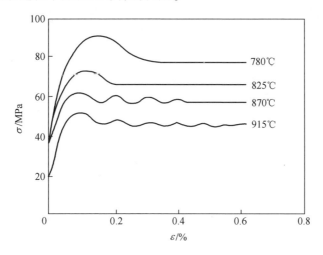

图 3-3　温度对于压缩变形 0.68% 的碳钢的应力-应变曲线的影响

3. 亚动态再结晶

在热塑性变形结束后,如果温度仍满足晶粒长大条件,则在动态再结晶过程中形成的晶核或晶粒会继续长大,称为亚动态再结晶。亚动态再结晶不需要形核,所以进行得非常迅速。因此,生产实践中,想要把动态再结晶组织保留到冷态是非常困难的。

3.2　回复和再结晶过程的组织演变

3.2.1　静态回复过程及机制

静态回复过程是指回复过程中没有持续引入新位错的过程,其核心本质是通过位错运动降低材料的存储能量。静态回复过程包含两个主要过程,分别是位错湮灭和位错重排,形成较低的能量构型。这两个过程都是通过滑移、攀移和交滑移来实现的。

图 3-4 显示了含有刃型位错的晶体示意图。众所周知,刃型位错的弹性应变场相互作用由位错的符号和相互距离决定,例如图 3-4 中 A 和 B 两个位错为处于统一滑移面的异号位错,两者相互吸引,因此在加热条件下可以通过滑移完成湮灭。这种过程在低温条件下普遍发生从而降低变形过程中产生的位错密度。对于处于不同滑移面的异号位错,如位错 C 和位错 D 可以通过滑移和攀移结合的方式完成湮灭过程。由于位错攀移过程需要热激活来提供能量,因此这种复合过程需要在相对较高的温度下发生。相似地,螺位错的复合需要通过交滑移过程实现异号位错的湮灭,因此对于高层错能材料(如 Al),螺位错的湮灭可以在较低的温度下进行,而对于低层错能材料则需要较高的温度才能发生。

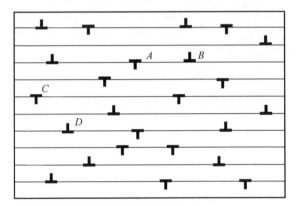

图 3-4 含有刃型位错的晶体示意图(图中直线代表滑移面)

除了位错的湮灭,位错的重排也是静态回复过程中降低系统能量的重要方式,其对热变形金属的微观结构具有重要影响。

1. 多边形化

图 3-5(a)显示了在变形期间产生的正负两种位错数量具有明显差异的情况示意图。在这种情况下,数量较多的一种位错则不可能通过湮灭完全消除,湮灭之后的位错示意图如图 3-5(b)所示。因此,在进一步退火上,这些过量的位错将排列成能量配置较低的大角度晶界(large-angle grain boundaries, LAGBS)。最简单的情况如图 3-5(c)所示,其中仅涉及一个柏氏矢量的位错。这种结构可以通过弯曲在单滑动系统上变形的单晶来形成,该机制通常称为多边形化。

2. 形成亚晶

在多晶材料经受大应变的情况下,在变形过程中产生位错,在随后的退火中产生实际位错组态远比图 3-5(c)的情况更复杂,这是因为涉及多种柏氏矢量的位错。这些不同柏氏矢量的位错相互反应,形成二维网络结构。

在中层错能或高层错能的合金中,位错通常在变形之后排布成三维胞状结构,这种胞壁由复杂的位错缠结组成,因此称为位错胞。位错胞的尺寸由材料体系和应变决定。

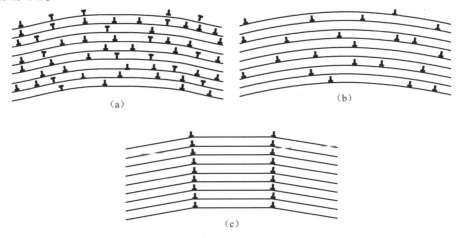

图 3-5 多边形化演变示意图
(a)正负两种位错数量比较;(b)正负位错湮灭后情况;(c)多边形化。

图 3-6(a)所示的透射电子显微照片显示了在变形铝中直径为 1μm 的位错胞结构。通过在 HVEM 的原位退火,此样品可以直接跟踪回复过程的位错演变,图 3-6(b)显示了在退火后相同区域的位错结构。缠结的细胞壁,如在图 3-6 中 A 和 B 位置显示出退火后出现更加规则的位错网络结构或小角晶界,并且细胞内部位错的数量明显降低。图 3-7 展示了位错胞转变为亚晶,在这个过程中,晶粒结构尺寸几乎没有发生变化。

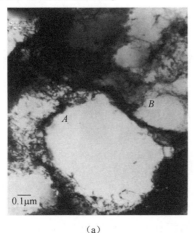

图 3-6 应变 10% 的铝和原位退火的超高压透射表征
(a)变形结构;(b)在相同区域 250℃ 退火 2min 后的结构。

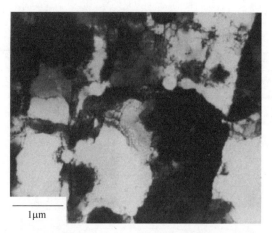

图 3-7 含 SiO_2 颗粒的铜合金在冷变形 50%、700℃退火后形成的亚晶结构

3. 亚晶粗化

1) 亚晶粗化驱动力

与完全再结晶的材料相比,图 3-6 所示的回复的亚结构存储的能量仍然很大,因此在进一步的退火热处理过程中,金属将通过亚晶的粗化来进一步降低体系能量,这导致在材料中小角晶界总面积的减少。

理论预测显示亚晶长大的驱动力与小角晶界的能量成比例,因此长大速率将是一个亚晶取向差的函数。亚晶存储的能量由亚晶直径和小结晶界的界面能决定,因此亚晶的单位体积能力可以由下面的公式进行估计:

$$E_D \approx \frac{3\gamma_s}{D} \approx \frac{\alpha\gamma_s}{R} \tag{3-1}$$

式中:α 为一个常数,约为 1.5。

由于亚晶界面能由取向差(θ)决定,因此式(3-1)可以表示为亚晶尺寸和取向差的函数:

$$E_D = \frac{3\gamma_s\theta}{D\theta_m}\left(1 - \ln\frac{\theta}{\theta_m}\right) \approx \frac{K\theta}{D} \tag{3-2}$$

式中:θ_m 为常数。

此外,研究显示,具有不同织构的材料的亚晶长大速率也显示出明显的差异,是由于不同晶粒取向会导致不同的亚晶取向差分布,从而影响亚晶长大驱动力。

2) 不连续亚晶粗化

上面介绍的亚晶长大经过逐渐和均匀的粗化过程,这种长大过程称为连续长大过程。然而,在某些情况下,一些亚晶远比其他晶粒可能更快长大,导致双亚晶结构(duplex subgrain structure),如图 3-8 所示,其中一些亚晶可以达到 $100\mu m$,而晶粒尺寸普遍仅有 10μm 左右。这种长大行为表面上看上去与异常晶粒生长非常相似，不同的是亚晶的不连续长大仅涉及小角度晶界。

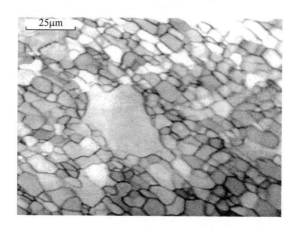

图 3-8　在 Al-0.05%Si 合金中亚晶不连续长大的 EBSD 模式

3）回复的影响因素

（1）应变的影响。对于多晶金属，只有当材料轻微变形时才能完全回复。然而，对于六方密排金属，例如可以在单一滑动系上大应变变形的单晶锌，能够在退火之后完全回复它们的原始微观结构和性能。与之相似，对于单晶立方金属，如果在第一阶段加工硬化过程中仅发生单一滑移面变形，在随后的退火过程中接近完全回复。然而，如果晶体变形进入加工硬化的第二阶段或第三阶段，则再结晶将在发生显著回复之前发生。

对于可能发生的回复程度，普遍的规律是在恒定温度下可以发生回复的性能变化的分数随应变的增加而增加。值得注意的是，在能够承受高度应变的材料中，这种规律可能由于再结晶的开始而不再适用。

（2）退火温度的影响。一般规律是对于小变形量金属，如铁和锌，在更高的退火温度下发生更完全的回复，如图 3-9 所示。

（3）材料性质的影响。材料本身的性质也决定了回复程度，其中最重要的参数是层错能（stacking fault energy，SFE）。层错能通过影响位错分解的难易程度决定了位错攀移和交滑移的程度，这通常是控制回复速率的关键。在如铜、黄铜和奥氏体不锈钢这些低层错能的金属中，攀移困难，因此在发生再结晶之前，回复程度很低。然而，在如铝和铁这些高层错能的金属中，攀移速率快，因此发生显著的回复。此外，溶质元素可以通过钉扎位错或影响空位的浓度和移动性，来影响层错能，进而影响回复过程。

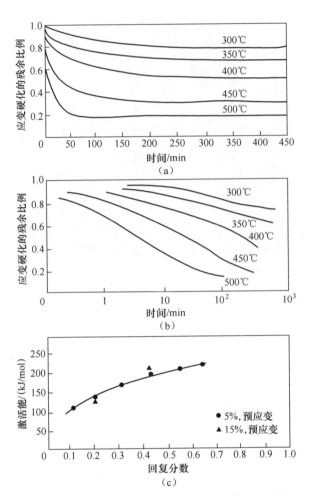

图 3-9 铁在 0℃ 下变形后不同温度下的等温回复规律
(a)应变硬化的残余比例随时间的变化趋势；(b)应变硬化的残余比例随时间的变化趋势；
(c)激活能随回复分数的变化曲线。

3.2.2 动态回复

与静态回复过程不同,动态回复过程中施加的应力为小角晶界的迁移提供了额外的驱动力,这种应力辅助的晶界迁移会导致位错在晶界和三叉晶界附近发生湮灭,这使得亚晶在整个变形过程中保持等轴晶结构。

加工硬化和回复过程导致低角度边界的持续形成和消失,并达到亚晶的自由位错的恒定密度。与位错演变相似,在经过一定应变后(典型的应变为 0.5~1),亚晶结构通常也达到稳定状态。图 3-10 示意性地概述了在动态回复期间发生的微观结构变化。

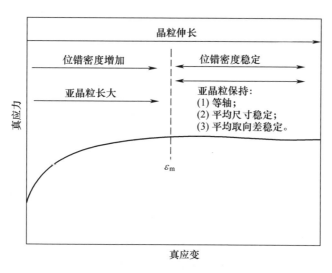

图 3-10 动态回复导致微观结构演变规律示意图

虽然位错和亚晶在稳态变形中经常保持接近常数状态,原始晶界不会发生显著迁移,晶粒在变形期间继续改变形状,这意味着流变应力可以保持恒定。但实际上,在动态回复期间并没有实现真正的微观结构稳态。

在发生热激活变形和软化的温度下,材料的微结构演化将取决于变形温度 T、应变速率 $\dot{\varepsilon}$。通常通过包含应变速率和温度影响的 Zener-Hollomon 参数(Z)体现。Zener-Hollomon 参数(Z)的计算公式为

$$Z = \dot{\varepsilon}\exp\left(\frac{Q}{RT}\right) \quad (3-3)$$

式中:Q 为激活能;R 为普适气体常数。

动态回复的基本机制是位错、滑移、攀移和交滑移,这使得在动态回复和静态回复期间均能够形成小角晶界。

1. 动态回复过程中的亚晶结构演变

在高温变形期间,动态回复导致更多位错排布在亚晶内,这与静态回复规律相同。例如,在铝合金中,在低温变形期间形成的位错胞或亚晶排布形成带状结构,这些带状排布通常在高剪切力的平面上。在高温变形之后也发现了这种类型的排布,而在低 Z 值情况下,即在较高温度或较低的应变率下,这种排布并不明显。

图 3-11 所示为 Al-0.1%Mg 合金在 350℃ 平面压缩时对亚晶晶粒尺寸和取向的影响。

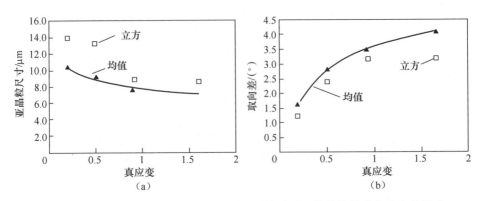

图 3-11　Al-0.1%Mg 合金在 350℃ 平面压缩时对亚晶晶粒尺寸和取向的影响

2. 动态回复过程中的大角晶界锯齿结构

在低 Z 值条件下变形,受晶界应力和晶界附近局部位错密度的影响会发生局部晶界迁移,形成具有特点波长的锯齿形晶界结构,如图 3-12 所示,该结构与亚晶结构尺寸紧密相关。但是如果存在小尺寸第二相粒子,这些粒子可能会阻止大角度晶界的迁移,因此,晶界会保持原有的平直结构,如图 3-13 所示。

图 3-12　Al-5%Mg 合金中的典型大角度锯齿形晶界结构

3. 动态回复过程中的应变速率的影响

在多数热变形过程中,变形温度和应变率均不可能保持恒定。如前所述,位错密度的微观结构参数与变形条件紧密相关,所以在不同温度条件下了解微观结构演变或应变率很重要。对铝合金的热变形研究结果显示,如果在变形期间提高了应变速率,微观结构会在进一步发生微小变形后达到平衡。然而,如果在变形过程

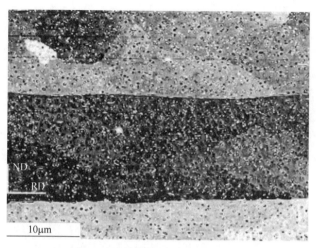

图 3-13　Al-2%Cu 合金中第二相粒子抑制大角度锯齿形晶界的形成

中降低应变速率,则需要进一步增加较大应变才能够达到稳态值。研究发现,应变率下降期间亚晶长大的主要机制是小角晶界迁移。在这些条件下的亚晶增长速率比静态退火的大得多。

3.2.3　静态再结晶

冷变形金属加热到更高的温度后,在原来变形的金属中会重新形成无畸变的等轴晶,重新生成的组织完全取代原来金属的冷变形组织,这个过程称为金属的静态再结晶。金属的静态再结晶通过形核长大完成,其形核机理比较复杂,金属材质不同、变形条件不同,形核方式也不尽相同。静态再结晶是一个金属内纤维组织彻底改变的过程,晶粒的形态及大小都发生改变,因此金属的性能也发生彻底改变。例如,金属的强度、硬度显著下降,塑性大大提高,加工硬化和产生的内应力完全消除,金属可以回复到冷变形之前的状态。当然,如果科学地控制变形条件和再结晶条件,甚至可以调整再结晶晶粒的大小和再结晶的分布,从而改善和调节金属的组织和性能。金属的静态再结晶是在一定的温度范围内进行的。

再结晶温度与金属的变形量、纯度、加热速度和时间等因素有关。一般来说,变形程度越大,金属内部积累的畸变能就越大,组织越不稳定,再结晶所需的温度就越低。而金属中的合金或杂质元素,尤其是高熔点的元素,均会阻碍原子的扩散或迁移,影响再结晶的发生,因此会显著提高再结晶的温度。

再结晶完成后,金属内部组织处于较低的能量状态。如果温度等条件允许,细小晶粒合并成较大的晶粒会使总的界面面积减小,界面能降低,从能量角度来看,晶粒长大后的组织越发稳定。因此,再结晶完成后,若延长加热时间,晶粒必然会继续长大。

上面讨论的回复过程在空间和时间两方面均是一个相对均匀的过程。当在大于亚晶尺寸的比例上观看时,样本的大多数区域以类似的方式变化。回复随着时间的推移逐渐发展,没有明显的开始或结束过程,这与再结晶过程具有明显区别。再结晶涉及在样本的某些部位形成新的无应变晶粒,并且这些晶粒随后通过消耗变形或回复形成的微观结构继续长大,如图 3-14 所示。发生再结晶的微观结构可以分为再结晶区域或非再结晶区域,随着再结晶的进行,再结晶区域逐渐增加,如图 3-15 的原位退火 SEM 照片所示。这种在变形金属中发生再结晶的过程称为一次再结晶或正常晶粒长大,以便将其与异常晶粒生长的过程区分开。

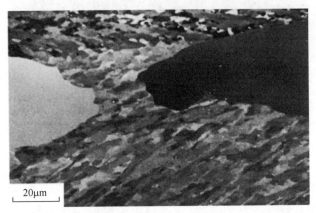

图 3-14 在 Al 的亚晶结构中逐渐再结晶并且晶粒逐渐长大的 SEM 显微结构

1. 再结晶定律

20 世纪 50 年代,Mehl、Burke 和 Turnbull 等基于大型实验工作的结果,提出"再结晶定律"。这一定律能够预测初始微观结构(晶粒尺寸)和加工参数(变形应变和退火温度)对于再结晶的影响。此定律适用于在大多数情况下发生的再结晶过程。

(1)开始再结晶需要最小变形。这个最小变形必须足以提供再结晶形核,并提供必要的驱动力来维持其长大。

(2)发生再结晶的温度随着退火时间的增加而降低。这是由于控制再结晶的显微机制的热激活过程是服从 Arrhenius 方程给出的再结晶速率和温度的关系。

(3)发生再结晶的温度随着应变的增加而降低。这是由于用于再结晶的驱动力的储存能量随应变的增加而增加。因此,在大变形的材料中,形核和生长均可以在较低温度下进行或以更快速发生。

(4)再结晶晶粒尺寸主要取决于形变,大量变形会导致较小的晶粒尺寸。这是由于形核的数量或形核速率比生长速率受应变的影响更大。因此,较高的应变

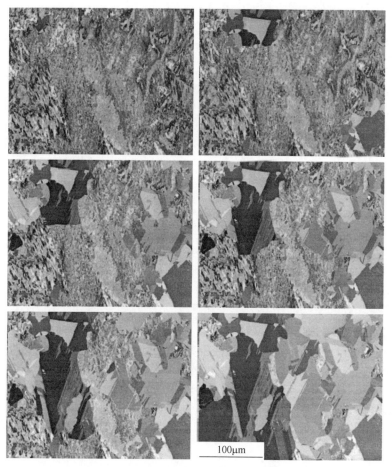

图 3-15　原位退火的变形铜合金的再结晶 SEM 表征

将提供更多单位体积内的形核,从而导致较小的最终晶粒尺寸。

（5）对于确定的变形量,更大的起始晶粒尺寸将导致再结晶温度提高,晶界是有利的核心位点,因此晶粒尺寸提供较少的形核位点,降低形核速率,导致再结晶较慢或只能在较高温度下发生。对于确定的变形量,更高的变形温度将导致再结晶温度的提高,这是由于在变形期间发生了更多的动态回复,因此储存的能量低于在较低变形温度、相同应变量这一情况下的能量。

2. 影响再结晶速率的其他因素

1）变形结构的影响

应变程度是影响再结晶速率的重要因素,因为变形改变了储存能量和有效核的数量。存在最小量的应变通常为 1%~3%,低于这个应变则不会发生再结晶。

在该应变之上,再结晶的速率随应变而增加,直到到达2%~4%的真应变。拉伸应变对铝的再结晶动力学的影响如图3-16所示。

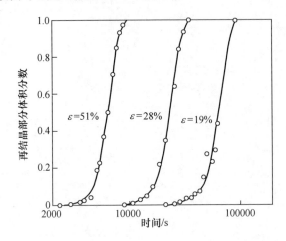

图3-16 拉伸应变对在350℃退火的铝的再结晶动力学的影响

变形模式对再结晶速率具有重要影响。如前面回复部分所述,仅开动单个滑移系的单晶变形金属,在退火时能够发生弯曲回复,因此可能不会重结晶。因为这种单个滑移系开动的位错结构不含提供核心位点所需的多样性和取向梯度。此外,变形模式对再结晶的影响是非常复杂的。例如,在铁和铜的再结晶研究中发现,相同的轧制量的直线轧制材料比交叉轧制材料能够更快地发生再结晶。

一般情况下细晶材料比粗晶材料更快地发生再结晶,其规律如图3-17所示。初始晶粒尺寸可以通过以下几种机理影响再结晶过程。

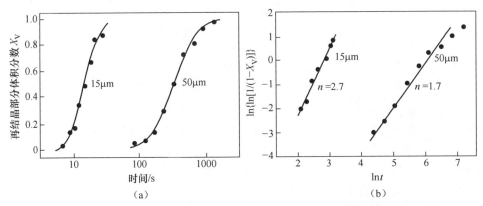

图3-17 不同初始晶粒尺寸铜合金冷轧变形93%后在225℃的再结晶动力学
(a)再结晶部分体积分数;(b)约翰逊-迈尔(JMAK)方程图。

(1) 低应变($\varepsilon<0.5$)的金属储存的能量随初始晶粒尺寸的降低而增加。

(2) 诸如变形和剪切带等不均匀性结构更容易形成在粗粒材料中,因为这些不均匀性结构的数量是再结晶形核的位点,因此随着晶粒尺寸的增加再结晶速率也增加。

(3) 晶界是有利的形核位点,因此对于细粒材料,可用的形核位点的数量更多。

(4) 变形织构和受其影响的再结晶织构会受初始晶粒尺寸的影响,而再结晶驱动力将受晶粒取向的影响。

在上述机理的共同作用下,温度相同时,在细晶材料中晶粒的生长速率可能明显高于在粗晶材料中晶粒的再结晶速率。

2) 退火条件的影响

从图 3-18(a) 中可以看出,退火温度对再结晶动力学产生了显著的影响。如果我们认为整个再结晶过程是一个整体,并将发生 50% 再结晶的时间($t_{0.5}$)作为测量依据来衡量再结晶速率,能够得到以下关系:

$$\text{Rate} = \frac{1}{t_{0.5}} = C\exp\left(-\frac{Q}{RT}\right) \tag{3-4}$$

图 3-18(b) 展示了 $\ln t_{0.5}$ 与 $1/T$ 很好的线性关系,通过计算其斜率可以获得激活能 Q(约 290kJ/mol)。这一分析在将整个再结晶看作一个整体的情况下阐述了再结晶速率与退火温度之间的关系,虽然激活能量的物理意义不容易解释,但其可以应用于实际科研和生产,对再结晶过程进行控制。

3.2.4 动态再结晶

动态再结晶是在热塑性变形过程中发生的再结晶。动态再结晶同样通过形核长大完成。如前所述,动态再结晶容易发生在层错能较低的金属中,且当热塑性变形量较大时才会发生。这是因为层错能低,扩展位错的宽度就大,位错束集束困难,不易产生位错的交滑移和攀移,即不易发生动态回复。因此,金属材料的内部就会积累足够的位错密度差,产生更大的畸变能。另外,变形程度越大,远远高于静态再结晶所需的临界变形程度,积累的畸变能就越大,即使发生动态回复,剩余的畸变能也足以诱发动态再结晶。若这两个条件不能满足,则只能发生动态回复。同时,晶界迁移的难易也会影响动态再结晶。溶质原子和杂质的加入以及弥散分布的第二相粒子会阻碍晶界的迁移,从而延缓再结晶的速率。因此,金属越纯,发生动态再结晶的概率越大。

与静态再结晶相比,因为动态再结晶的过程中还在进行塑性变形,即新形成的

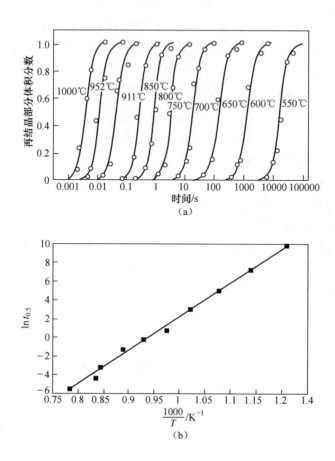

图 3-18 退火条件与材料再结晶行为之间的关系
(a)不同退火温度下,再结晶部分体积分数和退火时间的关系;
(b)材料再结晶体积分数达 50%所需退火时间和不同退火温度之间的关系(Arrhenius 拟合曲线)

晶粒可能随即发生塑性变形(发生位错的增殖和运动),所以动态再结晶晶粒较相同的静态再结晶晶粒有更高的强度和硬度。实验表明,降低变形温度,提高变形程度和应变速率会使动态再结晶后的晶粒细小。

图 3-19 显示了动态再结晶过程中微观结构的演变过程,动态再结晶通常以旧的晶粒边界开始形核,随后在旧晶粒的晶界上连续形核,并且以这种方式形成加厚再结晶晶粒。如果初始粒度 D_0 和再结晶晶粒尺寸 D_R 之间存在很大差异,则可以形成"项链状"结构(图 3-19(c)),最终材料将完全再结晶。图 3-20 显示了铜在部分再结晶过程中的显微结构。

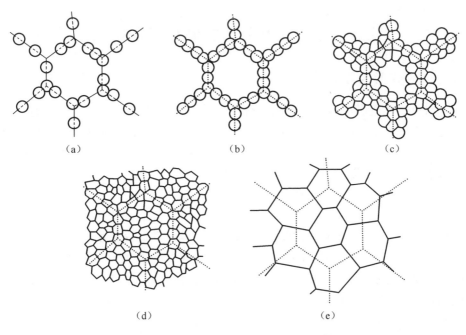

图 3-19 动态再结晶过程中微观结构的演变过程
(a)~(d)大的初始晶粒；(e)小的初始晶粒。

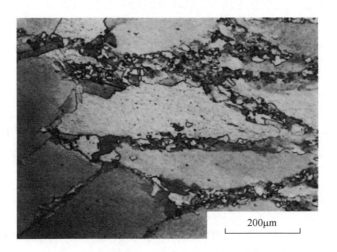

图 3-20 多晶铜晶界前的动态再结晶的显微结构
($400℃, \dot{\varepsilon}=2\times10^{-2}\mathrm{s}^{-1}, \varepsilon=0.7$)

3.3 热变形的变形机制和变形抗力

3.3.1 热变形的变形机制

金属热塑性变形机制主要有晶内滑移、晶界滑移和扩散蠕变等。一般地,晶内滑移是最主要和常见的;晶内孪生多在高温高速变形时发生,但对于六方晶系金属,这种机理也起重要作用;晶界滑移和扩散蠕变只在高温变形时才发挥作用。随着变形条件(如变形温度、应变速率、应力状态等)的改变,这些机理在塑性变形中所占的分量和所起的作用也会发生变化。

1) 晶内滑移

在通常条件下,热变形的主要机理仍然是晶内滑移。这是由于高温时原子间距加大,原子的热振动及扩散速度增加,位错的滑移、攀移、交滑移及位错结点脱锚比低温时来得容易;滑移系增多,滑移的灵活性提高,改善了各晶粒之间变形的协调性;晶界对位错运动的阻碍作用减弱,且位错有可能进入晶界。

2) 晶界滑移

热塑性变形时,由于晶界强度低于晶内,使得晶界滑移易于进行;又由于扩散作用的增强,及时消除了晶界滑移引起的破坏。因此,与冷变形相比,晶界滑移的变形量要大得多。此外,降低应变速率和减小晶粒尺寸有利于增大晶界滑移量;三向压应力的作用会通过"塑性粘焊"机理及时修复高温晶界滑移所产生的裂缝,故能产生较大的晶间变形。尽管如此,在常规的热变形条件下,晶界滑移相对于晶内滑移变形量还是小的。只有在微细晶粒的超塑性变形条件下,晶界滑移机理才起主要作用,并且晶界滑移是在扩散变形调节下进行的。

3) 扩散蠕变

扩散蠕变是在应力场作用下,由空位的定向移动引起的。在应力场作用下,受拉应力的晶界(特别是与拉应力相垂直的晶界)的空位浓度高于其他部位晶界的浓度。各部位空位的化学势能差引起空位的定向移动,即空位从垂直于拉应力的晶界放出,进而被平行于拉应力的晶界吸收。

3.3.2 高温变形抗力

变形抗力的大小不仅取决于材料的真实应力(流动应力),而且也取决于塑性加工时的应力状态、接触摩擦以及变形体的尺寸等因素。只有在单向拉伸(或压缩)时,变形抗力才等于材料在该变形温度、变形速度、变形程度下的真实应力。因此,抛开具体的加工方法所决定的应力状态、接触摩擦等因素,就无法评论金属和合金的变形抗力。为了研究问题时更方便,在讨论各种因素对变形抗力的影响时,在某些情况下,姑且把单向拉伸(或压缩)时的真实应力当作反映变形抗力大小的指标。实际上可以认为,塑性加工时变形抗力的大小主要取决于材料本身的真实应力,但是它们之间的概念不同,数值在大多数情况下也不相等。

3.4 热变形对金属组织性能的影响

热变形是在高于再结晶温度条件下进行的,因此,不论是在变形进行的同时,还是在变形终止后,变形金属都具有相当高的温度,因此变形金属可以通过动态复合和动态再结晶效应产生软化,故经过热变形的产品,不显示硬化的后果。因此,可以通过多次重复热变形对于材料的组织和结构进行调整。本节主要针对热变形对于金属组织的控制进行介绍。

1) 热变形对铸态组织的改造

如上所述,在高温条件下,金属位错更容易发生移动,由于其塑性高、抗力小,加之原子扩散过程加剧,伴随完全再结晶时,更有利于组织的改善。因此,热变形多作为铸态组织初次加工的方法。

一般来说,铸态组织由于铸造过程冷却阶段温度分布不均匀,导致其结构具有明显的差异,这可以从铸锭断面上看出3个不同的组织区域,最外面是由细小的等轴晶组成的一层薄壳,与这层薄壳相连的是一层相当厚的粗大柱状晶区域。中心部分则为粗大的等轴晶。从成分上看,除了特殊的偏析造成成分不均匀外,一般低熔点物质、氧化膜及其他非金属夹杂多集结在柱状晶的交界处。此外,由于存在气孔、分散缩孔、疏松及裂纹等缺陷,故铸锭密度较低。组织和成分的不均匀以及较低的密度是铸锭塑性差、强度低的基本原因。

在三向压缩应力状态占优势的情况下,热变形能最有效地改变金属和合金的铸锭组织。予以适当的变形量,可以使铸态组织发生下述有利的变化。

(1) 一般热变形是通过多道次的反复变形来完成的。由于在每一次道次中硬化与软化过程是同时发生的,因此,变形而破碎的粗大柱状晶粒被反复锻造,而成为较均匀、细小的等轴晶粒,其内部某些微小裂纹也得到愈合。

(2) 由于应力状态中静水压力分量的作用,可以使铸锭中存在的气泡焊合、缩孔压实、疏松压密,变为较致密的结构。

(3) 由于高温下原子热运动能力加强,在应力作用下,借助原子的自扩散和互扩散,可以使铸锭中化学成分的不均匀性相对减少。

上述三方面综合作用的结果,可以使铸态组织改造成变形组织(或加工组织),相比于铸锭有较高的密度、均匀细小的等轴晶粒以及比较均匀的化学成分,塑性和抗力的指标都明显提高。

2) 改善铸造组织,锻合内部缺陷

铸造组织晶粒粗大,内部存在疏松、缩孔、微裂纹以及偏析等缺陷,通过热塑性变形,粗大的铸造晶粒变形、破碎,同时,缩孔、疏松、微裂纹被焊合,金属致密度提高。其次,由于金属的流动以及热塑性变形过程中原子的扩散能力增强,可以一定程度上改善铸造组织内部的偏析。再者,对于内部存在碳化物或非金属夹杂物的金属,通过合理的热塑性变形,在晶粒变形、流动的同时,金属内部的碳化物或夹杂物被打碎,且分布更加均匀,从而降低了这些脆性对金属基体的危害。

3) 热变形制品晶粒度的控制

在热变形过程中,为了保证产品性能及使用条件对热加工制品晶粒尺寸的要求,控制热变形产品的晶粒度是很重要的。热变形后制品晶粒度的大小取决于变形程度和变形温度(主要是加工终了温度)。第二类再结晶全图是描述晶粒大小与变形程度及变形温度之间关系的。根据这种图即可确定为了获得均匀的组织和一定尺寸晶粒时,所需要保持的加工终了温度及应施加的变形程度。

由再结晶全图可知,在完全软化的温度范围内加工这种合金时,为了获得均匀细小的晶粒,其每道次的变形量应大于10%。同时,通过比较两种情况下的再结晶图,也可以看出变形速度的作用、LY2 的临界变形程度,冲击变形时(变形速度大时)为 2%~8%,在压力机上压缩时(变形速度较小),冲击变形增大 10%。因此,在压力机上加工这种合金时,应采用比在锻锤上加工时大一些的道次变形程度。

最后,热塑性变形中的回复和再结晶过程可以改善晶粒内部的组织,若变形条件控制合理,可以得到细小均匀的晶粒,大大提高了金属的性能。

4) 热变形时的纤维组织或带状组织

金属内部含有的杂质、第二相和各种缺陷,在热变形过程中,将沿着最大主变形方向被拉长、拉细而形成纤维组织或带状结构。这些带状结构是一系列平行的条纹结构。由于纤维组织或带状组织总是平行于主变形方向,因此通过分析这些组织的取向即可推断金属加工过程,同时也可以通过设计热处理过程实现具有显微组织或带状组织的材料制备。该工艺广泛应用于具有双峰结构的镁合金材料的制备。

5) 纤维组织的制备

形成纤维组织有各种原因,最常见的是由非金属夹杂或化合物造成。当铸态金属内部存在粗大的一次结晶晶粒时,在这些晶粒的边界上常常分布有非金属夹杂物的薄层。这种夹杂物的再结晶温度较高,在热变形过程中难以发生再结晶,同时在高温下它们也可能具有一定的塑性,沿着最大延伸变形方向被拉长。因此,热塑性变形时,晶粒沿着最大变形方向拉长,晶粒间的非金属夹杂物也随之被拉长。

变形程度足够大时,这些粗大的晶粒被打碎,其间的非金属夹杂物也被拉成长条状,形成纤维组织。当发生再结晶后,金属内部重新生成无畸变的等轴晶粒,但被拉成长条状的非金属夹杂物却保留下来。这也是冷变形纤维组织和热变形纤维组织的不同。一般情况下,纤维组织的方向只能通过变形方式改变,例如,轧制或拉伸时,纤维组织的方向与最大延伸方向平行,而锻造时的纤维组织则与原始的铸锭组织和压缩量有密切关系。由于纤维组织的形成会使金属性能呈现出各向异性,沿流线方向比垂直于流线方向有更高的力学性能、塑性和韧性。这一点与冷塑性变形中形成的纤维组织是相同的。在生产实践中,纤维组织一般只能在变形时通过不断地改变变形的方向来避免,很难用退火的方法消除。当夹杂物(或晶间夹杂层)数量不多时,可以用高温退火的方法,依靠成分的均匀化,以及组织不均匀处的消失来去除。在个别情况下,当这些晶间夹杂物能溶解或凝聚时,纤维组织也可以被消除。

6) 产生带状组织

热塑性变形后,金属内部产生的与最大变形方向大致平行的带状偏析组织称为带状组织。例如,在产生纤维组织的亚共析钢内部,缓慢冷却时,共析铁素体通常在纤维组织附近析出,形成铁素体带,而铁素体附近的富碳奥氏体则随后转变为珠光体带,最终形成"铁素体带+珠光体带"的带状组织。产生带状组织后,会使金属产生各向异性,横向的塑性和韧性有一定程度的下降。可以采用正火的方法消除带状组织,而高碳钢内部的带状组织可以采用变向锻造的方法进行消除。此外,经过热塑性变形回复阶段后,由于变形而产生的内应力可以得到释放,从而避免工件的畸变或开裂。若发生再结晶,可以消除由于塑性变形而发生的加工硬化现象。

此外,金属中的空穴(包括凝固时的缩孔和气眼等)在变形时也会被拉长,当变形量很大、温度足够高时,这些空穴可能被压紧、焊合,如果变形量不够大,这些空穴就形成了头发状的裂纹称为"发裂"。

习题

1. 简述冷变形金属在轧制过程中,各阶段在各部分发生的静态回复、动态回复、静态再结晶、动态再结晶情况。
2. 简述静态回复过程中材料微观结构的演变机制,分析动态回复与其关系。
3. 说明如何利用动态回复过程控制合金材料的强度和塑性。

参考文献

[1] LEE C M, PARK Li K W, LEE J C. Plasticity improvement of a bulk amorphous alloy based on its viscoelastic nature[J]. Scripta Materialia, 2008, 59(8): 802-805.

[2] GALCERAN M, ALBOU, A, RENARDE, et al. Automatic crystallographic characterization in a transmission electron microscope: applications to twinning induced plasticity steel and Al thin[J]. Microscopy and Microanalysis, 2013, 19(3): 693-697.

[3] GRACHEV S V, KAZYAEVA I D, PUMPYANSKI D. A. Thermal stability of the Bauschinger effect in the cold-deformed steel[J]. Physics of Metals and Metallography, 2004, 97(2): 217-219.

[4] HYUN C S, KIM M S, CHOI S H, et al. Crystal plasticity FEM study of twinning and slip in a Mg single crystal by Erichsen test[J]. Acta Materialia, 2018, 156: 342-355.

第 4 章

应力分析与应变分析

4.1 应力与应力状态

金属塑性加工是利用其塑性,在外力作用下产生永久变形以制造具有一定外形尺寸和组织性能制品的材料加工技术。外力是成形的外因,塑性是成形的内因,二者缺一不可。

4.1.1 外力

外力,从字面上很容易理解为作用在物体外表面上的力。但这并不正确,实际上凡能使物体产生塑性变形的力都称为外力,可概括为点力、面力和体积力,如图 4-1 所示。点力,顾名思义,是作用在物体表面一个点上的力;面力则是作用在表面的一定区域上,连续分布的力。二者都作用于物体外表面上。当然,点力和面力也不是截然分开的,如果面力所作用的面积很小,就变成了点力。体积力则是突

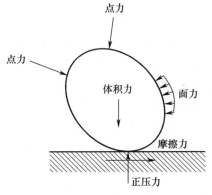

图 4-1 外力的分类

破了表面的限制的力,不仅作用于外表面,还作用于物体内部的每一个质点上,如重力、惯性力、离心力、电磁力等。

此外,还可以按照力的功能,将它们划分为主动力和约束力。如图4-1所示,主动力是使物体发生变形的力(点力、面力和体积力),约束力则是对物体边界起约束作用的力,包括正压力和摩擦力。虽然约束力不直接使材料变形,但如果没有它们,材料将难以变形。

一般场合下的塑性成形,体积力的作用远小于表面力,往往忽略不计,但在一些特殊场合,如锤上模锻,体积力则不可忽略。如图4-2所示,当上模膛高速下落时,从相对运动的角度来说,可以认为是坯料高速冲向上模,这样当坯料和模膛接触后,上部接触处速度突变为零,而余下的部分仍具有速度,这样下部会对上部有力的作用。这好比高速飞行的子弹撞击到墙上,如果墙壁足够坚实,则子弹前部会被后续部分压扁。基于此,一般锤上模锻时都将形状复杂的模腔安装在上锤头,这很利于材料的填充。

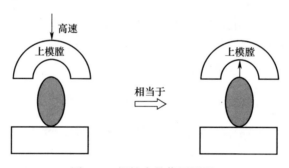

图4-2 惯性力的作用原理

4.1.2 内力

如果将受力物体看作是由无数质点组成的话,在外力作用下,根据质点间距离是否发生改变,可将受力后的效果分为两类。第一类,质点间距离无变化。呈现整体的平移或转动,这属于刚体运动。在这种情况下,质点间无作用力,又因质点间距无变化,因此物体形状亦不发生改变。第二类,质点间距离有变化。此时假设已经消除了第一类中的刚体运动,例如将物体固定。此时若再变形,质点间距会发生变化,这会导致:①由于质点之间是有联系的,因此间距的变化意味着它们之间有力的作用;②虽然没有了宏观的刚体转动,但在微观上,物体内依然存在刚体转动,这是由单纯的变形引起的,将在4.8节中详细解释。

在第二类情况中,质点间距离的变化会导致质点间的作用力,当彼此距离变大时表现为拉力,反之为压力,二者统称为内力。也就是说,内力是物体内部质点之间相互作用的力。

4.1.3 应力

应力是作用于单位面积上的内力(集度)。塑性变形的主要任务就是研究变形体内应力的分布。研究应力一般采用截面法。图 4-3(a)所示为一受力物体在外力作用下产生变形(此处研究的是小变形,因此变形后的形状可近似用初始构形替代,同时也排除了刚体运动),导致内部产生应力。在物体内部任取一点 O(图 4-3(b)),为研究 O 点的应力,现用一个过 O 点的任意假想的截面将物体分开,把物体的下半部分作为研究对象,如图 4-3(c)所示。由于质点之间是相互联系的,因此截面上部的质点对下部分的质点有力的作用,当只研究下部分时,上部分质点对下分部质点作用力的合力将与作用于下部分的外力达成平衡,如图 4-3(c)所示。

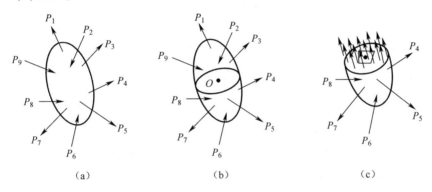

图 4-3 截面法定义应力

在截面上取一四边形将 O 点包围起来,如图 4-3(c)所示。设四边形的面积为 ΔS,其上内力的合力为 ΔT,则作用于四边形上的平均内力为

$$\bar{T} = \frac{\Delta T}{\Delta S} \tag{4-1}$$

将四边形逐步缩小,使面积趋于零,这样四边形将与 O 点无限接近,此时若极限

$$s = \lim_{\Delta S \to 0} \frac{\Delta T}{\Delta S} = \frac{\mathrm{d}T}{\mathrm{d}S} \tag{4-2}$$

存在,则 s 就定义为 O 点的应力。这就是应力最基本的定义。

实际上,由于过 O 点的截面是任意截取的,因此上述定义的应力 s 具有不确定性,为了规范应力的定义,现建立直角坐标系,如图 4-4 所示,并将截面的法向取为 y 轴方向(截面称为 y 面,下同),再按照上述流程求得 O 点的应力 s。此时 s 可

进一步分解为 σ_y 和 τ_y。σ_y 的方向垂直于截面,与法线同向,称为正应力;τ_y 的方向与截面相切,称为切应力,此切应力可进一步按坐标走向分解为 τ_{yx} 和 τ_{yz}。

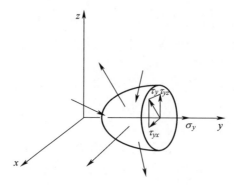

图 4-4　应力定义的规范化

4.1.4　点的应力状态

同理,过 O 点也可以截取法向与 x 轴或 z 轴平行的面(分别称为 x 面和 z 面),如图 4-5(a)所示。依同样步骤求出应力,这样就得到了 3 个相互垂直面上的应力,将它们组合起来写成一个矩阵形式:

$$\boldsymbol{\sigma} = \begin{pmatrix} \sigma_{xx} & \tau_{xy} & \tau_{xz} \\ \tau_{yx} & \sigma_{yy} & \tau_{yz} \\ \tau_{zx} & \tau_{zy} & \sigma_{zz} \end{pmatrix} \begin{matrix} \text{定义在 } x \text{ 面上的应力} \\ \text{定义在 } y \text{ 面上的应力} \\ \text{定义在 } z \text{ 面上的应力} \end{matrix}$$

$\boldsymbol{\sigma}$ 表示 3 个面上的应力组合,它有一个新的称谓——点的应力状态,这是个十分重要的概念,它较全面地表示了一点的应力情况。这类似于给人拍照,正面、左、右两侧面各拍一张,组合起来就能比较全面地展现一个人;或者类似于画法几何中的视图,从 3 个不同方向,画出一个零件的 3 个投影图,将它组合在一起,代表整个零件。

上述在对一点的应力进行研究时,取一个通过该点的相互垂直的 3 个平面(图 4-5(a))。有时候为了研究的需要,这个平面往往并不真正通过该点,而是在离该点无限接近的地方通过。例如,在图 4-5(b)中 O 点的上下、左右、前后 3 个相互垂直方向上(即 x、y、z 轴),各取 6 个分别垂直于 x、y、z 轴的平面,然后 6 个平面相互截取,最后会形成一个将 O 点包围的微分六面体。因为这 6 个平面无限接近 O 点,因此六面体也无限接近 O 点,于是就用 6 个平面上的应力(图 4-5(c)、(d))来近似代替 O 点的应力状态。

这 6 个平面可分为 2 组,一组为过坐标原点 P 的 3 个平面(定义为 x 面、y 面、z

第4章 应力分析与应变分析

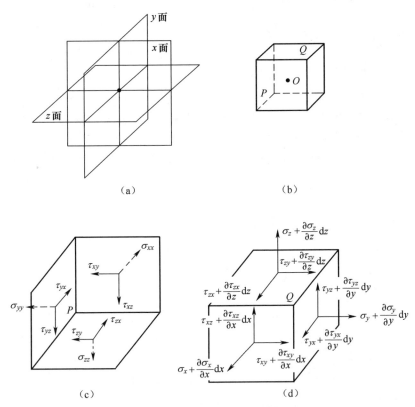

图 4-5 点的应力状态详解

面,图 4-5(c)),另一组为过 Q 点的 3 个平面(定义为 $x+\mathrm{d}x$ 面、$y+\mathrm{d}y$ 面、$z+\mathrm{d}z$ 面,图 4-5(d))。

前 3 个平面上的应力写成矩阵 $\boldsymbol{\sigma}$ 的形式;后 3 个平面的应力写成矩阵形式如下:

$$\boldsymbol{\sigma}+\mathrm{d}\boldsymbol{\sigma} = \begin{pmatrix} \sigma_{xx}+\dfrac{\partial \sigma_{xx}}{\partial x}\mathrm{d}x & \tau_{xy}+\dfrac{\partial \tau_{xy}}{\partial x}\mathrm{d}x & \tau_{xz}+\dfrac{\partial \tau_{xz}}{\partial x}\mathrm{d}x \\ \tau_{yx}+\dfrac{\partial \tau_{yx}}{\partial y}\mathrm{d}y & \sigma_{yy}+\dfrac{\partial \sigma_{yy}}{\partial y}\mathrm{d}y & \tau_{yz}+\dfrac{\tau_{yz}}{\partial y}\mathrm{d}y \\ \tau_{zx}+\dfrac{\partial \tau_{zx}}{\partial z}\mathrm{d}z & \tau_{zy}+\dfrac{\partial \tau_{zy}}{\partial z}\mathrm{d}z & \sigma_{zz}+\dfrac{\partial \sigma_{zz}}{\partial z}\mathrm{d}z \end{pmatrix} \begin{matrix} \text{定义在 } x+\mathrm{d}x \text{ 面上的应力} \\ \text{定义在 } y+\mathrm{d}y \text{ 面上的应力} \\ \text{定义在 } z+\mathrm{d}z \text{ 面上的应力} \end{matrix}$$

有关这些应力更具体的解释见 4.6 节。

在有些要求不高的场合,应力的微分部分可以舍去,这样 $\boldsymbol{\sigma}+\mathrm{d}\boldsymbol{\sigma}$ 回归为 $\boldsymbol{\sigma}$,应力状态如图 4-6 所示。

$\boldsymbol{\sigma}$ 中应力分量的个数为 9 个,实际上可以减少为 6 个。因为图 4-5(d)所示的单元处于平衡状态,在忽略应力微小增量部分后,求出绕单元体中心轴的合力矩(为零)后,可得出 $\tau_{xy} = \tau_{yx}, \tau_{yz} = \tau_{zy}, \tau_{xz} = \tau_{zx}$,因此 $\boldsymbol{\sigma} + d\boldsymbol{\sigma}$ 可以简化为 $\begin{bmatrix} \sigma_{xx} & \tau_{xy} & \tau_{xz} \\ & \sigma_{yy} & \tau_{yz} \\ & & \sigma_{zz} \end{bmatrix}$。

这些应力分量的符号与方向规定如下:①第一个下标表示该力所在面,第二个下标表示该力的方向;②若面法线方向与坐标轴同向,则该面为正面,反之为负面;③作用于正面上的力,如果方向与坐标轴同向,则该力为正,反之为负;④作用于负面上的力,如果方向与坐标轴相反,则该力为正,反之为负。以应力状态 $\begin{bmatrix} 5 & 0 & -5 \\ 0 & -5 & 0 \\ -5 & 0 & 5 \end{bmatrix}$ 举例说明,其方向与符号如图 4-7 所示。

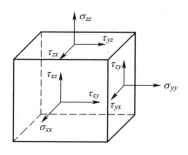

图 4-6 点的应力状态

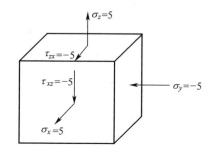

图 4-7 应力方向释义

4.2 主应力

4.2.1 过一点任意斜面上的应力

点的应力状态由围绕该点的一个微分六面体上的应力组合 $\boldsymbol{\sigma}$ 表示。这个微分六面体是依直角坐标系而建的,6 个平面的法向都与坐标轴平行(姑且称为规范面)。有时候为了研究方便,需要另外建立一个直角坐标系,如 Ox',如图 4-8(a)所示(图中只画了一个 x' 轴)。显然这个坐标系和原来的相比是倾斜的(其实倾斜是相对的,若以后一个为准,则前一个坐标系是倾斜的,这一点将 4.2.5 节中论述)。这样一来,后一个坐标系(倾斜的)中的一个规范面,在前一个坐标系中则为倾斜面,即图 4-8(a)中的 x' 面(即 ABC 面)。求出 x' 面上的应力势在必行。

仍然采用截面法,用斜面 ABC 将微分六面体截开,得到一个微分四面体 $O\text{-}ABC$,如图 4-8(b) 所示。设四面体在三坐标轴的截距分别为 dx、dy、dz,截面面积 $S_{\triangle ABC}=dA$。设斜面外法线 N 的方向余弦分别为

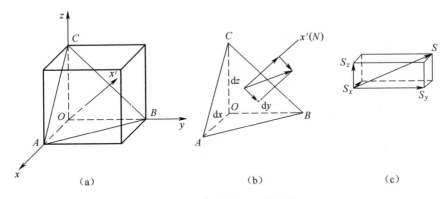

图 4-8 任意斜面上的应力

$$\begin{cases} \cos(N,x) = l \\ \cos(N,y) = m \\ \cos(N,z) = n \end{cases}$$

三个正规面的面积分别为

$$\begin{cases} S_{\triangle BOC} = ldA \\ S_{\triangle COA} = mdA \\ S_{\triangle AOB} = ndA \end{cases}$$

作用在此微分四面体所有面上的力(忽略体积力)使四面体保持平衡,因此沿 3 个坐标轴上的合力均为零。以 x 轴为例,设斜面上的全应力为 S,其 3 个沿坐标轴的分量分别为 S_x、S_y、S_z,则所有力在 x 轴的投影之和为(应力状态参考图 4-5(c)):

$$S_x S_{\triangle ABC} - \sigma_x S_{\triangle BOC} - \tau_{yx} S_{\triangle COA} - \tau_{zx} S_{\triangle AOB} = 0 \tag{4-3}$$

将面积关系代入式(4-3),化简得

$$S_x = \sigma_x l + \tau_{yx} m + \tau_{zx} n \tag{4-4}$$

在 y 轴和 z 轴,做类似的处理,得

$$\begin{cases} S_y = \tau_{xy} l + \sigma_y m + \tau_{zy} n \\ S_z = \tau_{xz} l + \tau_{yz} m + \sigma_z n \end{cases} \tag{4-5}$$

将式(4-4)和式(4-5)组合,有

$$\begin{cases} S_x = \sigma_x l + \tau_{yx} m + \tau_{zx} n \\ S_y = \tau_{xy} l + \sigma_y m + \tau_{zy} n \\ S_z = \tau_{xz} l + \tau_{yz} m + \sigma_z n \end{cases} \qquad (4-6)$$

式(4-6)表达了任意斜面上的应力和规范面应力之间的关系,这些力都是内力。

将 S_x、S_y、S_z 合成总应力 S,有

$$S = \sqrt{S_x^2 + S_y^2 + S_z^2}$$

将 S_x、S_y、S_z 分别沿法向投影,得到斜面上的正应力:

$$\sigma = S_x l + S_y m + S_z n = l^2 \sigma_x + m^2 \sigma_y + n^2 \sigma_z + 2lm\tau_{xy} + 2mn\tau_{yz} + 2ln\tau_{zx} \qquad (4-7)$$

然后再求出剪应力:

$$\tau = \sqrt{S^2 - \sigma^2} \qquad (4-8)$$

由于微分六面体无限小,因此倾斜面 ABC 可以近似地认为通过 O 点,面 ABC 上的应力可看作是 O 点的应力。式(4-6)~(4-8)就是过一点 O 的任意斜面的各种应力的计算公式。

如果这一斜面位于物体表面,如图4-9所示,则式(4-6)就变为应力边界条件,假设外力为 p_x、p_y、p_z,则式(4-6)变为

$$\begin{cases} p_x = \sigma_x l + \tau_{yx} m + \tau_{zx} n \\ p_y = \tau_{xy} l + \sigma_y m + \tau_{zy} n \\ p_z = \tau_{xz} l + \tau_{yz} m + \sigma_z n \end{cases} \qquad (4-9)$$

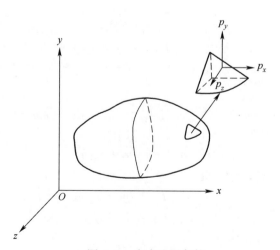

图4-9 应力边界条件

4.2.2 单向拉伸应力分析

图4-10(a)所示的单向均匀拉伸,其应力状态为(仅考虑二维) $\begin{pmatrix} \sigma_x & \tau_{xy} \\ \tau_{yx} & \sigma_y \end{pmatrix}$ 。很容易求出:

$$\sigma_x = \frac{P}{A_0} = \sigma_0$$

而其余各应力均为零,故在 xOy 坐标系下的任意点的应力状态为 $\begin{pmatrix} \sigma_0 & 0 \\ 0 & 0 \end{pmatrix}$ 。

下面根据这一条件,求任意斜面的应力,如图4-10(b)所示。由图可知,这一斜面的方向余弦为

$$l = \cos\theta, \quad m = \sin\theta$$

于是根据式(4-6),可求出该斜面上的应力:

$$\begin{cases} S_x = \sigma_x l + \tau_{yx} m + \tau_{zx} n = \sigma_0 \cos\theta \\ S_y = \tau_{xy} l + \sigma_y m + \tau_{zy} n = 0 \\ \sigma_\theta = S_x l + S_y m = \sigma_0 \cos^2\theta \\ \tau_\theta = \sqrt{S_x^2 - \sigma_\theta^2} = \sigma_0 \cos\theta \sin\theta = \frac{1}{2}\sigma_0 \sin(2\theta) \end{cases} \quad (4-10)$$

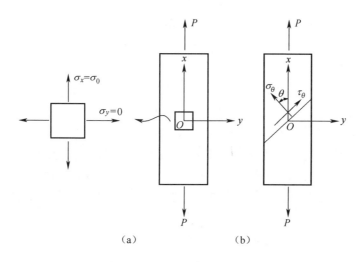

图4-10 单向拉伸应力分析
(a)水平面应力分布;(b)倾斜面应力分布。

由式(4-10)可知,当 $\theta = 45°$ 时,τ_θ 达到最大,其值为 $\frac{1}{2}\sigma_0$,而此时 $\sigma_\theta = \frac{1}{2}\sigma_0$。这个结论很有用,在讨论主剪应力时要用到这个结论。

4.2.3 主应力的概念与求解

由式(4-6)可知,在应力状态 $\boldsymbol{\sigma}$ 一定的情况下,任意斜面上的应力随着该面的方向余弦变化,是方向余弦的连续函数。这样,斜面上的切应力也应随着方向余弦连续变化。由于其连续性,一定会存在切应力为零的情况,即一定存在这样一个面:该面上只存在正应力,切应力为零。这样的面称为主平面,主平面上的正应力称为主应力,主平面的法线方向称为主应力方向或应力主轴。主应力面是很重要的面,由于它的切应力为零,因此问题讨论起来得以简化,下面通过式(4-6)求出该面的正应力及方向。

仍以图4-8为例,假设该斜面即为主平面,因此有 $\tau = 0$、$\sigma = S$,此时 S 向 x、y、z 三个方向分解,三个分力分别为

$$\begin{cases} S_x = \sigma l \\ S_y = \sigma m \\ S_z = \sigma n \end{cases} \tag{4-11}$$

将式(4-11)代入式(4-6),可得

$$\begin{cases} \sigma l = \sigma_x l + \tau_{yx} m + \tau_{zx} n \\ \sigma m = \tau_{xy} l + \sigma_y m + \tau_{zy} n \\ \sigma n = \tau_{xz} l + \tau_{yz} m + \sigma_z n \end{cases} \tag{4-12}$$

将式(4-12)整理后,可得

$$\begin{cases} (\sigma_x - \sigma)l + \tau_{yx} m + \tau_{zx} n = 0 \\ \tau_{xy} l + (\sigma_y - \sigma)m + \tau_{zy} n = 0 \\ \tau_{xz} l + \tau_{yz} m + (\sigma_z - \sigma)n = 0 \end{cases} \tag{4-13}$$

式(4-13)是以 l、m、n 为未知数的齐次线性方程组,其解就是应力主轴的方向。由解析几何可知,l、m、n 必须满足 $l^2 + m^2 + n^2 = 1$,不可同时为零。根据线性代数理论可知,只有在齐次线性方程组的系数行列式等于零的条件下,才满足这一条件,即

$$\begin{vmatrix} \sigma_x - \sigma & \tau_{yx} & \tau_{zx} \\ \tau_{xy} & \sigma_y - \sigma & \tau_{zy} \\ \tau_{xz} & \tau_{yz} & \sigma_z - \sigma \end{vmatrix} = 0$$

展开可得

$$\sigma^3 - (\sigma_x + \sigma_y + \sigma_z)\sigma^2 + [\sigma_x\sigma_y + \sigma_y\sigma_z + \sigma_z\sigma_x - (\tau_{xy}^2 + \tau_{yz}^2 + \tau_{zx}^2)]\sigma -$$
$$[\sigma_x\sigma_y\sigma_z + 2\tau_{xy}\tau_{yz}\tau_{zx} - (\sigma_x\tau_{yz}^2 + \sigma_y\tau_{zx}^2 + \sigma_z\tau_{xy}^2)] = 0 \tag{4-14}$$

设

$$\begin{cases} J_1 = \sigma_x + \sigma_y + \sigma_z \\ J_2 = -[\sigma_x\sigma_y + \sigma_y\sigma_z + \sigma_z\sigma_x - (\tau_{xy}^2 + \tau_{yz}^2 + \tau_{zx}^2)] \\ J_3 = \sigma_x\sigma_y\sigma_z + 2\tau_{xy}\tau_{yz}\tau_{zx} - (\sigma_x\tau_{yz}^2 + \sigma_y\tau_{zx}^2 + \sigma_z\tau_{xy}^2) \end{cases} \tag{4-15}$$

式(4-14)可简化为

$$\sigma^3 - J_1\sigma^2 - J_2\sigma - J_3 = 0 \tag{4-16}$$

式(4-16)称为应力状态特征方程。可以证明，该方程必然有3个实根，也就是说存在3个主应力，用 σ_1、σ_2、σ_3 表示。将 σ_1、σ_2、σ_3 中的任何一个，如 σ_1，代入式(4-13)，并联立 $l^2 + m^2 + n^2 = 1$，就可以求出 σ_1 的主方向为 l_1、m_1、n_1。同理，将 σ_2、σ_3 分别代入式(4-13)，可以求出 σ_2 的主方向 l_2、m_2、n_2 及 σ_3 的主方向 l_3、m_3、n_3。

可以通过下面的推导证明这3个主应力方向两两垂直。

在求出 l_1、m_1、n_1 及 l_2、m_2、n_2 的基础上，根据式(4-13)，可得

$$\begin{cases} (\sigma_x - \sigma_1)l_1 + \tau_{yx}m_1 + \tau_{zx}n_1 = 0 \\ \tau_{xy}l_1 + (\sigma_y - \sigma_1)m_1 + \tau_{zy}n_1 = 0 \\ \tau_{xz}l_1 + \tau_{yz}m_1 + (\sigma_z - \sigma_1)n_1 = 0 \end{cases} \tag{4-17}$$

$$\begin{cases} (\sigma_x - \sigma_2)l_2 + \tau_{yx}m_2 + \tau_{zx}n_2 = 0 \\ \tau_{xy}l_2 + (\sigma_y - \sigma_1)m_2 + \tau_{zy}n_2 = 0 \\ \tau_{xz}l_2 + \tau_{yz}m_2 + (\sigma_z - \sigma_2)n_2 = 0 \end{cases} \tag{4-18}$$

用 l_2、m_2、n_2 分别乘以式(4-17)的三行，可得

$$\begin{cases} (\sigma_x - \sigma_1)l_1l_2 + \tau_{yx}m_1l_2 + \tau_{zx}n_1l_2 = 0 \\ \tau_{xy}l_1m_2 + (\sigma_y - \sigma_1)m_1m_2 + \tau_{zy}n_1m_2 = 0 \\ \tau_{xz}l_1n_2 + \tau_{yz}m_1n_2 + (\sigma_z - \sigma_1)n_1n_2 = 0 \end{cases} \tag{4-19}$$

再用 l_1、m_1、n_1 分别乘以式(4-17)的三行，可得

$$\begin{cases} (\sigma_x - \sigma_2)l_2l_1 + \tau_{yx}m_2l_1 + \tau_{zx}n_2l_1 = 0 \\ \tau_{xy}l_2m_1 + (\sigma_y - \sigma_2)m_2m_1 + \tau_{zy}n_2m_1 = 0 \\ \tau_{xz}l_2n_1 + \tau_{yz}m_2n_1 + (\sigma_z - \sigma_2)n_2n_1 = 0 \end{cases} \tag{4-20}$$

式(4-19)与式(4-20)对应的行相减，可得

$$\begin{cases} (\sigma_2 - \sigma_1)l_1l_2 + \tau_{yx}(m_1l_2 - m_2l_1) + \tau_{zx}(n_1l_2 - n_2l_1) = 0 \\ \tau_{xy}(m_1l_2 - m_2l_1) + (\sigma_2 - \sigma_1)m_1m_2 + \tau_{zy}(n_1m_2 - n_2m_1) = 0 \\ \tau_{xz}(l_1n_2 - l_2n_1) + \tau_{yz}(m_1n_2 - m_2n_1) + (\sigma_z - \sigma_1)n_1n_2 = 0 \end{cases} \tag{4-21}$$

最后,将式(4-21)中3个式子两两相减,可得 $(\sigma_2 - \sigma_1)(l_1l_2 + m_1m_2 + n_1n_2) = 0$

由于 $\sigma_2 \neq \sigma_1$,故有 $l_1l_2 + m_1m_2 + n_1n_2 = 0$,即 σ_1、σ_2 的方向余弦向量点积为零,因此 σ_1 与 σ_2 垂直。同理可以证明 σ_2 与 σ_3 以及 σ_3 与 σ_1 也垂直。

由于 σ_1、σ_2、σ_3 相互垂直,因此可以根据这3个方向建立一个新的坐标系——主坐标系或称为主应力空间,在这个坐标系下再取一个微分六面体,如图4-11所示,则这个六面体的应力状态应为 $\begin{pmatrix} \sigma_1 & 0 & 0 \\ 0 & \sigma_2 & 0 \\ 0 & 0 & \sigma_3 \end{pmatrix}$。

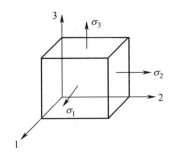

图 4-11 主应力空间

由此可见,在主应力空间中,切应力全为零,因此,在这样的"空间"中研究问题,将变得十分简单。例如,求任意斜面上的应力,只要将式(4-6)中的应力用主应力替代,则任意斜面的应力为

$$\begin{cases} S_1 = \sigma_1 l \\ S_2 = \sigma_2 m \\ S_3 = \sigma_3 n \end{cases} \quad (4-22)$$

任意斜面正应力为

$$\sigma = l^2\sigma_1 + m^2\sigma_2 + n^2\sigma_3 \quad (4-23)$$

由于在主应力空间下表达式十分简洁,因此在研究塑性力学问题时,经常在主应力空间进行。

4.2.4 主应力状态讨论

主应力状态是主平面上切应力为零的状态,而切应力一般是由于变形体表面受到剪切(一般为摩擦力)引起的,因此不存在摩擦力的部位或剪切能够抵消的部位,往往处于主应力状态。下面结合几个例子说明。

1. 墩粗典型位置应力状态分析

图4-12(a)为平面墩粗示意图。虚线所示为坯料未变形前的轮廓,物体在上

模的压迫下,变为实线所示的形状。如果考虑锤头和坯料间的摩擦,实际的轮廓应为鼓形。现取7个有代表性的点,对其进行应力分析,为简单起见,暂不考虑 z 轴方向应力(z 轴方向垂直于纸面方向),只分析 xOy 面内的应力。

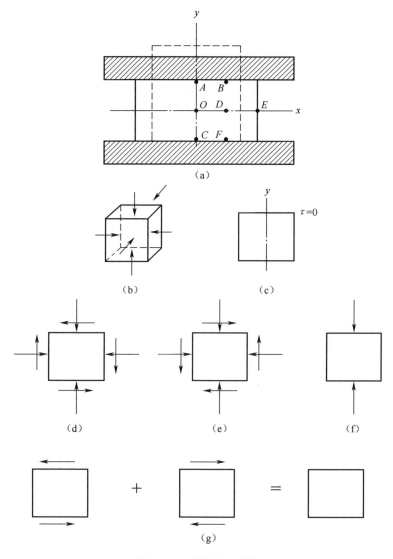

图 4-12　墩粗应力分析

首先看 A 点。受到 y 向的压力后,将向 x 向和 z 向(垂直纸面)伸展(或者有伸展的趋势),这势必会受到周围质点的阻碍,因此该点受到的应力为三向压应力,如图 4-12(b)所示。另外,该点位于对称轴 y 上,因此不会向两侧伸展,故剪切力为零,如图4-12(c)所示。C点的受力分析可以参考A点。

对于B点,正应力分布与A点、C点类似,也是三向压应力,只是在此基础上,还受到剪切力。这是因为B点和上模接触,被压迫后,整体向右延展,这样便受到上模的摩擦力,导致剪切力的产生,如图4-12(d)所示。F点的情况与B点类似,只是剪应力方向相反,如图4-12(e)所示。对于E点,因为其处于自由边界上,因此在x向不受应力,只在y向和z向受到压应力,如图4-12(f)所示(z向未画出)。

对于D点,它处于对称轴x轴上,看似简单,但实际上有些难度。它与其他点一样(除了E点),受到三向压应力,并且剪切力为零。关于剪切力,可以这样分析:因为D点位于x轴上,上表面的摩擦力对其有影响,因此它的剪应力如图4-12(g)中的第一个图所示;与此同时,底面的摩擦力也对其剪应力有影响,剪应力分布如图4-12(g)中的第二个图所示,所以最终剪应力应为二者叠加。由于剪应力大小相等,方向相反,因此总的剪应力为零,即图4-12(g)中的第3个图(正应力省略)。

而对于高度对称点O,只受到三向压应力,剪应力为零,可参考A点或D点。

2. 其他变形过程主应力

由墩粗的应力分析可以得出一些经验性结论:位于对称轴处的点往往剪应力为零,处于主应力状态。图4-13所示的闭式模锻、挤压和拉拔,在对称性较高的中轴部位均处于主应力状态。

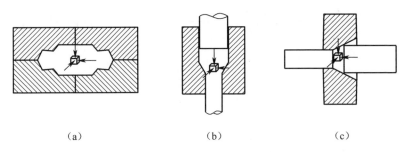

图4-13 典型工艺主应力分布
(a)闭式模锻;(b)挤压;(c)拉拔。

3. 影响主应力的因素

1) 摩擦力的影响

当微分面上存在剪应力时,该面不是主应力面,而一般导致剪应力存在的往往是边界的摩擦力,这在墩粗分析中已经有所论述。如果与模具接触的面无摩擦,剪应力为零,则该面自然变为主应力面。

2) 变形区形状

物体受力过程中,形状不断改变,这会使应力状态发生改变。图4-14所示为圆柱单向拉伸试验。在拉伸的最初阶段，尚未发生颈缩时，截面上圆点处仅受到轴向拉应力。当拉伸进入后期，产生颈缩时，试样形状不再是圆柱形，而是有颈缩，同样的点此时除了受到轴向拉应力外，还会受到周向和径向拉应力（这是因为该点发生颈缩，即周向收缩，而周围金属阻止其收缩，故该点受拉应力，径向类似）。

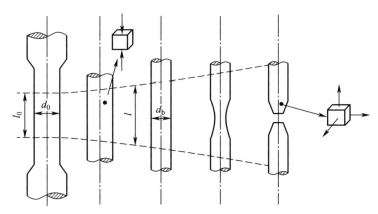

图 4-14　物体形状改变对应力状态的影响

3) 工具形状

工具形状对应力状态也有影响。在忽略摩擦并不考虑 z 向（垂直纸面）应力的情况下，受力物体上同一点在不同形状工具的作用下，应力状态分别如图 4-15 (a)、(b) 所示。

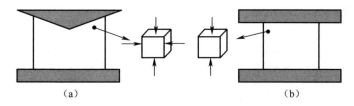

图 4-15　工具形状对应力状态的影响
(a) 尖头模具下的应力状态；(b) 平头模具下的应力状态。

4. 不均匀变形

图 4-16 所示为两个凸轧辊中间正在被轧制的钢坯截面变形图。由于位于截面中间部位的质点压下量大于位于边缘的质点的，在其沿另外两个方向延伸时，周围质点对其有较大的阻碍，因而受力状态为三向压应力（z 轴方向未画出）；而接近边缘处的点，虽然也受到压迫，但压下量较小，同时由于边缘为自由表面，无应力，因此只受到两向压应力（z 轴方向未画出）。

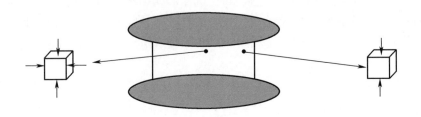

图 4-16 不均匀变形对应力状态影响

4.2.5 主应力空间与一般应力空间比较

在前面的研究中,都是在直角坐标系下取一个微分六面体。通过计算表明,还存在一个主应力坐标系,现对这两个坐标系下的应力状态等概念做比较,有利于深入理解。

一般的应力空间坐标系和主应力空间坐标系互为倾斜,一方扶正,另一方就倾斜,前面讨论的倾斜的相对性,在这里得到体现。另外,在主应力空间坐标系中,大量切应力为零,因此很多公式得以简化。

下面将直角坐标系与主应力坐标系下的一些概念进行对比,可以看出主应力空间的优点,同时也使读者对应力状态有更深入的认识(图 4-17)。

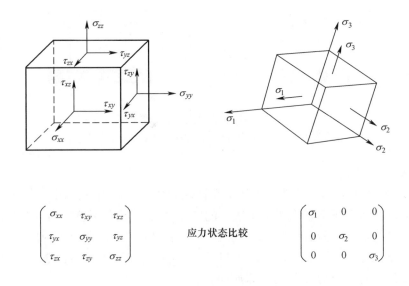

$$\begin{pmatrix} \sigma_{xx} & \tau_{xy} & \tau_{xz} \\ \tau_{yx} & \sigma_{yy} & \tau_{yz} \\ \tau_{zx} & \tau_{zy} & \sigma_{zz} \end{pmatrix} \quad 应力状态比较 \quad \begin{pmatrix} \sigma_1 & 0 & 0 \\ 0 & \sigma_2 & 0 \\ 0 & 0 & \sigma_3 \end{pmatrix}$$

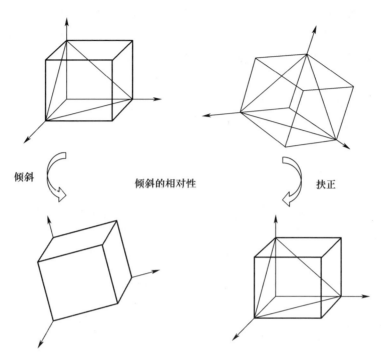

图 4-17 直角坐标系与主应力坐标系对比

在主应力坐标系下的公式要比在一般直角坐标系下的公式简洁,如表 4-1 所列。

表 4-1 一般直角坐标系与主应力空间坐标系下公式比较

任意斜面 应力公式	$S_x = \sigma_x l + \tau_{yx} m + \tau_{zx} n$ $S_y = \tau_{xy} l + \sigma_y m + \tau_{zy} n$ $S_z = \tau_{xz} l + \tau_{yz} m + \sigma_z n$	$S_1 = \sigma_1 l$ $S_2 = \sigma_2 m$ $S_3 = \sigma_3 n$
任意斜面 正应力公式	$\sigma = l^2 \sigma_x + m^2 \sigma_y + n^2 \sigma_z + 2lm\tau_{xy} + 2mn\tau_{yz} + 2\ln\tau_{zx}$	$\sigma = l^2 \sigma_1 + m^2 \sigma_2 + n^2 \sigma_3$

4.2.6 应力张量不变量

仿照直角坐标空间,在主应力空间,依然能写出类似式(4-15)的特征方程,当然方程的系数是用主应力表示的,即

$$\begin{cases} J_1 = \sigma_1 + \sigma_2 + \sigma_3 \\ J_2 = -(\sigma_1\sigma_2 + \sigma_2\sigma_3 + \sigma_3\sigma_1) \\ J_2 = \sigma_1\sigma_2\sigma_3 \end{cases} \quad (4-24)$$

这是主坐标系下的第一、第二、第三不变量,尽管和直角坐标的不同,但它们并不是毫无关系的。由于主坐标系下的微分六面体和直角坐标系下的微分六面体都代表同一个点,只是方位不同,因此这两组不变量必然有某种关联,实际上它们是相等的(守恒):

$$\begin{cases} J_1 = \sigma_1 + \sigma_2 + \sigma_3 = \sigma_x + \sigma_y + \sigma_z \\ J_2 = -(\sigma_1\sigma_2 + \sigma_2\sigma_3 + \sigma_3\sigma_1) = -(\sigma_x\sigma_y + \sigma_y\sigma_z + \sigma_z\sigma_x) + \tau_{xy}^2 + \tau_{yz}^2 + \tau_{zx}^2 \\ J_3 = \sigma_1\sigma_2\sigma_3 = \sigma_x\sigma_y\sigma_z + 2\tau_{xy}\tau_{yz}\tau_{zx} - (\sigma_x\tau_{yz}^2 + \sigma_y\tau_{zx}^2 + \sigma_z\tau_{xy}^2) \end{cases}$$

(4-25)

也就是说,围绕某一点,取不同的微六面体(不一定是主方向),自然就有不同的应力状态表示,虽然应力状态不同,但都代表同一点的应力,因此必然有某种内在联系,这种联系反应在3个不变量的守恒上,也就是说有以下更普遍的恒等关系:

$$\begin{cases} J_1 = \sigma_{x'} + \sigma_{y'} + \sigma_{z'} = \sigma_x + \sigma_y + \sigma_z \\ J_2 = -(\sigma_{x'}\sigma_{y'} + \sigma_{y'}\sigma_{z'} + \sigma_{z'}\sigma_{x'}) + \tau_{x'y'}^2 + \tau_{y'z'}^2 + \tau_{z'x'}^2 \\ \quad = -(\sigma_x\sigma_y + \sigma_y\sigma_z + \sigma_z\sigma_x) + \tau_{xy}^2 + \tau_{yz}^2 + \tau_{zx}^2 \\ J_3 = \sigma_{x'}\sigma_{y'}\sigma_{z'} + 2\tau_{x'y'}\tau_{y'z'}\tau_{z'x'} - (\sigma_{x'}\tau_{y'z'}^2 + \sigma_{y'}\tau_{z'x'}^2 + \sigma_{z'}\tau_{x'y'}^2) \\ \quad = \sigma_x\sigma_y\sigma_z + 2\tau_{xy}\tau_{yz}\tau_{zx} - (\sigma_x\tau_{yz}^2 + \sigma_y\tau_{zx}^2 + \sigma_z\tau_{xy}^2) \end{cases}$$

(4-26)

式中:$x'y'z'$ 为与 xyz 有共同原点的任意直角坐标系。

利用应力张量不变量,可以判别应力状态的异同。因此有时尽管应力状态不一样,但通过比较这3个不变量,发现可能是同一应力状态,例如,有以下两个应力张量:

$$\boldsymbol{\sigma}_{ij}^1 = \begin{bmatrix} a & 0 & 0 \\ 0 & b & 0 \\ 0 & 0 & 0 \end{bmatrix}, \quad \boldsymbol{\sigma}_{ij}^2 = \begin{bmatrix} \dfrac{a+b}{2} & \dfrac{a-b}{2} & 0 \\ \dfrac{a-b}{2} & \dfrac{a+b}{2} & 0 \\ 0 & 0 & 0 \end{bmatrix}$$

经计算,这两个应力状态的应力张量不变量相等,均为 $J_1 = a + b, J_2 = -ab, J_3 = 0$。因此,上述两个应力状态相同。

4.2.7 应力椭球面

应力椭球面是在主坐标系中,任意面上的应力状态的几何表达。在主应力空间,任意具有方向余弦 l、m、n 的斜面上的应力如式(4-22)所示,对其进行变换,有

$$l = \frac{S_1}{\sigma_1}, \quad m = \frac{S_2}{\sigma_2}, \quad n = \frac{S_3}{\sigma_3}$$

由于 $l^2 + m^2 + n^2 = 1$,则

$$\left(\frac{S_1}{\sigma_1}\right)^2 + \left(\frac{S_2}{\sigma_2}\right)^2 + \left(\frac{S_3}{\sigma_3}\right)^2 = 1 \tag{4-27}$$

由于 $\sigma_1 \neq \sigma_2 \neq \sigma_3$,因此式(4-27)是椭球面方程,其主半轴的长度分别等于 σ_1、σ_2、σ_3。这个椭球面称为应力椭球面,如图 4-18 所示。对于一个确定的应力状态($\sigma_1, \sigma_2, \sigma_3$),任意斜切面上全应力矢量 $S(S_1、S_2、S_3)$ 的端点必然在椭球面上。

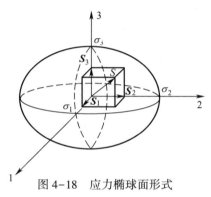

图 4-18 应力椭球面形式

4.2.8 主应力图

在一定的应力状态下,变形体内任意一点存在着相互垂直的 3 个主平面及应力主轴。在金属塑性成形理论分析中,一般采用主坐标轴分析受力物体内一点的应力状态,可用作用在应力单元体上的主应力来描述,这时的应力张量可写成图 4-19 中的几种。

只用主应力的个数及符号来描述一点的应力状态的简图称为主应力图。一般主应力图只表示出主应力的个数及正负号,并不表明所作用应力的大小。主应力图共有 9 种、3 大类,如图 4-19 所示。其中,三向应力状态有 4 种,如图 4-19(a)所示;二向应力状态有 3 种,如图 4-19(b)所示;单向应力状态有两种,如图 4-19(c)所示。在两向和三向主应力图中,各向主应力符号相同时,称为同号主应力图,符号不同时,称为异号主应力图。根据主应力图,可定性比较某种材料采用不同的塑性成形加工工艺时,塑性和变形抗力的差异。

4.2.9 几种特殊的应力状态

1. 纯剪

纯剪是一种较重要的应力状态,如图 4-20 所示。当薄壁管受到扭转时,壁面即受到纯剪作用。根据主应力的求解公式,不难求出主应力方向,与剪切力呈 45°,属于图 4-19(b)所示的主两向应力状态。

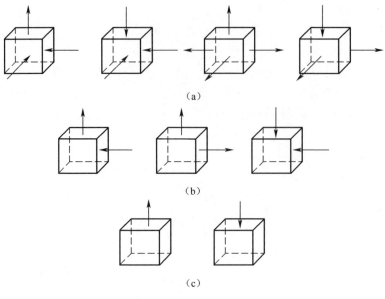

图 4-19 主应力图

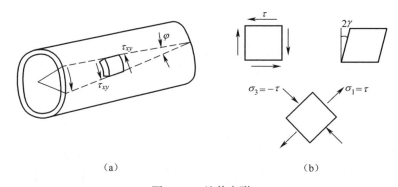

图 4-20 纯剪变形

2. 弯曲

图 4-21 所示为弯曲变形。一张薄板两端在力矩的作用下发生弯曲,弯曲后,根据结构力学可知,薄板中线长度并没有变化,以中心线为界,上部的质点处于压应力状态,下面的质点处于拉应力状态,这也是典型的两向应力状态。

3. 平面应力

平面应力也是一种常见的比较重要的应力状态。如图 4-22 所示,当薄板受到垂直于边界的均布载荷,而 z 向不受力时,由于板子在 z 向很薄,因此位于中心处的圆形质点在 z 向的应力近似为零,即 $\sigma_z = 0$,$\tau_{xz} = \tau_{yz} = 0$,故处于两向应力状态。

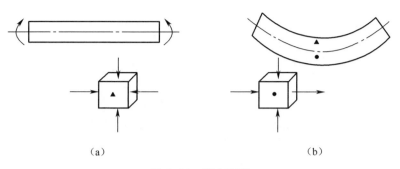

图 4-21 弯曲变形

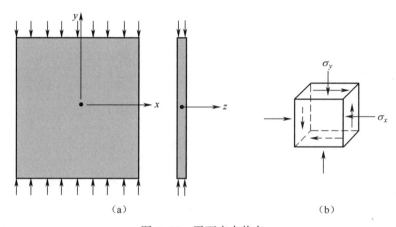

图 4-22 平面应力状态

4. 圆柱应力状态

图 4-23 所示为圆柱拉拔。在轴线上取一点,其应力状态为主应力图 4-19 (a)中第一种情况。此时 $\sigma_1 \neq 0 \neq \sigma_2 = \sigma_3 = \sigma \neq 0$。若任取一平行于 σ_1 的斜面,则根据式(4-23)可以计算其上的主应力恒为 σ。

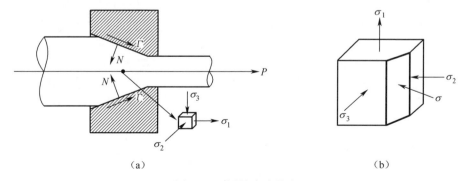

图 4-23 圆柱应力状态

平行于 σ_1 的面很多,并且方向余弦恒为
$$l^2 + m^2 = 1$$
这是一个圆柱方程,因此该应力状态称为圆柱应力状态。

5. 球应力状态

对应于主应力图 4-19(a) 中的第 1 或第 4 种情况。当 $\sigma_1 = \sigma_2 = \sigma_3 = \sigma \neq 0$ 时,取任意一个截面,可以求得其上的正应力恒为 σ,切应力恒为 0,简单推导如下。

根据式(4-23),任意斜面正应力为
$$\sigma = l^2 \sigma_1 + m^2 \sigma_2 + n^2 \sigma_3 = l^2 \sigma + m^2 \sigma + n^2 \sigma = \sigma(l^2 + m^2 + n^2) \equiv \sigma \tag{4-28}$$

将式(4-28)消去 σ,可得
$$l^2 + m^2 + n^2 = 1 \tag{4-29}$$

这样,若以 l、m、n 为变量,则式(4-29)为一个球面,故称这种应力状态为球应力状态。不难看出,在球应力状态下,任意斜面的切应力均为 0,故不会产生变形(图 4-24)。

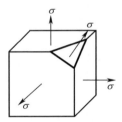

图 4-24 球应力状态

4.3 切应力和最大切应力

与微分面上的正应力一样,切应力也随斜面的方向而变化。在某一个方向,微分面上的切应力将达到极值,这时的面称为主切应力平面,该平面上的切应力称为主切应力。主切应力对塑性屈服有重要影响,因此有必要详细探讨。下面在主坐标系下,求这个面的具体方向。根据式(4-22)、式(4-23)可得任意斜面的切应力为
$$\tau^2 = \sigma_1^2 l^2 + \sigma_2^2 m^2 + \sigma_3^2 n^2 - (\sigma_1 l^2 + \sigma_2 m^2 + \sigma_3 n^2)^2 \tag{4-30}$$

显然它是方向余弦的函数。现将 $n^2 = 1 - l^2 + m^2$ 代入式(4-30),并利用多元函数极值条件 $\dfrac{\partial \tau^2}{\partial l} = 0, \dfrac{\partial \tau^2}{\partial m} = 0$,可得

$$\begin{cases} [(\sigma_1 - \sigma_3) - 2(\sigma_1 - \sigma_3)l^2 - 2(\sigma_2 - \sigma_3)m^2](\sigma_1 - \sigma_3)l = 0 \\ [(\sigma_2 - \sigma_3) - 2(\sigma_1 - \sigma_3)l^2 - 2(\sigma_2 - \sigma_3)m^2](\sigma_2 - \sigma_3)m = 0 \end{cases}$$
(4-31)

这是一个含有两个未知数 l 和 m 的方程组。现对其进行分析，找到最大切应力及其所在的面。分以下几种情况。

(1) 很显然，$l = m = 0$ 为一组解，这时 $n = \pm 1$，这是一对主平面，而主平面上的切应力为零，因此这组解不符合我们的要求。

(2) 若 $\sigma_1 = \sigma_2 = \sigma_3$，也是一组可能的解，不过此时处于球应力状态。该状态下，任意斜面的切应力均为 0(参见上节)，因此这组解也不符合要求。

(3) 若 $\sigma_1 \neq \sigma_2 = \sigma_3$，可以使第二个方程为零，则从第一式解得 $l = \pm \dfrac{1}{\sqrt{2}}$。这是圆柱应力状态，方向余弦与 σ_1 成 45°的面都是主切应力面，特殊情况下相当于单向拉伸 ($\sigma_1 \neq \sigma_2 = \sigma_3 = 0$，参见单向拉伸)，这是符合需要的一组解；同理 $\sigma_2 \neq \sigma_1 = \sigma_3$ 满足第一个方程，这样从第二个方程解出 $m = \pm \dfrac{1}{\sqrt{2}}$，这是方向余弦与 σ_2 成 45°的面，与 $l = \pm \dfrac{1}{\sqrt{2}}$ 情况类似，读者可自行分析。

(4) 现讨论最一般的情况，即 $\sigma_1 \neq \sigma_2 \neq \sigma_3$。此时可将式(4-31)写成如下形式：

$$\begin{cases} A \cdot B \cdot C = 0 \\ D \cdot E \cdot F = 0 \end{cases}$$

若 $l \neq 0, m \neq 0 (C \neq 0, F \neq 0)$，由于 $\sigma_1 \neq \sigma_2 \neq \sigma_3$，故 $B \neq 0$ 和 $E \neq 0$，则必然有 $A = 0$ 和 $D = 0$，这样展开式(4-31)得

$$\begin{cases} (\sigma_1 - \sigma_3) - 2(\sigma_1 - \sigma_3)l^2 - 2(\sigma_2 - \sigma_3)m^2 = 0 \\ (\sigma_2 - \sigma_3) - 2(\sigma_1 - \sigma_3)l^2 - 2(\sigma_2 - \sigma_3)m^2 = 0 \end{cases}$$

二者相减得 $\sigma_1 = \sigma_3$，而这与前提条件 $\sigma_1 \neq \sigma_2 \neq \sigma_3$ 不符，故这种情况($l \neq 0, m \neq 0$)无解。

为了使式(4-31)有解，这一条件必须改变，或者 $l = 0$、$m \neq 0$，或者 $m = 0$、$l \neq 0$。

(1) $l = 0, m \neq 0$。

$l = 0, m \neq 0$ 即斜微分面的法向始终垂直于 σ_1 主轴，则由式(4-31)第二式解得 $m = n = \pm \dfrac{1}{\sqrt{2}}$。$m$ 与 n 的组合有 4 种，但实际上真正代表的只有两个面。例如，$m = n = \dfrac{1}{\sqrt{2}}$ 和 $m = n = -\dfrac{1}{\sqrt{2}}$ 分别代表 A 面的正反面；而 $m = -\dfrac{1}{\sqrt{2}}, n = \dfrac{1}{\sqrt{2}}$ 和 $m = \dfrac{1}{\sqrt{2}}, n = -\dfrac{1}{\sqrt{2}}$

分别代表 B 面的正反面,如图 4-25(b)所示。

将 m、n 值代入式(4-30)和式(4-23),可以分别求出两个主切应力面上的主切应力和正应力:

$$\tau_{23} = \pm \frac{\sigma_2 - \sigma_3}{2}, \quad \sigma_{23} = \frac{\sigma_2 + \sigma_3}{2} \tag{4-32}$$

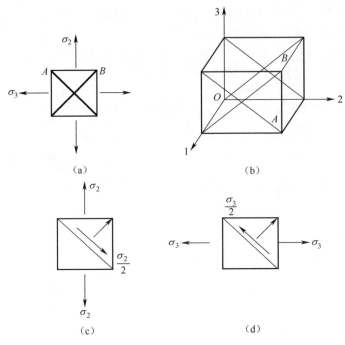

图 4-25　主切应力面之一

这种情况还可以有更简单的解释。图 4-25(a)为单元在 2O3 面上的受力图投影。两条斜线代表两个主剪切面 A 和 B 的投影。这一受力状态可以看作两个单向拉伸的叠加,即图 4-25(c)、图 4-25(d)。根据 4.2.2 节讨论的结果可知,两个单独的单向拉伸,斜面上的剪应力和正应力分别为: $\frac{\sigma_2}{2}$、$\frac{\sigma_2}{2}$(图 4-25(c))和 $\frac{\sigma_3}{2}$、$\frac{\sigma_3}{2}$(图 4-25(d))。可以看出,两个剪切力方向相反,而两个正应力方向相同,这样合成后的总的切应力和正应力分别为

$$\tau_{23} = \pm \frac{\sigma_2 - \sigma_3}{2}, \quad \sigma_{23} = \frac{\sigma_2 + \sigma_3}{2}$$

切应力前的正负号表明有两个主切应力面 A 和 B,如图 4-25(a)、(b)所示。本书

只讨论了 A 面, B 面的分析也与此类似, 不再赘述。后面的讨论也遵循这一模式。

(2) $m=0, l\neq 0$。

$m=0, l\neq 0$, 此时斜微分面法向始终垂直于 σ_2 主轴, 则由式(4-31)中第二个式子解得 $l=n=\pm\dfrac{1}{\sqrt{2}}$。$l, n$ 的组合也有 4 种, 代表两个面, 情况类似于(1), 如图 4-26(a)所示。

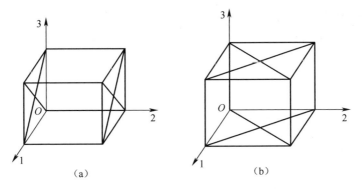

图 4-26 其他两类主切应力面
(a)主切应力面之二；(b)主切应力面之三。

将方向余弦值代入式(4-30)和式(4-23), 可求出该面(实际是两个)主切应力和正应力为

$$\tau_{31}=\pm\frac{\sigma_3-\sigma_1}{2}, \quad \sigma_{31}=\frac{\sigma_3+\sigma_1}{2} \tag{4-33}$$

(3) 从式(4-30)中消去 l 或 m, 重复上述步骤, 可得 $n=0, l=m=\pm\dfrac{1}{\sqrt{2}}$。$l$、$m$ 的组合也有 4 个, 但只代表两个面, 如图 4-26(b)所示。

将方向余弦值代入式(4-30)和式(4-23), 可求出该面(实际是两个)主切应力和正应力为

$$\tau_{12}=\pm\frac{\sigma_1-\sigma_2}{2}, \quad \sigma_{12}=\frac{\sigma_1+\sigma_2}{2} \tag{4-34}$$

4.4 应力偏张量

4.4.1 应力偏张量的概念

将应力状态 $\boldsymbol{\sigma}$ 主对角线元素加和再取平均值, 会得到一个新的张量

$$\begin{pmatrix} \sigma_m & & \\ & \sigma_m & \\ & & \sigma_m \end{pmatrix}, \text{其中} \sigma_m = \frac{1}{3}(\sigma_x + \sigma_y + \sigma_z)。$$

这正是4.2.9节中讲到的球应力状态。在球应力状态下，任意斜面的切应力均为零。由于物体变形与切应力(确切地说与偏量有关)有关，因此球应力状态下物体不会产生变形，只能产生体积变化。这与把一个球放入水中各方向受到相等的压力类似，因此又称为静水应力状态。如果物体可以压缩(膨胀)，则物体被等向压缩(膨胀)，所以只产生体积变化，而不发生形状变化。

应力偏张量是通过将原应力张量减去只引起物体体积变化的应力球张量得到的，即

$$\begin{pmatrix} \sigma'_{xx} & \tau_{xy} & \tau_{xz} \\ \tau_{yx} & \sigma'_{yy} & \tau_{yz} \\ \tau_{zx} & \tau_{zy} & \sigma'_{zz} \end{pmatrix} = \begin{pmatrix} \sigma_{xx} & \tau_{xy} & \tau_{xz} \\ \tau_{yx} & \sigma_{yy} & \tau_{yz} \\ \tau_{zx} & \tau_{zy} & \sigma_{zz} \end{pmatrix} - \begin{pmatrix} \sigma_m & & \\ & \sigma_m & \\ & & \sigma_m \end{pmatrix} \quad (4-35)$$

简记为 $\boldsymbol{\sigma}'_{ij} = \boldsymbol{\sigma}_{ij} - \boldsymbol{\delta}_{ij}\sigma_m$。

应力偏张量能使物体产生形状变化，而不能产生体积变化，材料的塑性变形就是由应力偏张量引起的。

4.4.2 应力偏张量不变量

与应力张量类似，应力偏张量也有3个不变量：

$$\begin{cases} J'_1 = \sigma'_x + \sigma'_y + \sigma'_z = (\sigma_x - \sigma_m) + (\sigma_y - \sigma_m) + (\sigma_z - \sigma_m) \\ \quad = (\sigma_x + \sigma_y + \sigma_z) - 3\sigma_m = 0 \\ J'_2 = -(\sigma'_x\sigma'_y + \sigma'_y\sigma'_z + \sigma'_z\sigma'_x) + \tau^2_{xy} + \tau^2_{yz} + \tau^2_{zx} \\ \quad = \frac{1}{6}[(\sigma_x - \sigma_y)^2 + (\sigma_y - \sigma_z)^2 + (\sigma_z - \sigma_x)^2] + 6(\tau^2_{xy} + \tau^2_{yz} + \tau^2_{zx}) \\ J'_3 = \sigma'_x\sigma'_y\sigma'_z + 2\tau_{xy}\tau_{yz}\tau_{zx} - (\sigma'_x\tau^2_{yz} + \sigma'_y\tau^2_{zx} + \sigma'_z\tau^2_{xy}) \end{cases}$$

(4-36)

式中：J'_1 表示应力偏张量已不含平均应力成分；J'_2 与屈服准则有关，反映了物体形状变化的程度；J'_3 反映了变形的类型，其中 $J'_3>0$ 表示广义拉伸变形，$J'_3=0$ 表示广义剪切变形或平面变形，$J'_3<0$ 表示广义压缩变形。

4.4.3 八面体应力

在主应力空间中，每个卦限中均有一个与3个坐标轴成等倾角的平面，8个卦限共有8个面，它们围成了一个八面体，因此这些面称为八面体面，其法线与4个坐标轴的夹角都相等，方向余弦为

$$l = m = n = \pm\frac{\sqrt{3}}{3} \tag{4-37}$$

这样,根据式(4-23)可以求得八面体面上的正应力为

$$\sigma_8 = l^2\sigma_1 + m^2\sigma_2 + n^2\sigma_3 = \frac{1}{3}(\sigma_1 + \sigma_2 + \sigma_3) \tag{4-38}$$

再利用式(4-22)、式(4-30),可以求出其切应力:

$$\tau_8 = \frac{1}{3}\sqrt{(\sigma_1 - \sigma_2)^2 + (\sigma_2 - \sigma_3)^2 + (\sigma_3 - \sigma_1)^2} = \frac{2}{3}\sqrt{\tau_{12}^2 + \tau_{23}^2 + \tau_{31}^2}$$

$$= \sqrt{\frac{2}{3}J_2'} \tag{4-39}$$

而在直角坐标系下,有

$$\tau_8 = \frac{1}{3}\sqrt{(\sigma_x - \sigma_y)^2 + (\sigma_y - \sigma_z)^2 + (\sigma_z - \sigma_x)^2 + 6(\tau_{xy}^2 + \tau_{yz}^2 + \tau_{zx}^2)}$$

$$\tag{4-40}$$

4.4.4 等效应力

在塑性理论中,为了使不同的应力状态的应力强度效应能进行比较,引入了等效应力的概念,也称为广义应力或应力强度,用 σ_e 表示。对于主轴坐标系,用八面体切应力 τ_8 乘以系数 $3/\sqrt{2}$ 得到 σ_e:

$$\sigma_e = \frac{3}{\sqrt{2}}\tau_8 = \frac{1}{\sqrt{2}}\sqrt{(\sigma_1 - \sigma_2)^2 + (\sigma_2 - \sigma_3)^2 + (\sigma_3 - \sigma_1)^2} \tag{4-41}$$

对于任意坐标系,σ_e 变为

$$\sigma_e = \frac{3}{\sqrt{2}}\tau_8 = \frac{1}{\sqrt{2}}\sqrt{(\sigma_x - \sigma_y)^2 + (\sigma_y - \sigma_z)^2 + (\sigma_z - \sigma_x)^2 + 6(\tau_{xy}^2 + \tau_{yz}^2 + \tau_{zx}^2)}$$

$$\tag{4-42}$$

等效应力是一个与金属塑性变形有密切关系的重要概念,具有以下特点:

(1) 等效应力是一个不变量;

(2) 等效应力相当于将多向应力状态等效成单向应力状态;

(3) 等效应力并不代表某特定平面上的应力,因此不能在某一截面上表示出来;

(4) 等效应力可以理解为代表一点应力状态中应力偏张量的综合作用。

根据这个定义,可以求出前面介绍的几种特殊应力状态下的等效应力。

(1) 单向拉伸:

$$\sigma_e = \frac{1}{\sqrt{2}}\sqrt{(\sigma_x - 0)^2 + (0 - 0)^2 + (0 - \sigma_x)^2 + 6(0^2 + 0^2 + 0^2)} = \sigma_x$$

$$\tag{4-43}$$

(2) 纯剪：

$$\sigma_e = \frac{1}{\sqrt{2}}\sqrt{(\sigma_1-\sigma_2)^2+(\sigma_2-\sigma_3)^2+(\sigma_3-\sigma_1)^2}$$

$$= \frac{1}{\sqrt{2}}\sqrt{(\tau-0)^2+[0-(-\tau)]^2+[\tau-(-\tau)]^2} = \sqrt{3}\tau \tag{4-44}$$

(3) 平面应力：

$$\sigma_e = \frac{1}{\sqrt{2}}\sqrt{(\sigma_x-\sigma_y)^2+(\sigma_y-\sigma_z)^2+(\sigma_z-\sigma_x)^2+6(\tau_{xy}^2+\tau_{yz}^2+\tau_{zx}^2)}$$

$$= \sqrt{\sigma_x^2+\sigma_y^2-\sigma_x\sigma_y+3\tau_{xy}^2} \tag{4-45}$$

4.5 应力莫尔圆

应力莫尔圆是表示点的应力状态的几何方法，由德国工程师奥托·莫尔(Otto Mohr)于1914年提出。其要点是：已知点的一组应力微分状态，就可以利用应力莫尔圆，通过图解法确定该点任意方向上的正应力和切应力。需要指出的是，在做应力莫尔圆时，切应力的正、负应按照材料力学中的规定确定，即顺时针作用于所研究的单元体上的切应力为正，反之为负。

4.5.1 平面应力下的莫尔圆

4.2.9节已经介绍了平面应力状态的概念，其应力状态为二维，如图4-27(a)所示。

平面应力条件下，任意斜面上的应力、主应力和主切应力可由式(4-6)~式(4-8)求得，即

$$\begin{cases} S_x = \sigma_x l + \tau_{yx} m = \sigma_x \cos\varphi + \tau_{yx}\sin\varphi \\ S_y = \tau_{xy} l + \sigma_y m = \sigma_y \sin\varphi + \tau_{xy}\cos\varphi \end{cases} \tag{4-46}$$

$$\sigma = \sigma_x \cos^2\varphi + \sigma_y \sin^2\varphi + 2\tau_{yx}\cos\varphi\sin\varphi$$

$$= \frac{1}{2}(\sigma_x+\sigma_y) + \frac{1}{2}(\sigma_x-\sigma_y)\cos(2\varphi) - \tau_{xy}\sin(2\varphi) \tag{4-47}$$

$$\tau = S_x m - S_y l = \frac{1}{2}(\sigma_x - \sigma_y)\sin(2\varphi) - \tau_{yx}\cos(2\varphi) \tag{4-48}$$

消去式(4-48)和式(4-47)中参数2φ，整理后可得

$$\left(\sigma - \frac{\sigma_x+\sigma_y}{2}\right)^2 + \tau^2 = \left(\frac{\sigma_x-\sigma_y}{2}\right)^2 + \tau_{yx}^2 \tag{4-49}$$

式(4-49)就是平面应力下的应力莫尔圆方程,其圆心坐标为 $\left(\dfrac{\sigma_x + \sigma_y}{2}, 0\right)$,半径为 $R = \sqrt{\left(\dfrac{\sigma_x - \sigma_y}{2}\right)^2 + \tau_{yx}^2}$。在图4-27(b)中,纵坐标为切应力,横坐标为正应力,现已知单元体的平面应力状态为 σ_x、σ_y、τ_{xy},因此可以在 σ-τ 坐标平面上画出应力莫尔圆,同时在 σ-τ 坐标系内标出点 $A(\sigma_y, \tau_{yx})$ 和点 $B(\sigma_x, \tau_{xy})$,分别代表 x 面和 y 面的应力。连接 A、B 两点,以 AB 线与 σ 轴的交点 C 为圆心、AC 为半径作圆,即可得应力莫尔圆,如图4-27(b)所示。

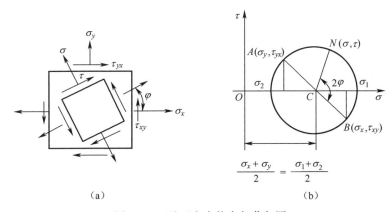

图4-27 平面应力状态与莫尔圆

应力莫尔圆可以描述法线与 x 轴成任意角度 φ 的平面上 σ 和 τ 的大小,如图4-27(b)中 N 点所示。从图4-27(b)的应力莫尔圆中可以方便地得到平面状态下的主应力 σ_1、σ_2 和 σ_x、σ_y、τ_{xy} 之间的关系,即

$$\begin{cases} \dfrac{\sigma_x + \sigma_y}{2} \pm \sqrt{\left(\dfrac{\sigma_x - \sigma_y}{2}\right)^2 + \tau_{yx}^2} = \begin{cases} \sigma_1 \\ \sigma_2 \end{cases} \\ \sigma_3 = 0 \end{cases} \quad (4-50)$$

反之,有

$$\begin{cases} \sigma_x = \dfrac{\sigma_1 + \sigma_2}{2} + \dfrac{\sigma_1 - \sigma_2}{2}\sin(2\alpha) \\ \sigma_y = \dfrac{\sigma_1 + \sigma_2}{2} - \dfrac{\sigma_1 - \sigma_2}{2}\cos(2\alpha) \\ \tau_{yx} = \dfrac{\sigma_1 - \sigma_2}{2}\sin 2\alpha \end{cases}$$

式中: α 为应力 σ 的方向与 x 轴之间的夹角,且有

$$\alpha = \frac{1}{2}\arctan\frac{-\tau_{xy}}{\sigma_x - \sigma_y} \tag{4-51}$$

4.5.2 三向应力莫尔圆

对于三向应力状态,也可作莫尔圆,如图 4-28 所示。圆上任何一点的横坐标与纵坐标代表某一斜微分面上的正应力 σ 及切应力 τ 的大小。设已知变形体内某点的 3 个主应力为 σ_1、σ_2、σ_3,且 $\sigma_1 > \sigma_2 > \sigma_3$。以应力主轴为坐标轴,做一斜微分面,其方向余弦为 l、m、n,则

$$\begin{cases} \sigma = \sigma_1 l^2 + \sigma_2 m^2 + \sigma_3 n^2 \\ \tau^2 = \sigma_1^2 l^2 + \sigma_2^2 m^2 + \sigma_3^2 n^2 - \sigma^2 \\ l^2 + m^2 + n^2 = 1 \end{cases} \tag{4-52}$$

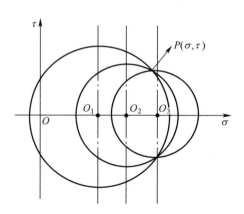

图 4-28 方向余弦定值斜微分面上应力变化

式中: σ 为所作斜微分面上的正应力; τ 为所作斜微分面上的切应力。

将式(4-52)视作以 l^2、m^2、n^2 为未知数的方程组,可得

$$\begin{cases} l^2 = \dfrac{(\sigma - \sigma_2)(\sigma - \sigma_3) + \tau^2}{(\sigma_1 - \sigma_2)(\sigma_1 - \sigma_3)} \\ m^2 = \dfrac{(\sigma - \sigma_1)(\sigma - \sigma_3) + \tau^2}{(\sigma_2 - \sigma_1)(\sigma_2 - \sigma_3)} \\ n^2 = \dfrac{(\sigma - \sigma_1)(\sigma - \sigma_2) + \tau^2}{(\sigma_3 - \sigma_1)(\sigma_3 - \sigma_2)} \end{cases} \tag{4-53}$$

将式(4-53)代入式(4-52)中的第 3 个式子,并对 σ 配平方,整理后可得

$$\begin{cases} \left(\sigma - \dfrac{\sigma_2 + \sigma_3}{2}\right)^2 + \tau^2 = l^2(\sigma_1 - \sigma_2)(\sigma_1 - \sigma_3) + \left(\dfrac{\sigma_2 - \sigma_3}{2}\right)^2 \\ \left(\sigma - \dfrac{\sigma_1 + \sigma_3}{2}\right)^2 + \tau^2 = m^2(\sigma_2 - \sigma_3)(\sigma_2 - \sigma_1) + \left(\dfrac{\sigma_3 - \sigma_1}{2}\right)^2 \\ \left(\sigma - \dfrac{\sigma_1 + \sigma_2}{2}\right)^2 + \tau^2 = n^2(\sigma_3 - \sigma_1)(\sigma_3 - \sigma_2) + \left(\dfrac{\sigma_1 - \sigma_2}{2}\right)^2 \end{cases} \quad (4-54)$$

式(4-54)表示 σ-τ 平面坐标上3个圆的方程式,圆心到坐标原点 O 的距离恰好分别为3个主切应力平面上的正应力,即 $\dfrac{\sigma_3 + \sigma_2}{2}$、$\dfrac{\sigma_1 + \sigma_3}{2}$、$\dfrac{\sigma_1 + \sigma_2}{2}$,对应圆心 O_1、O_2、O_3,如图4-28所示。3个圆的半径随着斜微分面的方向余弦值 l、m、n 的变化而变化,如果有一组方向余弦值 l、m、n 确定下来,就有图4-28表示的3个圆,式(4-54)中的每一个式子只表示或只包含一个方向余弦值,因此,由每一个式子所得的圆表示某一个方向余弦为定值时,随其他两个方向余弦变化时斜微分面上 σ 和 τ 的变化规律。同时,式(4-54)表明斜微分面上的应力既在第一个公式所表示的圆周上,又在第二个公式和第三个公式所表示的圆周上。

因此,由式(4-54)中3个式子表示的3个圆交于一点 P。交点 O 的坐标 (σ,τ) 表示方向余弦为 l、m、n 的斜微分面上的正应力和切应力。事实上,只要知道 l、m、n、σ_1、σ_2、σ_3,作出上述3个圆中的任意两个圆并得到交点,即为斜微分面上的正应力和切应力。

4.6 直角坐标系下的应力平衡微分方程

在外力作用下,变形体内部各点的应力状态是不同的。根据基本假设,变形体是连续的。因此,处于平衡状态的变形物体,其内部点与点之间的应力大小是连续变化的。也就是说,应力是坐标的连续函数,即 $\sigma_{ij} = \sigma_{ij}(x,y,z)$。同时,变形体处于静力平衡状态,则应力状态的变化必须满足一定的条件,这个条件就是应力平衡微分方程。

将一个受力物体置于直角坐标系中,则变形体内一点 O 的坐标为 (x,y,z),应力状态为 σ_{ij},在 O 点无限邻近处有另一点 O',坐标为 $(x+dx,y+dy,z+dz)$,则形成一个边长分别为 dx、dy、dz 并与3个坐标面平行的平行六面体,如图4-29(c)所示。

由于坐标的微量变化,O'点的应力比 O 点的应力有一个微小的增量。以 σ_x 为例,过 O 点的在 x 面上的正应力分量为 σ_x,则过 O'点的 $x+dx$ 面上的正应力分量应

为 $\sigma_x + \mathrm{d}\sigma_x$。将 O' 点的应力在 O 点进行泰勒展开，有

$$\sigma|_{x+\mathrm{d}x} = \sigma_x + \frac{\partial \sigma_x}{\partial x}\mathrm{d}x$$

其他应力依此类推，最终 O' 点的应力状态为

$$\boldsymbol{\sigma}_{ij} + \mathrm{d}\boldsymbol{\sigma}_{ij} = \begin{pmatrix} \sigma_{xx} + \dfrac{\partial \sigma_{xx}}{\partial x}\mathrm{d}x & \tau_{xy} + \dfrac{\partial \tau_{xy}}{\partial x}\mathrm{d}x & \tau_{xz} + \dfrac{\partial \tau_{xz}}{\partial x}\mathrm{d}x \\ \tau_{yx} + \dfrac{\partial \tau_{yx}}{\partial y}\mathrm{d}y & \sigma_{yy} + \dfrac{\partial \sigma_{yy}}{\partial y}\mathrm{d}y & \tau_{yz} + \dfrac{\partial \tau_{yz}}{\partial y}\mathrm{d}y \\ \tau_{zx} + \dfrac{\partial \tau_{zx}}{\partial z}\mathrm{d}z & \tau_{zy} + \dfrac{\partial \tau_{zy}}{\partial z}\mathrm{d}z & \sigma_{zz} + \dfrac{\partial \sigma_{zz}}{\partial z}\mathrm{d}z \end{pmatrix}$$

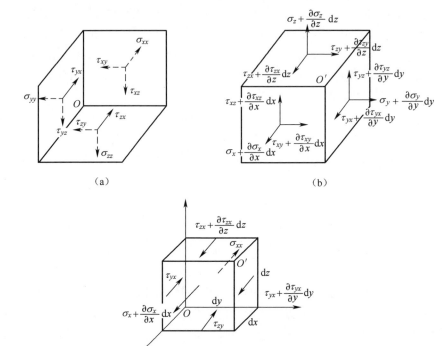

图 4-29　直角坐标系中平衡状态下六面体上的应力分布

因为六面体处于静力平衡状态，所以作用在六面体上的所有力沿坐标轴的投影之和应等于零。沿 x、y、z 轴分别有

$$\sum P_x = 0, \quad \sum P_y = 0, \quad \sum P_z = 0$$

如图 4-29(c) 所示，以 x 轴为例，将 $\sum P_x = 0$ 展开，有

$$\left(\sigma_{xx} + \frac{\partial \sigma_{xx}}{\partial x}\mathrm{d}x\right)\mathrm{d}y\mathrm{d}z + \left(\tau_{yx} + \frac{\partial \tau_{yx}}{\partial y}\mathrm{d}y\right)\mathrm{d}z\mathrm{d}x + \left(\tau_{zx} + \frac{\partial \tau_{zx}}{\partial z}\mathrm{d}z\right)\mathrm{d}y\mathrm{d}x -$$
$$\sigma_{xx}\mathrm{d}y\mathrm{d}z + \tau_{yx}\mathrm{d}z\mathrm{d}x - \tau_{zx}\mathrm{d}y\mathrm{d}x = 0$$

$$\frac{\partial \sigma_{xx}}{\partial x} + \frac{\partial \tau_{yx}}{\partial y} + \frac{\partial \tau_{zx}}{\partial z} = 0$$

对 $\sum P_y = 0$、$\sum P_z = 0$ 做类似处理,得到直角坐标系中质点的应力平衡微分方程为

$$\begin{cases} \dfrac{\partial \sigma_{xx}}{\partial x} + \dfrac{\partial \tau_{yx}}{\partial y} + \dfrac{\partial \tau_{zx}}{\partial z} = 0 \\ \dfrac{\partial \tau_{xy}}{\partial x} + \dfrac{\partial \sigma_{yy}}{\partial y} + \dfrac{\partial \tau_{zy}}{\partial z} = 0 \\ \dfrac{\partial \tau_{xz}}{\partial x} + \dfrac{\partial \tau_{yz}}{\partial y} + \dfrac{\partial \sigma_{zz}}{\partial z} = 0 \end{cases} \quad (4-55)$$

4.7 圆柱坐标系下的应力状态与平衡微分方程

在实际塑性成形中有很多圆柱变形体,为了研究方便,常建立圆柱坐标系。图 4-30(a)所示为圆柱坐标系以及从中取得的一个微元体。微元上的应力如图 4-30(b)所示(忽略了微小量)。

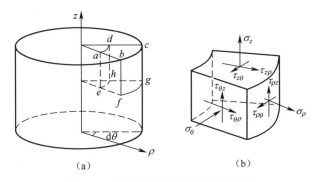

图 4-30 圆柱坐标系及微元上的应力

与直角坐标系下平衡微分方程的建立类似,在圆柱坐标系下,分别在 ρ、θ 和 z 方向对微元体建立平衡方程,得到圆柱坐标系下的平衡微分方程:

$$\begin{cases} \dfrac{\partial \sigma_\rho}{\partial \rho} + \dfrac{1}{\rho}\dfrac{\partial \tau_{\theta\rho}}{\partial \theta} + \dfrac{\partial \tau_{z\rho}}{\partial z} + \dfrac{\sigma_\rho - \sigma_\theta}{\rho} = 0 \\ \dfrac{\partial \tau_{\rho\theta}}{\partial \rho} + \dfrac{1}{\rho}\dfrac{\partial \sigma_\theta}{\partial \theta} + \dfrac{\partial \tau_{z\theta}}{\partial z} + \dfrac{2\tau_{\rho\theta}}{\rho} = 0 \\ \dfrac{\partial \tau_{\rho z}}{\partial \rho} + \dfrac{1}{\rho}\dfrac{\tau_{\theta z}}{\partial \theta} + \dfrac{\partial \sigma_z}{\partial z} + \dfrac{\tau_{\rho\theta}}{\rho} = 0 \end{cases} \qquad (4-56)$$

4.8 应变分析

物体在受到外力作用后,如果只发生刚体平移和转动,那么各质点之间的相对位置不发生变化,外形也不会改变。如果把物体固定,消除了刚体平移和转动后,再施力于物体,则各质点间的距离将发生变化,物体将产生变形。变形的程度用应变表示,应变可分为两类:一类是线尺寸的伸长或缩短,称为线变形或正变形;另一类是角度发生改变,称为角变形或剪变形。正变形和剪变形统称为"纯变形"。由于应变是由质点相对位移引起的,因此应变与物体中的位移场有密切联系。位移场一经确定,应变场也就确定了,因此应变分析主要是几何学问题。

研究变形问题一般从小变形着手,所谓小变形是指应变数量级不超过 10^{-2} ~ 10^{-3} 的弹塑性变形。在小变形情况下研究问题更方便一些。例如,变形前后,物体几何构形可以近似看作不变、单元内的变形可认为是均匀的等,这些都可以简化一些公式的推导。塑性加工通常属于大变形,而大变形可以看作是一系列小变形的叠加,因此小变形是研究的基础。

与应力分析一样,对于同一个质点的形变,随着切取单元体的方向不同,单元体表现出来的应变数值也是不同的。与引入"点应力状态"的概念类似,应变分析也需要引入"点应变状态"的概念,点的应变状态也是二阶对称张量,形式上与应力张量有许多相似的地方。

4.8.1 质点的位移与变形

图 4-31 所示为一受力物体内的质点 M,变形后,通过位移 u、v、w(有时 u、v、w 也统一用 u_i 表示,i 分别取 x、y、z),运动到 M_1 点。MM_1 表示总位移矢量,u、v、w 为其分量。

变形体内不同点的位移分量是不同的,假设物体在空间上是连续的,即无重叠与孔洞,则位移分量应是坐标的连续函数,即

$$\begin{cases} u = u(x,y,z) \\ v = v(x,y,z) \\ w = w(x,y,z) \end{cases} \qquad (4-57)$$

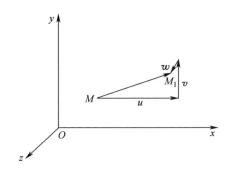

图 4-31 受力物体内一点的位移及其分量

或

$$u_i = u_i(x,y,z) \tag{4-58}$$

该位移一般都有连续的二阶偏导数。

现在研究变形体内无限接近两质点的位移分量之间的关系,如图 4-32 所示。设受力物体内任意一点 M,其坐标为 (x,y,z),小变形后移至 M',其位移矢量为 $\boldsymbol{MM'}$,分量为 $u,v,w(u_i(x,y,z))$。现取和 M 点无限接的一点 M_1,坐标为 $(x+\mathrm{d}x, y+\mathrm{d}y, z+\mathrm{d}z)$,小变形后移至 M_1',其位移矢量为 $\boldsymbol{M_1 M_1'}$,分量为 $u_1、v_1、w_1$,统一记为 $u_i(x+\mathrm{d}x, y+\mathrm{d}y, z+\mathrm{d}z)$。

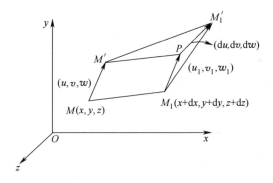

图 4-32 变形体内无限接近两点的位移和增量

将位移 u_i 在 (x,y,z) 处进行泰勒级数展开,略去高阶微量并用求和约定表示:

$$u_i(x+\mathrm{d}x, y+\mathrm{d}y, z+\mathrm{d}z) = u_i(x,y,z) + \frac{\partial u_i}{\partial x_j}\mathrm{d}x_j = u_i + \Delta u_i \tag{4-59}$$

式中:$\Delta u_i = \frac{\partial u_i}{\partial x_j}\mathrm{d}x_j$ 为 M_1 点相对于 M 点的位移增量(相对位移),将其展开为

$$\begin{cases} \Delta u = \dfrac{\partial u}{\partial x}dx + \dfrac{\partial u}{\partial y}dy + \dfrac{\partial u}{\partial z}dz \\ \Delta v = \dfrac{\partial v}{\partial x}dx + \dfrac{\partial v}{\partial y}dy + \dfrac{\partial v}{\partial z}dz \\ \Delta w = \dfrac{\partial w}{\partial x}dx + \dfrac{\partial w}{\partial y}dy + \dfrac{\partial w}{\partial z}dz \end{cases} \quad (4-60)$$

式(4-60)表明,若已知变形物体内点 M 的位移分量,则与其邻近一点 M_1 的位移分量可以用 M 点的位移分量及其增量来表示。如果仅存在刚体运动,则 $\Delta u_i = 0$,即质点之间没有相对位移,因此无变形。

4.8.2 应变

应变又称为相对应变或工程应变,适合小变形分析,分为线应变和切应变两类。与分析一点的应力状态一样,分析应变时,同样取一个微分六面体单元。为了方便,将它在直角坐标系 xOy 平面内的投影面 $PABC$ 画出来,如图 4-33 所示。

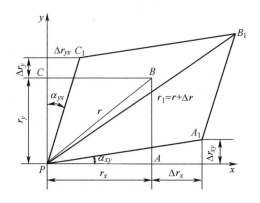

图 4-33 线应变的定义

当微分六面体发生变形后,平面 $PABC$ 也随之发生改变,变为 $PA_1B_1C_1$(这里假定刚体运动为零,不影响问题的讨论)。此时原来的线元 PB 变成了 PB_1,长度由 r 变成了 $r_1 = r + \Delta r$,于是其单位长度的相对变化为

$$\varepsilon_r = \frac{r_1 - r}{r} = \frac{\Delta r}{r} \quad (4-61)$$

称为线元 PB 的线应变。线元伸长时 ε_r 为正,缩短时 ε_r 为负。

线元 PB 在 x 轴和 y 轴的投影 PA 和 PC 的线应变分别为

$$\begin{cases} \varepsilon_x = \dfrac{\Delta r_x}{r_x} \\ \varepsilon_y = \dfrac{\Delta r_y}{r_y} \end{cases} \tag{4-62}$$

设两个互相垂直的线元 PA 和 PC，变形前夹角 $\angle CPA$ 为直角，变形后变为 $\angle C_1PA_1$，角度减少了 φ，$\varphi = \angle CPA - \angle C_1PA_1$，因此认为发生了角(切)应变。由于从 $\angle CPA$ 变为 $\angle C_1PA_1$ 角度是减小了的，因此规定夹角减小时 φ 取正号，增大时 φ 取负号，即 $\angle C_1PA_1 = \angle CPA - \varphi$。由于 φ 发生在 xOy 平面内，因此可写成 φ_{xy}。这一角度可以看作是由线元 PA 和 PC 同时向内偏转一定的角度 α_{xy} 和 α_{yx} 形成的，即 $\varphi_{xy} = \alpha_{xy} + \alpha_{yx}$。

由于是小变形，因此可以通过近似方法求出这两个角度：

$$\begin{cases} \alpha_{xy} \approx \tan\alpha_{xy} = \dfrac{\Delta r_{xy}}{r_x + \Delta r_x} \\ \alpha_{yx} \approx \tan\alpha_{yx} = \dfrac{\Delta r_{yx}}{r_y + \Delta r_y} \end{cases} \tag{4-63}$$

下标的意义是：第一个下标表示线元的方向，第二个下标表示线元偏转的方向。例如，α_{xy} 表示 x 方向的线元向 y 方向偏转的角度。

在实际研究中，为了方便，特将发生角变形的单元沿原点 P 绕 z 轴转动一个角度 ω_z，大小为 $\omega_z = \dfrac{1}{2}(\alpha_{yx} - \alpha_{xy})$，如图 4-34(b) 所示。经过旋转后的角度为 γ_{xy}、γ_{yx}，其大小为

$$\begin{cases} \gamma_{xy} = \alpha_{xy} + \omega_z \\ \gamma_{yx} = \alpha_{xy} - \omega_z \end{cases} \tag{4-64}$$

可以验证 $\gamma_{xy} = \gamma_{yx}$，如图 4-34(b) 所示。也就是说，尽管线元 PC、PA 变形角度不

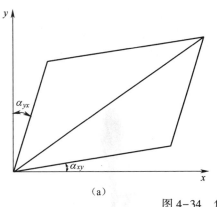
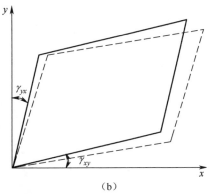

图 4-34 角应变的定义

同(图 4-33),但可以通过刚体转动使之相等,这样处理对变形不产生影响,但却大大方便了问题的研究。这就像应力张量中剪应力互等一样,$\gamma_{xy} = \gamma_{yx}$ 使得应变矩阵也变成关于对角线对称分布的矩阵,与应力张量有很好的对应性。

4.8.3 应变张量

上述分析同样适合于 yOz 和 zOx 面。综合这 3 个面上的正应变和切应变,可得

$$\varepsilon_x = \frac{\Delta r_x}{r_x}, \quad \varepsilon_y = \frac{\Delta r_y}{r_y}, \quad \varepsilon_z = \frac{\Delta r_z}{r_z} \tag{4-65}$$

$$\begin{cases} \gamma_{xy} = \gamma_{yx} = \dfrac{1}{2}(\alpha_{xy} + \alpha_{yx}) \\[2mm] \gamma_{yz} = \gamma_{zy} = \dfrac{1}{2}(\alpha_{yz} + \alpha_{zy}) \\[2mm] \gamma_{xz} = \gamma_{zx} = \dfrac{1}{2}(\alpha_{xz} + \alpha_{zx}) \end{cases} \tag{4-66}$$

与点的应力张量表示方法一样,单元体的 9 个应变分量组成应变张量 ε_{ij},即

$$\varepsilon_{ij} = \begin{pmatrix} \varepsilon_{xx} & \gamma_{xy} & \gamma_{xz} \\ \gamma_{yx} & \varepsilon_{yy} & \gamma_{yz} \\ \gamma_{zx} & \gamma_{zy} & \varepsilon_{zz} \end{pmatrix} \tag{4-67}$$

由于 $\gamma_{xy} = \gamma_{yx}$、$\gamma_{yz} = \gamma_{zy}$ 以及 $\gamma_{zx} = \gamma_{xz}$,因此上述 9 个应变分量中只有 6 个是独立的。

已知 ε_{ij},可以求出过点 $A(x,y,z)$ 任意方向上的线应变和切应变。设变形体内任意一点 $A(x,y,z)$,如图 4-35 所示。由 A 点引出一个任意方向的无限小线元 AB,长度为 r,方向余弦为 l、m、n。由于无限小,B 点可视为 A 点无限接近的邻近点,其坐标为 $(x+dx, y+dy, z+dz)$,dx、dy、dz 为线元 AB 在 3 个坐标方向上的投影。该线元的方向余弦分别为

$$\begin{cases} l = \dfrac{dx}{r} \\[2mm] m = \dfrac{dy}{r} \\[2mm] n = \dfrac{dz}{r} \end{cases} \tag{4-68}$$

$$r^2 = dx^2 + dy^2 + dz^2 \tag{4-69}$$

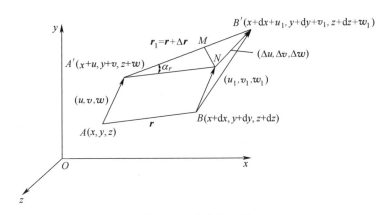

图 4-35 应变的定义

小变形后,线元 AB 移至 A'B',其长度为 $r_1 = r + \Delta r$,同时偏转角度为 α_r,如图 4-35 所示。现求 AB 方向上的线应变 ε_r。

为求 ε_r,可将 AB 平移至 A'N,构成 △A'NB'。由解析几何可知,三角形一边在 3 个坐标轴上的投影将分别等于另外两边在坐标轴上的投影之和。此处,A'N 的 3 个投影即为 dx、dy、dz,NB' 的投影(即 B 点相对于 A 点的位移增量)为 Δu、Δv、Δw,因此线元 A'B' 的 3 个投影为 $(dx+\Delta u, dy+\Delta v, dz+\Delta w)$,故 A'B' 的长度为

$$r_1^2 = (r + \Delta r)^2 = (dx + \Delta u)^2 + (dy + \Delta v)^2 + (dz + \Delta w)^2 \tag{4-70}$$

将式(4-70)展开并减去 r^2,同时略去 Δr、Δu、Δv、Δw 的平方项,化简得

$$r\Delta r = dx\Delta u + dy\Delta v + dz\Delta w \tag{4-71}$$

将式(4-71)两边除以 r^2,考虑到式(4-61)和式(4-68),得

$$\varepsilon_r = \frac{\Delta r}{r} = l\frac{\Delta u}{r} + m\frac{\Delta n}{r} + n\frac{\Delta w}{r} \tag{4-72}$$

将式(4-60)中 Δu、Δv、Δw 代入式(4-72),整理后可得

$$\begin{aligned}\varepsilon_r &= \frac{\partial u}{\partial x}l^2 + \frac{\partial v}{\partial y}m^2 + \frac{\partial w}{\partial z}n^2 + \left(\frac{\partial u}{\partial y} + \frac{\partial v}{\partial x}\right)lm + \left(\frac{\partial v}{\partial z} + \frac{\partial w}{\partial x}\right)mn + \left(\frac{\partial w}{\partial x} + \frac{\partial u}{\partial z}\right)nl \\ &= \varepsilon_x l^2 + \varepsilon_y m^2 + \varepsilon_z n^2 + 2\gamma_{xy}lm + 2\gamma_{yz}mn + 2\gamma_{zx}nl \end{aligned} \tag{4-73}$$

式(4-73)即为过 A 点任意方向线元的线应变表达式,它是已知的应变张量与方向余弦的线性组合。

下面求解线元变形后的偏转角,即图 4-35 中的 α_r。为了推导方便,可设 $|r| = 1$。由 N 点引 NM 垂直于 A'B'。在 Rt△NMb_1 中有

$$NM^2 = NB'^2 - MB'^2 = (\Delta u_i)^2 - MB'^2 \tag{4-74}$$

由于

$$A'M \approx A'N = |r| = 1$$

所以有
$$\tan\alpha_r \approx \alpha_r = \frac{NM}{A'M} = NM$$

由于
$$\varepsilon_r = \frac{\Delta r}{r} = \Delta r$$

故式(4-74)可以写为
$$MB' = A'B' - A'M \approx \Delta r = \varepsilon_r$$
$$\alpha_r^2 = NM^2 = NB'^2 - MB'^2 = (\Delta u_i)^2 - \varepsilon_r^2 \tag{4-75}$$

式中，$(\Delta u_i)^2 = \Delta u_i \Delta u_i = \Delta u^2 + \Delta v^2 + \Delta w^2$，即相对位移的平方和。如果没有刚体转动，则求得的 α_r^2 就是切应变 γ_r。为了除去因刚体转动引起的相对位移分量，从而得到由纯变形引起的相对位移分量 Δu_i 或只考虑纯剪切变形，可将 Δu_i 改写为

$$\Delta u_i = \frac{\partial u_i}{\partial x_j}\mathrm{d}x_j = \left[\frac{\partial u_i}{\partial x_j} + \frac{1}{2}\left(\frac{\partial u_j}{\partial x_i} - \frac{\partial u_j}{\partial x_i}\right)\right]\mathrm{d}x_j = \frac{1}{2}\left(\frac{\partial u_i}{\partial x_j} + \frac{\partial u_j}{\partial x_i}\right)\mathrm{d}x_j + \frac{1}{2}\left(\frac{\partial u_i}{\partial x_j} - \frac{\partial u_j}{\partial x_i}\right)\mathrm{d}x_j$$
$$\tag{4-76}$$

从式(4-76)最后部分可看出，第一项是由纯变形引起的相对位移增量分量，第二项是由于刚体转动引起的位移增量分量，如果第一项以 $\Delta u_i'$ 表示，则有

$$\Delta u_i' = \frac{1}{2}\left(\frac{\partial u_i}{\partial x_j} + \frac{\partial u_j}{\partial x_i}\right)\mathrm{d}x_j = \varepsilon_{ij}\mathrm{d}x_j \tag{4-77}$$

将式(4-77)代入式(4-75)，则切应变的表达式为
$$\gamma_r^2 = (\Delta u_i')^2 - \varepsilon_r^2 \tag{4-78}$$

需要说明的是：导出式(4-77)和式(4-78)时，是将 Δr 和 Δu_i 等的平方项视作高阶无穷小忽略不计的，如果变形比较大，这项平方项就不能忽略不计。对于变形比较大的全量分析，就要用有限变形来进行分析。

4.8.4 对数应变与工程应变

上述计算应变的方法是小变形条件下的计算方法，简化很多，因此是近似的、不精确的，不过在小变形情况下，足以应付实际需要。如果是大变形情况，则会引起较大误差。大变形情况下的应变应用对数应变表示，也称为真应变，这是应变的精确计算方法。下面以单向拉伸为例，介绍这两种应变的差别。

如图 4-36 所示，当把一根初始长度为 l_0 的试样单向拉伸至 l_3，按照工程线应变的定义，其应变为

$$\varepsilon = \frac{l_3 - l_0}{l_0} = \frac{\Delta l_{0\to 3}}{l_0}$$

当 l_3 与 l_0 尺寸相差不大时,这种计算方法的误差是可以接受的。但当 l_3 与 l_0 尺寸相差很大时,这种计算的误差很大,必须用另一种方法计算。

图 4-36 单向拉伸变形过程

设在变形的某一时刻,试样长度为 l,经过微小时间后伸长微小长度为 $\mathrm{d}l$,此时微小应变为

$$\mathrm{d}\varepsilon = \frac{\mathrm{d}l}{l}$$

积分后得到总应变:

$$\varepsilon = \int_{l_0}^{l_3} \frac{\mathrm{d}l}{l} = \ln \frac{l_3}{l_0}$$

这种方法计算的应变称为真应变,为了区别记作 ϵ。下面将会看到,ϵ 比 ε 能更准确地描述变形。

1. 真应变具有可加性

现将图 4-36 所示的变形分为 3 个阶段:$l_0 \to l_1$、$l_1 \to l_2$、$l_2 \to l_3$。每一阶段的工程应变为

$$\begin{cases} \varepsilon_{0 \to 1} = \dfrac{\Delta l_1}{l_0} \\[2mm] \varepsilon_{1 \to 2} = \dfrac{\Delta l_2}{l_1} \\[2mm] \varepsilon_{2 \to 3} = \dfrac{\Delta l_3}{l_2} \end{cases}$$

总的工程应变为

$$\varepsilon_{0 \to 3} = \frac{\Delta l_1 + \Delta l_2 + \Delta l_3}{l_0}$$

3 个阶段的应变之和与总应变并不相等:

$$\varepsilon_{0\to3} = \frac{\Delta l_1 + \Delta l_2 + \Delta l_3}{l_0} = \frac{\Delta l_1}{l_0} + \frac{\Delta l_2}{l_0} + \frac{\Delta l_3}{l_0} \neq \frac{\Delta l_1}{l_0} + \frac{\Delta l_2}{l_1} + \frac{\Delta l_3}{l_2} = \varepsilon_{0\to1} + \varepsilon_{1\to2} + \varepsilon_{2\to3}$$

除非变形量较小(小变形条件),以至于 $l_0 \approx l_1 \approx l_2 \approx l_3$ 时才相等。

而采用真应变计算方法,3 个阶段的应变分别为

$$\epsilon_{0\to1} = \int_{l_0}^{l_1} d\epsilon = \ln\frac{l_1}{l_0}$$

$$\epsilon_{1\to2} = \int_{l_1}^{l_2} d\epsilon = \ln\frac{l_2}{l_1}$$

$$\epsilon_{2\to3} = \int_{l_2}^{l_3} d\epsilon = \ln\frac{l_3}{l_2}$$

总真应变为

$$\epsilon_{总} = \int_{l_0}^{l_3} d\epsilon = \ln\frac{l_3}{l_0}$$

不难看出,其具有可加性,即

$$\epsilon_{总} = \ln\frac{l_3}{l_0} = \epsilon_{0\to1} + \epsilon_{1\to2} + \epsilon_{2\to3} = \ln\frac{l_1}{l_0} + \ln\frac{l_2}{l_1} + \ln\frac{l_3}{l_2} = \ln\left(\frac{l_1}{l_0}\frac{l_2}{l_1}\frac{l_3}{l_2}\right) = \ln\frac{l_3}{l_0}$$

2. 对数应变为可比应变

初始长度为 l_0 的试样伸长到原长的二倍时,真应变为 $\epsilon = \ln\frac{2l_0}{l_0} = \ln2$。如果将其压缩到初始长度的一半,真应变为 $\epsilon = \ln\frac{0.5l_0}{l_0} = -\ln2$,具有可比性。而用工程应变公式计算,则分别是 $\varepsilon = \frac{2l_0 - l_0}{l_0} \times 100\% = 100\%$ 和 $\varepsilon = \frac{\frac{1}{2}l_0 - l_0}{l_0} \times 100\% = -50\%$,不具备可比性。

3. 小变形下二者近似相等

对真应变表达式进一步整理,得

$$\epsilon = \ln\frac{l_3}{l_0} = \ln\left[\frac{l_0 + (l_3 - l_0)}{l_0}\right] = \ln(1 + \varepsilon) \approx \varepsilon = \frac{l_3 - l_0}{l_0}$$

即当 ε 不大时,$\epsilon \approx \varepsilon$。

4.8.5 塑性变形时的体积不变条件

塑性变形时,如果忽略弹性变形,且不考虑内部空隙、焊合等现实情况,则变形体变形前后的体积保持不变。设单元初始边长为 dx、dy、dz,则单元变形前的体

积为
$$dV_0 = dxdydz$$
考虑到小变形时,切应变引起的边长变化及体积的变化都是高阶微量,可以忽略,则体积的变化只由线应变引起。根据式(4-63)可知,在 x、y、z 方向上的线元变形后的长度分别为
$$r_x = dx(1+\varepsilon_x), \quad r_y = dy(1+\varepsilon_y), \quad r_z = dz(1+\varepsilon_z)$$
故变形后单元体的体积为
$$dV_1 = dr_x dr_y dr_z = dxdydz(1+\varepsilon_x)(1+\varepsilon_y)(1+\varepsilon_z)$$
展开并略去二阶以上高阶微量,得到单元体单位体积变化率为
$$\theta = \frac{dV_1 - dV}{dV} = \varepsilon_x + \varepsilon_y + \varepsilon_z$$
由体积不变,可得
$$\theta = 0 \Rightarrow \varepsilon_x + \varepsilon_y + \varepsilon_z = 0 \tag{4-79}$$
式(4-79)称为塑性变形时的体积不变条件。

体积不变条件用对数应变(用符号 ϵ 表示)表示则更准确。设变形体的原始长、宽、高分别为 l_0、b_0、h_0,变形后为 l_1、b_1、h_1,则体积不变条件可表示为
$$\epsilon_l + \epsilon_b + \epsilon_h = \ln\frac{l_1}{l_0} + \ln\frac{b_1}{b_0} + \ln\frac{h_1}{hh_0} = \ln\frac{l_1 b_1 h_1}{l_0 b_0 h_0} = 0 \tag{4-80}$$

4.9 其他相关概念

4.9.1 主应变

根据式(4-78)可知,变形体内一点的切应变也与 r 方向有关,是方向余弦的函数,因此可以推理出,在某一方向上线元变形后,切应变为零,即线元只伸长而无转动。实际上,这样的方向是存在的,而且有 3 个,且相互垂直。这 3 个方向称为应变主方向(或应变主轴),应变用 ε_1、ε_2、ε_3 表示。这一结论十分重要,因为对于各向同性材料,当小变形时,应变主轴与应力主轴重合,这样二者之间可以建立量化关系——本构关系。

当取应变主轴为坐标轴时,应变张量变为
$$\boldsymbol{\varepsilon}_{ij} = \begin{pmatrix} \varepsilon_1 & & \\ & \varepsilon_2 & \\ & & \varepsilon_3 \end{pmatrix} \tag{4-81}$$

4.9.2 应变张量不变量

同已知一点的应力状态就可以求出任意斜面应力一样,如果已知一点的应变张量,就可以求过该点的 3 个主应变。同应力一样,也存在一个应变状态的特征方程:

$$\varepsilon^3 - I_1\varepsilon^2 - I_2\varepsilon - I_3 = 0 \qquad (4-82)$$

对于一个已经确定的应变状态,I_1、I_2、I_3 是定值,可以求出 3 个主应变。3 个主应变具有单值,因此 3 个系数 I_1、I_2、I_3 也应具有单值,称为应变张量不变量,表达式为

$$\begin{cases} I_1 = \varepsilon_x + \varepsilon_y + \varepsilon_z = \varepsilon_1 + \varepsilon_2 + \varepsilon_3 = C_1 \\ I_2 = (\varepsilon_x\varepsilon_y + \varepsilon_y\varepsilon_z + \varepsilon_z\varepsilon_x) + \gamma_{xy}^2 + \gamma_{yz}^2 + \gamma_{zx}^2 = \varepsilon_1\varepsilon_2 + \varepsilon_2\varepsilon_3 + \varepsilon_3\varepsilon_1 = C_2 \\ I_3 = \varepsilon_x\varepsilon_y\varepsilon_z + 2\gamma_{xy}\gamma_{yz}\gamma_{zx} - (\varepsilon_x\gamma_{yz}^2 + \varepsilon_y\gamma_{zx}^2 + \varepsilon_z\gamma_{xy}^2) = \varepsilon_1\varepsilon_2\varepsilon_3 = C_3 \end{cases}$$

$$(4-83)$$

式(4-83)中的 C_1、C_2、C_3 为常数。因为塑性变形体积不变,故 $C_1 \equiv 0$。

4.9.3 主应变简图

在主应变空间下,式(4-79)变为 $\varepsilon_1+\varepsilon_2+\varepsilon_3=0$。可以看出,若塑性变形时 3 个线应变分量不等于零,则三者就不可能全部同号,绝对值最大的应变永远和另外两个应变的符号相反。因此,塑性变形只能有压缩、伸长和纯剪 3 种类型。

用主应变的个数和符号来表示应变状态的简图称为主应变状态图,简称主应变简图。3 个主应变中绝对值最大的主应变,反映了该工序变形的特征,称为特征应变。根据塑性变形体积不变这一条件,3 个主应变不可能全部同号,总结起来,有以下 3 种情况:①具有一个正应变及两个负应变,如图 4-37(a)所示,称为伸长类变形;②具有一个负应变及两个正应变,如图 4-37(b)所示,称为压缩类变形;③二向应变状态中有一个主应变为零,如 $\varepsilon_2=0$,另两个应变的大小相等符号相反,如图 4-37(c)所示,平面应变即是此类。

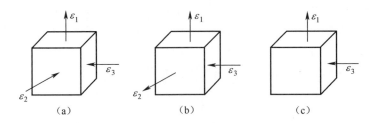

图 4-37 主应变简图

主应变简图对于研究塑性变形时的金属流动具有重要意义,据此可判别塑性变形的类型。例如,压缩类变形塑性好,伸长类变形塑性差。

4.9.4 主切应变和最大切应变

在与主应变方向成45°方向上,也存在3个各自相互垂直的线元(图中简化为二维),其切应变都有极值,称为主切应变,即图4-38中虚线单元。

与应力表述式相似,主切应变的表达式为

$$\begin{cases} \gamma_{12} = \pm[(\varepsilon_1 - \varepsilon_2)/2] \\ \gamma_{23} = \pm[(\varepsilon_2 - \varepsilon_3)/2] \\ \gamma_{31} = \pm[(\varepsilon_3 - \varepsilon_1)/2] \end{cases} \qquad (4\text{-}84)$$

与上面设定的一样,若$|\varepsilon_1| \geq |\varepsilon_2| \geq |\varepsilon_3|$,则最大切应变为

$$\gamma_{\max} = \pm[(\varepsilon_1 - \varepsilon_3)/2] \qquad (4\text{-}85)$$

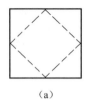
(a)

(b)

图 4-38 主切应变

4.9.5 应变偏张量和应变球张量

应变张量亦可分解为应变偏张量和应变球张量,即

$$\boldsymbol{\varepsilon}_{ij} = \begin{pmatrix} \varepsilon_x - \varepsilon_m & \gamma_{xy} & \gamma_{xz} \\ \gamma_{yx} & \varepsilon_y - \varepsilon_m & \gamma_{yz} \\ \gamma_{zx} & \gamma_{zy} & \varepsilon_z - \varepsilon_m \end{pmatrix} + \begin{pmatrix} \varepsilon_m & & \\ & \varepsilon_m & \\ & & \varepsilon_m \end{pmatrix} = \boldsymbol{\varepsilon}'_{ij} + \boldsymbol{\delta}_{ij}\varepsilon_m$$

(4-86)

式中:$\varepsilon_m = \dfrac{\varepsilon_x + \varepsilon_y + \varepsilon_z}{3}$ 为应变球张量;$\boldsymbol{\varepsilon}'_{ij}$ 为应变偏张量,表示变形单元体形状变化。

根据塑性变形时体积不变这一假设,$\varepsilon_x + \varepsilon_y + \varepsilon_z = 0$,故 $\varepsilon_m \equiv 0$,此时应变偏张量就是应变张量,即 $\boldsymbol{\varepsilon}_{ij} = \boldsymbol{\varepsilon}'_{ij}$。

下面对应变球张量和偏张量做详细解释,以便于后面的学习。在塑性成形力学里,变形的概念是材料外形发生改变。图4-39(a)所示为一个没有发生变形的初始单元,将它放到一个静水环境中,假设材料是可压缩或膨胀的,即 $\varepsilon_m \neq 0$,则

当受到等静压时，x向和y向线应变相等，即等向压缩(压缩应变为ε_m)，同时仍保持直角，如图4-39(b)所示，此时认为材料无变形(只是等向缩小)。

此时，在等静压的基础上，再在x方向和y方向上额外施加不等的力(应力偏量)，则材料不会再保持等向压缩，x方向和y方向线应变不再相等，如图4-39(c)所示，此时才认为单元发生了线变形。因此，偏应力负责使材料发生不等压缩。在此基础上再施加剪应力，单元角度也会发生改变。

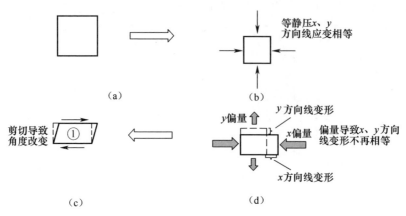

图4-39 变形的分解

由此可见，当材料变形时，把x向、y向共有的线变形ε_m去除后，才是真正的变形。如图4-39(c)和图4-39(d)所示的变形，二者叠加就是式(4-86)中的应变偏张量部分。

应变偏张量也有3个不变量，分别是应变偏张量第一、第二、第三不变量，表达式如下：

$$\begin{cases} I_1' = \varepsilon_x' + \varepsilon_y' + \varepsilon_z' = \varepsilon_1' + \varepsilon_2' + \varepsilon_3' = 0 \\ I_2' = (\varepsilon_x'\varepsilon_y' + \varepsilon_y'\varepsilon_z' + \varepsilon_z'\varepsilon_x') + \gamma_{xy}^2 + \gamma_{yz}^2 + \gamma_{zx}^2 = \varepsilon_1'\varepsilon_2' + \varepsilon_2'\varepsilon_3' + \varepsilon_3'\varepsilon_1' \\ I_3' = \varepsilon_x'\varepsilon_y'\varepsilon_z' + 2\gamma_{xy}\gamma_{yz}\gamma_{zx} - (\varepsilon_x'\gamma_{yz}^2 + \varepsilon_y'\gamma_{zx}^2\varepsilon_z'\gamma_{xy}^2) = \varepsilon_1'\varepsilon_2'\varepsilon_3' \end{cases}$$

4.9.6 八面体应变和等效应变

分别在$Oxyz$直角坐标系和以3个应变主轴为坐标轴的主坐标系中做出正八面体，八面体平面法线方向的线元的线应变称为八面体应变：

$$\varepsilon_8 = \frac{\varepsilon_x + \varepsilon_y + \varepsilon_z}{3} = \frac{\varepsilon_1 + \varepsilon_2 + \varepsilon_3}{3} = \varepsilon_m = \frac{1}{3}I_1$$

八面体平面上剪应变为

$$\gamma_8 = \pm \frac{2}{3}\sqrt{(\varepsilon_x - \varepsilon_y)^2 + (\varepsilon_y - \varepsilon_z)^2 + (\varepsilon_z - \varepsilon_x)^2 + 6(\gamma_{xy}^2 + \gamma_{yz}^2 + \gamma_{zx}^2)}$$

$$= \pm \frac{2}{3}\sqrt{(\varepsilon_1 - \varepsilon_2)^2 + (\varepsilon_2 - \varepsilon_3)^2 + (\varepsilon_3 - \varepsilon_1)^2} = \sqrt{\frac{8}{9}I_2'} \quad (4\text{-}87)$$

如果取八面体剪应变绝对值的 $\frac{\sqrt{2}}{2}$, 则得到另一个表示应变状态不变量的参量, 称为等效应变, 也称为广义应变或应变强度, 记为

$$\bar{\varepsilon} = \varepsilon_e = \frac{\sqrt{2}}{3}\sqrt{(\varepsilon_x - \varepsilon_y)^2 + (\varepsilon_y - \varepsilon_z)^2 + (\varepsilon_z - \varepsilon_x)^2 + 6(\gamma_{xy}^2 + \gamma_{yz}^2 + \gamma_{zx}^2)}$$

$$= \frac{\sqrt{2}}{3}\sqrt{(\varepsilon_1 - \varepsilon_2)^2 + (\varepsilon_2 - \varepsilon_3)^2 + (\varepsilon_3 - \varepsilon_1)^2} \quad (4\text{-}88)$$

等效应变在塑性变形时, 如单向拉伸时, 其数值上等于单向均匀拉伸或压缩方向上的线应变 ε_1, 即 $\bar{\varepsilon} = \varepsilon_1$。这是因为, 单向应力状态时, 主应变为 $\varepsilon_1 \neq \varepsilon_2 = \varepsilon_3$, 由体积不变条件 $\varepsilon_1 + \varepsilon_2 + \varepsilon_3 = 0$, 可知 $\varepsilon_2 = \varepsilon_3 = \frac{-1}{2}\varepsilon_1$, 代入式(4-88)得

$$\bar{\varepsilon} = \frac{\sqrt{2}}{3}\sqrt{\left(\frac{3}{2}\varepsilon_1\right)^2 + \left(\frac{3}{2}\varepsilon_1\right)^2} = \varepsilon_1 \quad (4\text{-}89)$$

而在纯剪情况下, 主应变为 $\varepsilon_2 = 0, \varepsilon_1 = -\varepsilon_3$(应变主轴和应力主轴重合), 根据式(4-88)可求出:

$$\bar{\varepsilon} = \frac{\sqrt{2}}{3}\sqrt{(2\varepsilon_1)^2 + 2(\varepsilon_1)^2} = \frac{2\sqrt{3}}{3}\varepsilon_1$$

4.10 位移分量和应变分量的关系——小变形几何方程

4.10.1 直角坐标系下的几何方程

由于物体变形后体内的点会产生位移, 进而引起了质点的应变。因此, 位移与应变场之间一定存在某种关系。为了阐明这种关系, 可通过研究单元体在3个坐标平面上的投影, 建立位移分量和应变分量之间的关系。现假设从变形体内任意一点处取出一个无穷小单元体, 且单元体边长分别为 dx、dy、dz。因为产生了变形, 所以单元体棱边长度已改变而棱边夹角也不等于直角。图4-40所示 $OPNR$ 为单元体变形前在 xOy 坐标平面上的投影, 而 $O'P'N'R'$ 为变形后的投影, 图中 P、R 点为 O 点的邻近点, 并 $OR = dx$, $OP = dy$。变形后, O 点的位移分量为 u_O、v_O, 根据式(4-60)可知临近点 R、P 相对于 O 点的位移增量为

$$\begin{cases} \Delta u_R = \dfrac{\partial u}{\partial x}\mathrm{d}x \\[4pt] \Delta v_R = \dfrac{\partial v}{\partial x}\mathrm{d}x \\[4pt] \Delta u_P = \dfrac{\partial u}{\partial y}\mathrm{d}y \\[4pt] \Delta v_P = \dfrac{\partial v}{\partial y}\mathrm{d}y \end{cases} \qquad (4\text{-}90)$$

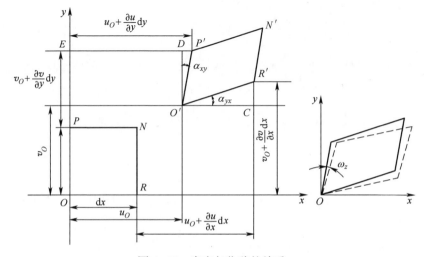

图 4-40 应变与位移的关系

根据图 4-40 的几何关系，可求出棱边 OR 在 x 方向的线应变为

$$\varepsilon_x = \frac{[(u_O + \Delta u_R + \mathrm{d}x) - u_O] - \mathrm{d}x}{\mathrm{d}x} = \frac{\Delta u_R}{\mathrm{d}x} = \frac{\partial u}{\partial x} \qquad (4\text{-}91)$$

由此可见，x 方向线元 $\mathrm{d}x$ 变形后的线应变实际上是位移对坐标的变化率，即单位长度线元端点的位移差。

棱边 OP（即 $\mathrm{d}y$）在 y 方向的线应变为

$$\varepsilon_y = \frac{[(v_0 + \Delta v_P + \mathrm{d}y) - v_0] - \mathrm{d}y}{\mathrm{d}y} = \frac{\Delta v_P}{\mathrm{d}y} = \frac{\partial v}{\partial y}$$

又由图 4-40 中的几何关系，可知

$$\tan\alpha_{xy} = \frac{DP'}{O'D} = \frac{u_O + \Delta u_P - u_O}{v_O + \Delta v_P + \mathrm{d}y - v_O} = \frac{\dfrac{\partial u}{\partial y}\mathrm{d}y}{\mathrm{d}y + \dfrac{\partial v}{\partial y}\mathrm{d}y} = \frac{\dfrac{\partial u}{\partial y}}{1 + \dfrac{\partial v}{\partial y}}$$

因为 $\dfrac{\partial v}{\partial y} \ll 1$，可忽略，所以 $\alpha_{xy} \approx \tan\alpha_{xy} = \dfrac{\partial u}{\partial y}$。

同理可得

$$\alpha_{yx} = \dfrac{\partial v}{\partial x} \quad (4-92)$$

因此工程切应变为

$$\gamma_{xy} = \gamma_{yx} = \dfrac{1}{2}(\alpha_{xy} + \alpha_{yx}) = \dfrac{1}{2}\left(\dfrac{\partial u}{\partial y} + \dfrac{\partial v}{\partial x}\right) \quad (4-93)$$

按同样的方法，由单元体在 yOz 和 zOx 平面上投影的几何关系可得其余应变分量的公式。

综上可得

$$\begin{cases} \varepsilon_x = \dfrac{\partial u}{\partial x}, & \gamma_{xy} = \dfrac{1}{2}\left(\dfrac{\partial u}{\partial y} + \dfrac{\partial v}{\partial x}\right) \\ \varepsilon_y = \dfrac{\partial v}{\partial y}, & \gamma_{yz} = \dfrac{1}{2}\left(\dfrac{\partial u}{\partial z} + \dfrac{\partial w}{\partial y}\right) \\ \varepsilon_z = \dfrac{\partial w}{\partial z}, & \gamma_{zx} = \dfrac{1}{2}\left(\dfrac{\partial u}{\partial z} + \dfrac{\partial w}{\partial x}\right) \end{cases} \quad (4-94)$$

简记为 $\varepsilon_{ij} = \dfrac{1}{2}\left(\dfrac{\partial u_i}{\partial x_j} + \dfrac{\partial u_j}{\partial x_i}\right)$

4.10.2 用应变表示位移

式(4-91)是将应变用位移表达出来。反之，位移也可以用应变表达出来。以式(4-60)中的 $\delta u = \dfrac{\partial u}{\partial x}\mathrm{d}x + \dfrac{\partial u}{\partial y}\mathrm{d}y + \dfrac{\partial u}{\partial z}\mathrm{d}z$ 为例说明。

将 δu 改写为

$$\delta u = \dfrac{\partial u}{\partial x}\mathrm{d}x + \left[\dfrac{\partial u}{\partial y}\mathrm{d}y + \dfrac{1}{2}\left(\dfrac{\partial v}{\partial x} - \dfrac{\partial v}{\partial x}\right)\mathrm{d}y\right] + \left[\dfrac{\partial u}{\partial z}\mathrm{d}z + \dfrac{1}{2}\left(\dfrac{\partial w}{\partial x} - \dfrac{\partial w}{\partial x}\right)\mathrm{d}z\right]$$

进一步整理，得

$$\delta u = \dfrac{\partial u}{\partial x}\mathrm{d}x + \left[\dfrac{1}{2}\left(\dfrac{\partial u}{\partial y} + \dfrac{\partial v}{\partial x}\right)\mathrm{d}y + \dfrac{1}{2}\left(\dfrac{\partial u}{\partial y} - \dfrac{\partial v}{\partial x}\right)\mathrm{d}y\right] + \left[\dfrac{1}{2}\left(\dfrac{\partial u}{\partial z} + \dfrac{\partial w}{\partial x}\right)\mathrm{d}z + \dfrac{1}{2}\left(\dfrac{\partial u}{\partial z} - \dfrac{\partial w}{\partial x}\right)\mathrm{d}z\right]$$

则

$$\delta u = \varepsilon_x \mathrm{d}x + \left[\gamma_{xy} + \dfrac{1}{2}\left(\dfrac{\partial u}{\partial y} - \dfrac{\partial v}{\partial x}\right)\mathrm{d}y\right] + \left[\gamma_{xz} + \dfrac{1}{2}\left(\dfrac{\partial u}{\partial z} - \dfrac{\partial w}{\partial x}\right)\mathrm{d}z\right]$$

下面对式(4-95)各项进行简单解释。

$$\delta u = \varepsilon_x \mathrm{d}x + \left[\gamma_{xy}\mathrm{d}y + \frac{1}{2}\left(\frac{\partial u}{\partial y} - \frac{\partial v}{\partial x}\right)\mathrm{d}y\right] + \left[\gamma_{xz}\mathrm{d}z + \frac{1}{2}\left(\frac{\partial u}{\partial z} - \frac{\partial w}{\partial x}\right)\mathrm{d}z\right]$$
(4-95)

　　(1)　　　　(2)　　　　　(3)　　　　　(4)　　　　　(5)

对于图 4-41(a) 所示的只具有 dx 分量的线元 OR 来说，根据式(4-91)，很容易得到上式中的第(1)项，即位移增量是由于线应变引起的。现考虑一个既有 dx 分量也有 dy 分量的线元 ON(图 4-41(b))，其 dx 分量在 x 方向的线应变会引起 N 点在 x 方向的位移增量，即式(4-95)中的第(1)项。与此同时，γ_{xy} 也会导致 N 点移动到 N' 点，自然导致 x 方向位移的增加，如图 4-41(c) 所示，其大小为式(4-95)中第(2)项。不过根据应变张量的定义，$\gamma_{xy}=\gamma_{yx}$，这是靠单元在 xOy 面内绕 O 点旋转 $\omega_z = \frac{1}{2}\left(\frac{\partial u}{\partial y} - \frac{\partial v}{\partial x}\right)$ 实现的。因此，还需反向旋转 ω_z，回到最初的剪切状态，如图 4-41(d) 所示。此处为了方便，假设 $\omega_z = \gamma_{xy}$。这一旋转使 N' 点移动到 N''，自然也引起了 x 方向新的位移增量，即式中(4-95)中的第(3)项。

当线元同时具有分量 dx、dy、dz 时，如图 4-41(e) 所示，则位于 xOz 面的单元也将发生剪切变形与刚体转动，同样会导致 N 点 x 方向位移的变化，即式(4-95)中的第(4)、(5)项，分析过程和 xOy 面类似。

式(4-60)后两项也可仿照上面作类似分析，这里不再赘述。

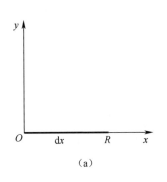

(a)

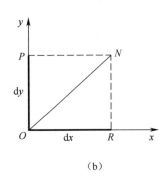

(b)

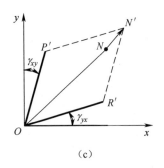

(c)

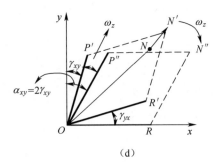

(d)

第4章 应力分析与应变分析

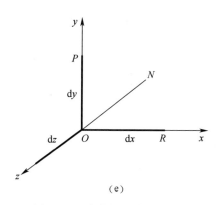

(e)

图 4-41 应变与位移的关系

4.10.3 圆柱坐标系下的几何方程

在实际工程中,经常对一些轴对称零件进行加工,因此在圆柱坐标系下进行研究会很方便。在图 4-42(a) 所示的圆柱坐标系下取一个微分单元,它在 z、θ、ρ 方向的投影如图 4-42(b)~(d)所示。

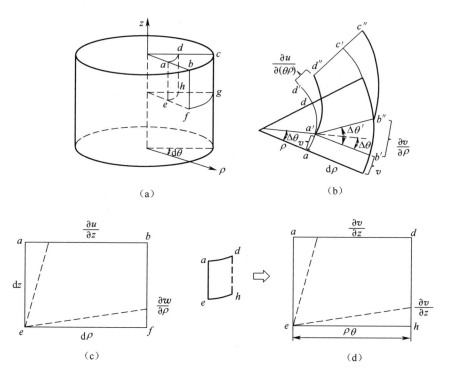

图 4-42 圆柱坐标系下的应变

通过简单分析不难求出径向和 z 向应变:

$$\begin{cases} \varepsilon_\rho = \dfrac{\partial u}{\partial \rho} \\ \varepsilon_z = \dfrac{\partial w}{\partial z} \end{cases}$$

下面再研究周向应变 ε_θ。由于弧长与角度、半径的关系为 $s = \theta\rho$,因此产生周向位移 v 的因素有两个:①直径的增加(径向位移 u)。当直径增大后,引起弧长增大为 θu,因此周向应变为 $\dfrac{\theta u}{\theta \rho} = \dfrac{u}{\rho}$。②$\theta$ 角的改变。当直径不变,θ 增加了 $\mathrm{d}\theta$ 时,导致周向位移增加了 $\mathrm{d}v$,于是周向应变为 $\dfrac{\mathrm{d}u}{\mathrm{d}\theta\rho} = \dfrac{\partial v}{\rho \partial \theta}$。这两个应变总和为周向总线应变 $\varepsilon_\theta = \dfrac{u}{\rho} = \dfrac{\partial v}{\rho \partial \theta}$。

下面计算剪应变。同样将 $abfe$ 面与 $OPNR$ 面作对比,可得

$$\gamma_{zp} = \dfrac{1}{2}\left(\dfrac{\partial w}{\partial \rho} + \dfrac{\partial u}{\partial z}\right)$$

将图 4-42(d) 中的曲面 $adhe$ 展为平面,依然参考 $OPNR$ 面剪应变的定义,类比得出

$$\gamma_{\theta z} = \dfrac{1}{2}\left(\dfrac{\partial w}{\rho \partial \theta} + \dfrac{\partial v}{\partial z}\right)$$

对于面 $abcd$ 的剪应变计算,稍微复杂些。图 4-42(b) 为面 $abcd$ 发生变形的情况。面 $abcd$ 为变形前构形,变形后的构形为面 $a'b''c''d''$。原来的 ab 边变形后变为 $a'b''$,将 ab 平移到 $a'b'$,则二者夹角 $\Delta\theta'$ 就是角变形。不过,这一变形包含刚体转动部分,大小为 $\Delta\theta = v/\rho$。v 为 a、b 点共有的刚性周向位移。去除 $\Delta\theta$ 后的角度才是真正由变形引起的角变形。$\widehat{ad}$ 变形后为 $\widehat{a'd''}$,角变形为 $\angle d'a'd''$,大小为 $\dfrac{\partial u}{\partial(\theta\rho)}$。因此,总的角变形为二者之和的一半(减去刚体运动引起的角度变化):

$$\gamma_{\rho\theta} = \dfrac{1}{2}\left(\dfrac{\partial v}{\partial \rho} - \dfrac{v}{\rho} + \dfrac{\partial u}{\partial \theta}\right)$$

综上所述,圆柱坐标系的几何方程为

$$\begin{cases} \varepsilon_\rho = \dfrac{\partial u}{\partial \rho}, & \gamma_{\rho\theta} = \dfrac{1}{2}\left(\dfrac{\partial v}{\partial \rho} - \dfrac{v}{\rho} + \dfrac{\partial u}{\partial \theta}\right) \\ \varepsilon_\theta = \dfrac{u}{\rho} + \dfrac{\partial v}{\rho \partial \theta}, & \gamma_{\theta z} = \dfrac{1}{2}\left(\dfrac{\partial w}{\rho \partial \theta} + \dfrac{\partial v}{\partial z}\right) \\ \varepsilon_z = \dfrac{\partial w}{\partial z}, & \gamma_{zp} = \dfrac{1}{2}\left(\dfrac{\partial w}{\partial \rho} + \dfrac{\partial u}{\partial z}\right) \end{cases}$$

4.11 应变连续方程

由小变形几何方程可知,6个应变分量取决于3个位移分量,因此,6个应变分量不应该是任意的,其间必然存在一定的关系,才能使变形体保持连续性,即变形体既不开裂也不重叠。应变分量的这种关系称为应变连续方程或应变协调方程,有两组共6个公式。一组为每个坐标平面内应变分量之间满足的关系。例如,在 xOy 平面内,将式(4-94)中的 ε_x 对 y、ε_y 对 x 求两次偏导数,可得

$$\begin{cases} \dfrac{\partial^2 \varepsilon_x}{\partial y^2} = \dfrac{\partial^2}{\partial x \partial y} \dfrac{\partial u}{\partial y} \\ \dfrac{\partial^2 \varepsilon_y}{\partial x^2} = \dfrac{\partial^2}{\partial x \partial y} \dfrac{\partial v}{\partial x} \end{cases} \quad (4-96)$$

对式(4-96)中两式两两相加可得

$$\frac{\partial^2 \varepsilon_x}{\partial y^2} + \frac{\partial^2 \varepsilon_y}{\partial x^2} = \frac{\partial^2}{\partial x \partial y} \frac{\partial u}{\partial y} + \frac{\partial^2}{\partial x \partial y} \frac{\partial v}{\partial x} = \frac{\partial^2}{\partial x \partial y} \left(\frac{\partial u}{\partial y} + \frac{\partial v}{\partial x} \right) = 2 \frac{\partial^2 \gamma_{xy}}{\partial x \partial y}$$

用同样的方法处理式(4-94)的其他两式,将得到的结果综合起来,有

$$\begin{cases} \dfrac{\partial^2 \gamma_{xy}}{\partial x \partial y} = \dfrac{1}{2} \left(\dfrac{\partial^2 \varepsilon_x}{\partial y^2} + \dfrac{\partial^2 \varepsilon_y}{\partial x^2} \right) \\ \dfrac{\partial^2 \gamma_{yz}}{\partial y \partial z} = \dfrac{1}{2} \left(\dfrac{\partial^2 \varepsilon_y}{\partial z^2} + \dfrac{\partial^2 \varepsilon_z}{\partial y^2} \right) \\ \dfrac{\partial^2 \gamma_{zx}}{\partial z \partial x} = \dfrac{1}{2} \left(\dfrac{\partial^2 \varepsilon_x}{\partial z^2} + \dfrac{\partial^2 \varepsilon_z}{\partial x^2} \right) \end{cases} \quad (4-97)$$

式(4-97)表明,在一个坐标平面内,两个线应变分量一经确定,切应变分量也随之被确定。

另一组为不同坐标平面内应变分量之间应满足的关系。将式(4-94)中的 ε_x 对 y、z,ε_y 对 x、z,ε_z 对 x、y 求偏导数,得

$$\begin{cases} \dfrac{\partial^2 \varepsilon_x}{\partial y \partial z} = \dfrac{\partial^3 u}{\partial x \partial y \partial z} \\ \dfrac{\partial^2 \varepsilon_y}{\partial x \partial z} = \dfrac{\partial^3 v}{\partial x \partial y \partial z} \\ \dfrac{\partial^2 \varepsilon_z}{\partial x \partial y} = \dfrac{\partial^3 w}{\partial x \partial y \partial z} \end{cases}$$

将切应变分量 γ_{xy}、γ_{yz}、γ_{zx} 分别对 z、x、y 求偏导数,得

$$\begin{cases} \dfrac{\partial \gamma_{xy}}{\partial z} = \dfrac{1}{2}\left(\dfrac{\partial^2 u}{\partial y \partial z} + \dfrac{\partial^2 v}{\partial x \partial z}\right) \\ \dfrac{\partial \gamma_{yz}}{\partial x} = \dfrac{1}{2}\left(\dfrac{\partial^2 v}{\partial z \partial x} + \dfrac{\partial^2 w}{\partial x \partial y}\right) \\ \dfrac{\partial \gamma_{zx}}{\partial y} = \dfrac{1}{2}\left(\dfrac{\partial^2 w}{\partial x \partial y} + \dfrac{\partial^2 u}{\partial z \partial y}\right) \end{cases}$$

将 $\dfrac{\partial \gamma_{xy}}{\partial z}$ 加上 $\dfrac{\partial \gamma_{yz}}{\partial x}$ 并减去 $\dfrac{\partial \gamma_{zx}}{\partial y}$，得

$$\dfrac{\partial \gamma_{xy}}{\partial z} + \dfrac{\partial \gamma_{yz}}{\partial x} - \dfrac{\partial \gamma_{zx}}{\partial y} = \dfrac{\partial^2 v}{\partial x \partial z}$$

再将上式对 y 求偏导数，并考虑 $\dfrac{\partial^2 \varepsilon_y}{\partial x \partial z}$ 的表达式，得

$$\dfrac{\partial}{\partial y}\left(\dfrac{\partial \gamma_{xy}}{\partial z} + \dfrac{\partial \gamma_{yz}}{\partial x} - \dfrac{\partial \gamma_{zx}}{\partial y}\right) = \dfrac{\partial^2 \varepsilon_y}{\partial z \partial x}$$

用类似的方法还可以求出(4-98)中其他两式，连同上式整理可得下式：

$$\begin{cases} \dfrac{\partial}{\partial y}\left(\dfrac{\partial \gamma_{xy}}{\partial z} + \dfrac{\partial \gamma_{yz}}{\partial x} - \dfrac{\partial \gamma_{zx}}{\partial y}\right) = \dfrac{\partial^2 \varepsilon_y}{\partial x \partial z} \\ \dfrac{\partial}{\partial z}\left(\dfrac{\partial \gamma_{yz}}{\partial x} + \dfrac{\partial \gamma_{zx}}{\partial y} - \dfrac{\partial \gamma_{xy}}{\partial z}\right) = \dfrac{\partial^2 \varepsilon_z}{\partial x \partial y} \\ \dfrac{\partial}{\partial x}\left(\dfrac{\partial \gamma_{zx}}{\partial y} + \dfrac{\partial \gamma_{xy}}{\partial z} - \dfrac{\partial \gamma_{yz}}{\partial x}\right) = \dfrac{\partial^2 \varepsilon_x}{\partial y \partial z} \end{cases} \qquad (4-98)$$

式(4-98)表明，在三维空间内3个切应变分量一经确定，则线应变分量也随之被确定。

应变连续方程的物理意义在于：只有当应变分量之间的关系满足上述方程时，物体变形后才是连续的。否则，变形后会出现"撕裂"或"重叠"，破坏变形物体的连续性。需要指出的是，如果已知位移分量，则由几何方程求得的应变分量 ε_{ij} 自然满足连续方程，但若先用其他方法求得应变分量，则只有当它们满足连续方程时，才能由几何方程(4-49)求得正确的位移分量。

4.12 应变增量和应变速率张量

前面讨论的应变是指单元体在某一变形过程结束或变形中某个阶段结束时的应变，为全量应变，或者说是总应变，可以根据相应的公式直接求得，如几何方

程(4-94)。但是,塑性成形问题一般都是大尺寸和大变形,整个变形过程是比较复杂的,此时要求解大变形的全量应变是不可以的,因为前面推导的求应变的公式(如几何方程)是在小变形条件下推导的,故不能直接使用。

然而,大变形是由很多小变形累积而成的,故大变形过程中某个特定瞬间的变形属于小变形,因此上述公式仍可用,不过需要引入应变增量和应变速率的概念。

4.12.1 速度分量和速度场

塑性成形时,变形物体内的各质点都处于运动状态,即各质点以一定的速度运动,也即存在一个速度场。将质点在单位时间内的位移定义为速度,在3个坐标轴上的投影称为速度分量,且有

$$\begin{cases} \dot{u} = \dfrac{u}{t} \\ \dot{v} = \dfrac{v}{t} \\ \dot{w} = \dfrac{w}{t} \end{cases}$$

可简记为

$$\dot{u}_i = \frac{u_i}{t} \tag{4-99}$$

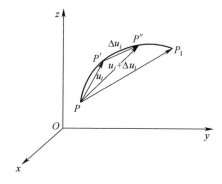

图 4-43 位移增量和应变增量

因为位移是坐标的连续函数,而位移速度不仅是坐标的函数,也是时间的函数,故式(4-57)可以另写为

$$\begin{cases} \dot{u} = \dot{u}(x,y,z,t) \\ \dot{v} = \dot{v}(x,y,z,t) \\ \dot{w} = \dot{w}(x,y,z,t) \end{cases}$$

或

$$\dot{u}_i = \dot{u}_i(x,y,z,t)$$

4.12.2 位移增量和应变增量

如已知速度分量,则在非常小的时间间隔 Δt 内,其质点将产生极小的位移变化量称为位移增量,记为 Δu_i。在图 4-43 中,设物体中的某一点 P,在变形过程中经 $PP'P''P_1$ 的路线达到 P_1 点,这时的位移矢量为 $\boldsymbol{PP}_1$。将 $\boldsymbol{PP}_1$ 的分量代入几何方程求得的应变就是该变形过程的全量应变。如果在某一瞬时,该点移动至 PP_1 路线上的任意一点,如 P' 点,则由 $\boldsymbol{PP'}$ 求得的应变就是该瞬时的全量应变。如果该质点由 P' 再沿原路线经极短的时间 Δt 移动到 P'',这时位移矢量 $\boldsymbol{PP''}$ 与 $\boldsymbol{PP'}$ 之差 $(\Delta u, \Delta v, \Delta w)$ 即为此时的位移增量,此时的速度分量为

$$\begin{cases} \dot{u} = \dfrac{\Delta u}{\Delta t} \\ \dot{v} = \dfrac{\Delta v}{\Delta t} \\ \dot{w} = \dfrac{\Delta w}{\Delta t} \end{cases}$$

简记为

$$\dot{u}_i = \frac{\Delta u_i}{\Delta t}$$

或

$$\Delta u_i = \dot{u}_i \Delta t \tag{4-100}$$

产生位移增量后,变形体内各质点就有一个相应的应变增量,用 $\Delta \varepsilon_{ij}$ 表示。应变增量与位移增量之间的关系,即几何方程,在形式上与小变形几何方程相同,如果把式(4-94)中的 u_i 改为 Δu_i,并结合式(4-100),可得应变增量几何方程:

$$\begin{cases} \Delta \varepsilon_x = \dfrac{\partial(\Delta u)}{\partial x}, & \Delta \gamma_{xy} = \Delta \gamma_{yx} = \dfrac{1}{2}\left[\dfrac{\partial(\Delta u)}{\partial y} + \dfrac{\partial(\Delta v)}{\partial x}\right] \\ \Delta \varepsilon_y = \dfrac{\partial(\Delta v)}{\partial y}, & \Delta \gamma_{yz} = \Delta \gamma_{zy} = \dfrac{1}{2}\left[\dfrac{\partial(\Delta v)}{\partial z} + \dfrac{\partial(\Delta w)}{\partial y}\right] \\ \Delta \varepsilon_z = \dfrac{\partial(\Delta w)}{\partial z}, & \Delta \gamma_{zx} = \Delta \gamma_{xz} = \dfrac{1}{2}\left[\dfrac{\partial(\Delta u)}{\partial z} + \dfrac{\partial(\Delta w)}{\partial x}\right] \end{cases} \tag{4-101}$$

简记为

$$\Delta \varepsilon_{ij} = \frac{1}{2}\left[\frac{\partial(\Delta u_i)}{\partial x_j} + \frac{\partial(\Delta u_j)}{\partial x_i}\right]$$

应变增量是塑性成形理论中最常用的概念之一,因为在塑性成形加载过程中,

质点在每一瞬时的应力状态一般与该瞬时的应变增量相对应,因此分析塑性成形时主要用应变增量。需要指出的是,塑性变形过程中某瞬时的应变增量 $\Delta \varepsilon_{ij}$ 是当时具体变形条件下的小应变,将变形物体在该时刻的形状和尺寸作为初始状态,而全量应变则是该瞬时以前的变形总结果,该瞬时的变形条件与以前的变形条件不一样时,应变增量主轴与该瞬时的全量应变主轴不一定重合。

应变增量张量与应变张量一样,具有 3 个应变增量主方向、3 个主应变增量、3 个不变量,3 对主切应变增量以及偏张量、球张量、等效应变增量等,其定义和表达式在形式上都与应变张量类似。

4.12.3 应变速率和应变速率张量

单位时间内的应变称为应变速率,或称为变形速率,用 $\dot{\varepsilon}_{ij}$ 表示,其单位为 s^{-1}。设在时间间隔 Δt 内产生的应变增量为 $\Delta \varepsilon_{ij}$,则应变速率为

$$\dot{\varepsilon}_{ij} = \lim_{\Delta t \to 0} \frac{\Delta \varepsilon_{ij}}{\Delta t} = \frac{\mathrm{d}\varepsilon_{ij}}{\mathrm{d}t} \tag{4-102}$$

由此可见,应变速率与应变增量相似,都是描述某瞬时的变形状态。将式(4-100)代入式(4-101),得

$$\Delta \varepsilon_{ij} = \frac{1}{2}\left[\frac{\partial(u_i' \Delta t)}{\partial x_j} + \frac{\partial(u_j' \Delta t)}{\partial x_i}\right]$$

上式两边除以时间增量 Δt,再根据应变速率的定义,可得

$$\dot{\varepsilon}_{ij} = \frac{\Delta \varepsilon_{ij}}{\Delta t} = \frac{1}{2}\left[\frac{\partial \dot{u}_i}{\partial x_j} + \frac{\partial \dot{u}_j}{\partial x_i}\right]$$

或写为

$$\begin{cases} \dot{\varepsilon}_x = \dfrac{\partial \dot{u}}{\partial x}, & \dot{\gamma}_{xy} = \dot{\gamma}_{yx} = \dfrac{1}{2}\left[\dfrac{\partial \dot{u}}{\partial y} + \dfrac{\partial \dot{v}}{\partial x}\right] \\ \dot{\varepsilon}_y = \dfrac{\partial \dot{v}}{\partial y}, & \dot{\gamma}_{yz} = \dot{\gamma}_{zy} = \dfrac{1}{2}\left[\dfrac{\partial \dot{v}}{\partial z} + \dfrac{\partial \dot{w}}{\partial y}\right] \\ \dot{\varepsilon}_z = \dfrac{\partial \dot{w}}{\partial z}, & \dot{\gamma}_{zx} = \dot{\gamma}_{xz} = \dfrac{1}{2}\left[\dfrac{\partial \dot{u}}{\partial z} + \dfrac{\partial \dot{w}}{\partial x}\right] \end{cases} \tag{4-103}$$

应变速率也是一个二阶对称张量,称为应变速率张量,即 $\begin{bmatrix} \dot{\varepsilon}_x & \dot{\gamma}_{xy} & \dot{\gamma}_{xz} \\ \dot{\gamma}_{yx} & \dot{\varepsilon}_y & \dot{\gamma}_{yz} \\ \dot{\gamma}_{zx} & \dot{\gamma}_{zy} & \dot{\varepsilon}_z \end{bmatrix}$。

应变速率张量与应变增量张量类似,都可以描述瞬时变形。应变增量张量和应变速率张量类似,都有主方向(主轴方向),主应变增量 $\Delta \varepsilon_1$、$\Delta \varepsilon_2$、$\Delta \varepsilon_3$ 和主

应变速率 $\dot{\varepsilon}_1$、$\dot{\varepsilon}_2$、$\dot{\varepsilon}_3$，主切应变增量 $\Delta\gamma_{12}$、$\Delta\gamma_{23}$、$\Delta\gamma_{31}$ 和主切应变速率 $\dot{\gamma}_{12}$、$\dot{\gamma}_{23}$、$\dot{\gamma}_{31}$，以及应变速率偏张量 $\dot{\varepsilon}'_{ij}$、应变速率球张量 $\delta_{ij}\dot{\varepsilon}_m$、应变速率张量不变量、等效应变增量 $d\bar{\varepsilon}$ 和等效应变速率 $\dot{\bar{\varepsilon}}$ 等，它们的含义和表达式与小变形的应变张量类似。

应变速率表示变形程度的变化快慢，但不能与工具的移动速度相混淆。例如，如图 4-44 所示，在试验机上均匀压缩一柱体，下垫板不动，上垫板以速度 $\dot{u}_0$ 下移，现取圆柱体下端为坐标原点，压缩方向为 x 轴，柱体某瞬时的高度为 h，则柱体内各质点在 x 方向的速度为

$$\dot{u} = \frac{\dot{u}_0}{h}x$$

故各质点在 x 方向的应变速率分量为

$$\dot{\varepsilon}_x = \frac{\partial \dot{u}_x}{\partial x} = \frac{\dot{u}_0}{h}$$

从上式可以看出，速度和应变速率是两个不同的概念。应变速率不仅取决于工具的运动速度，而且与变形体的尺寸及边界条件有关，所以不能仅用工具或质点的运动速度来衡量变形体内质点的变形速率。但在塑性成形理论中，如不计变形速率对材料性能和摩擦的影响，或材料变形比较小时，用应变增量和应变速率进行计算所得的结果是一致的；而对于应变速率敏感的材料或不同成形方式及变形体尺寸比较大又比较复杂的零件，则采用应变速率来分析。

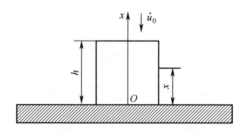

图 4-44 单向均匀压缩

4.13 平面应变问题

如果物体内所有质点都只在一个平面内发生变形，而在该平面的法线方向没

有变形,这种变形就称为平面变形,如大坝上的受力即是此类变形。

图4-45(a)所示为长板局部受压。在长度方向,受变形部位两侧材料的制约,z方向没有伸长,因此位移 $w=0$,如图4-45(b)所示,与此同时,另外两方向位移也与 z 无关。根据式(4-94)可知,$\varepsilon_z = \gamma_{zy} = \gamma_{zx} = 0$,因此 z 方向必为主方向。这样只剩下3个应变分量 ε_x、ε_y、γ_{xy},几何方程简化为

$$\begin{cases} \varepsilon_x = \dfrac{\partial u}{\partial x} \\ \varepsilon_y = \dfrac{\partial v}{\partial y} \\ \gamma_{xy} = \dfrac{1}{2}\left(\dfrac{\partial u}{\partial y} + \dfrac{\partial v}{\partial x}\right) \end{cases}$$

又根据塑性变形时的体积不变条件及 $\varepsilon_z = 0$,得

$$\varepsilon_x = -\varepsilon_y$$

需要特别指出的是,平面塑性变形时应变为零的方向的应力一般不等于零,其正应力是主应力且可表示为

$$\sigma_z = \frac{\sigma_x + \sigma_y}{2} = \frac{\sigma_1 + \sigma_2}{2} = \sigma_m$$

这一结论将在第5章得到证明。

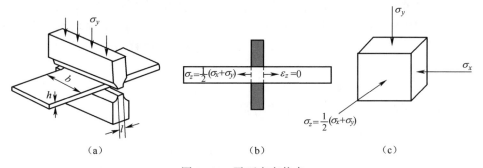

(a)   (b)   (c)

图4-45 平面应变状态

4.14 轴对称问题

轴对称变形问题采用圆柱坐标比较方便。轴对称变形时,由于通过轴线的子午面始终保持平面,所以 θ 向位移分量 $v=0$,且各位移分量均与 θ 坐标无关,因此

$\gamma_{\rho\theta} = \gamma_{\theta z} = 0$,$\theta$ 向必为应变主方向,这时只有 4 个应变分量,因此几何方程变为

$$\begin{cases} \varepsilon_\rho = \dfrac{\partial u}{\partial \rho} \\ \varepsilon_\theta = \dfrac{u}{\rho} + \dfrac{1}{\rho}\dfrac{\partial v}{\partial \theta} \\ \varepsilon_z = \dfrac{\partial w}{\partial z} \\ \gamma_{z\rho} = \dfrac{1}{2}\left(\dfrac{\partial w}{\partial \rho} + \dfrac{\partial u}{\partial z}\right) \end{cases}$$

对于某些轴对称问题,如单向均匀拉伸、锥形模挤压及拉拔、圆柱体镦粗等,其径向位移分量 u 与坐标 ρ 呈线性关系,于是有

$$\frac{\partial u}{\partial \rho} = \frac{u}{\rho}$$

所以可以进一步推导出此时的径向应力和周向应力必然相等,即 $\sigma_\theta = \sigma_\rho$。

习 题

1. 概念解释:应力张量、应力张量不变量、主应力、主切应力、八面体应力等效应力、应力偏张量、应力球张量、应力偏张量不变量位移、位移增量、对数应变、主应变、应变张量不变量、最大切应变、应变速率、位移、速度、等效应变、八面体应变。

2. 请用图表示 $\begin{pmatrix} 7 & 4 & 8 \\ 4 & 0 & 4 \\ 8 & 4 & 15 \end{pmatrix}$ 的应力张量。

3. 已知物体中一点的应力分量为 $\begin{pmatrix} 50 & 50 & 80 \\ 50 & 0 & -75 \\ 80 & -75 & -30 \end{pmatrix}$,求方向余弦 $l = m = \dfrac{1}{2}$,$n = \dfrac{1}{\sqrt{2}}$ 斜面上的全应力、正应力和剪应力。

4. 已知某点应力状态为 $\begin{pmatrix} 10 & 0 & -10 \\ 0 & -10 & 0 \\ -10 & 0 & 10 \end{pmatrix}$,试求最大主应力。

5. 已知某点应力张量为 $\boldsymbol{\sigma}_{ij} = \begin{pmatrix} 70 & 35 & 27 \\ 35 & 10 & 0 \\ 27 & 0 & -20 \end{pmatrix}$（单位：MPa），试求球张量、偏张量、等效应力。

6. 已知应力状态为 $\boldsymbol{\sigma}_{ij} = \begin{pmatrix} 8 & 0 & 0 \\ 0 & 3 & 0 \\ 0 & 0 & 5 \end{pmatrix}$，试求最大主切应力。

7. 试证明等效应力与应力偏量有如下关系：

$$\sigma_e = \sqrt{\frac{3}{2}} \sqrt{\sigma_x'^2 + \sigma_y'^2 + \sigma_z'^2 + 2(\tau_{xy}^2 + \tau_{yz}^2 + \tau_{zx}^2)}$$

8. 一块长、宽、厚分别为 140mm、46mm、0.5mm 的平板，拉伸后均匀伸长至 144mm，若宽度不变，求平板的最终尺寸。

9. 图 1 所示为一矩形柱体，在无摩擦的光滑平板间进行塑性压缩，该柱体在压缩后仍是矩形柱体，且假设其体积不变。假设压缩量很小，求柱体内的位移场。

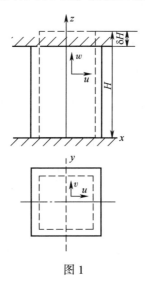

图 1

10. 设变形体的应变场为

$$\begin{cases} \varepsilon_x = a(x^2 - y^2) \\ \varepsilon_y = axy \\ \gamma_{xy} = 2bxy \end{cases}$$

式中，a、b 为常数。那么上述应变场在什么情况下成立？

11. 已知应变状态 $\begin{cases} \varepsilon_x = a_0 + a_1(x^2 + y^2) + x^4 + y^4 \\ \varepsilon_y = b_0 + b_1(x^2 + y^2) + x^4 + y^4 \\ \gamma_{xy} = c_0 + c_1 xy(x^2 + y^2 + c_2) \\ \varepsilon_z = \gamma_{zx} = \gamma_{zy} = 0 \end{cases}$ 是物体变形时产生的,试求各系数之间应满足的关系。

12. 试证明平面问题中 $\varepsilon_x + \varepsilon_y = \varepsilon_x' + \varepsilon_y'$ 成立。

13. 已知某变形体位移场为 $\begin{cases} u = (10 + 0.1xy + 0.5z) \times 10^{-3} \\ v = (5 - 0.05x + 0.1yz) \times 10^{-3} \\ w = (10 - 0.1xyz) \times 10^{-3} \end{cases}$,试求点(1,1,1)处应变。

参考文献

[1] 周大隽. 金属冷体积成形技术与实例[M]. 北京:机械工业出版社,2009.
[2] 郭仲衡. 非线性弹性理论[M]. 北京:科学出版社,1980.
[3] 熊祝华,杨德品. 连续体力学概论[M]. 长沙:湖南大学出版社,1986.
[4] 赵志业. 金属塑性变扎制理论[M]. 北京:冶金工业出版社,2004.
[5] 黄重国,任学平. 金属塑性成形力学原理[M]. 北京:冶金工业出版社,2008.
[6] 施于庆. 金属塑性成形工艺及模具设计[M]. 北京:清华大学出版社,2014.
[7] 卢险峰. 冷锻工艺模具学[M]. 北京:化学工业出版社,2008.
[8] 夏巨谌. 金属塑性成形综合实验[M]. 北京:机械工业出版社,2010.

第 5 章

屈服准则与本构关系

5.1 屈服函数与屈服曲面

在材料单向拉伸或压缩时,判断材料是否由弹性状态进入塑性状态的标准是应力是否达到拉、压屈服极限$\pm\sigma_s$。然而,在复杂应力状态下,判断标准就没那么简单了,此时材料是否进入塑性取决于多种因素,可以用一个屈服函数表示:

$$f(\boldsymbol{\sigma}_{ij}, \boldsymbol{\varepsilon}_{ij}, \dot{\boldsymbol{\varepsilon}}_{ij}, t, T) = C \tag{5-1}$$

其中,涉及应力张量$\boldsymbol{\sigma}_{ij}$、应变张量$\boldsymbol{\varepsilon}_{ij}$、应变速率张量$\dot{\boldsymbol{\varepsilon}}_{ij}$、时间$t$以及温度$T$,$C$是与材料性质有关的常数。

在不考虑时间效应并且变形条件接近常温的情况下,将$\boldsymbol{\varepsilon}_{ij}$用$\boldsymbol{\sigma}_{ij}$表示后,式(5-1)变为

$$f(\boldsymbol{\sigma}_{ij}) = C \tag{5-2}$$

这是一个包含 6 个应力的复杂函数,说明当材料进入屈服状态后,各应力分量之间应满足某种协调关系。

由于材料屈服与否,与所建坐标系无关,因此可以把问题放在主应力空间研究,而不影响最终结论,这样对于各向同性材料,式(5-2)可变为

$$f(\sigma_1, \sigma_2, \sigma_3) = C \tag{5-3}$$

这是一个以为σ_1、σ_2、σ_3为变量的函数。

实际上,对于各向同性不可压缩材料,使材料发生屈服的是应力偏量,因此式(5-3)还可以写为

$$f(\sigma_1', \sigma_2', \sigma_3') = C$$

或

$$f(J'_1, J'_2, J'_3) = C \tag{5-4}$$

式中：J'_1, J'_2, J'_3 为应力偏张量的 3 个不变量，并且 $J'_1 = 0$。

有关式(5-4)的具体解释见 5.2.2 节。

在主应力空间，一组 $(\sigma_1, \sigma_2, \sigma_3)$ 代表"空间"中的一个点，所有满足式(5-3)的点将构成一个空间曲面——屈服曲面，凡是落在曲面上的"点"（实际上代表一组主应力组合 $(\sigma_1, \sigma_2, \sigma_3)$）都能使材料屈服。而当"点"位于曲面内，即 $f(\sigma_1, \sigma_2, \sigma_3) < C$ 时，材料处于弹性状态；当改变应力状态，但使之一直位于曲面上，即 $f(\sigma_1, \sigma_2, \sigma_3) = C$ 时，材料开始屈服，进入塑性状态。

5.2 屈服准则

屈服函数也称为屈服准则、塑性条件或屈服条件，是描述不同应力状态下变形体内质点进入塑性状态并使这种状态持续下去所必须遵循的条件。研究表明，在一定的变形条件下，只有当各应力分量之间符合一定关系，即 $f(\sigma_1, \sigma_2, \sigma_3) = C$ 时，质点才开始进入塑性状态。目前最常用的屈服准则是 Tresca 准则和 Mises 准则，下面分别介绍。

5.2.1 Tresca 屈服准则

1864 年法国工程师 Tresca 根据库仑在土力学中的研究结果，同时从他自己所做的金属挤压试验中总结提出：材料的屈服与最大切应力有关，即当受力物体（质点）中的最大切应力达到某一临界值后，该物体就发生屈服。或者说，材料处于塑性状态时，其最大切应力是一不变的定值。该定值只取决于材料在变形条件下的性质，而与应力状态无关，所以该屈服准则又称最大切应力不变条件，其数学表达式为

$$\tau_{\max} = C \tag{5-5}$$

式(5-5)是 $f(\sigma_1, \sigma_2, \sigma_3) = C$ 的具体化。式中，C 为与材料性质有关而与应力状态无关的常数，可以通过试验测定。

不失一般性，设主应力空间下 3 个主应力的大小顺序为 $\sigma_1 > \sigma_2 > \sigma_3$，根据 4.3 节可知最大切应力为

$$\tau_{\max} = \frac{\sigma_1 - \sigma_3}{2}$$

将上式代入式(5-5)可得

$$\frac{\sigma_1 - \sigma_3}{2} = C \tag{5-6}$$

这是 Tresca 屈服准则用主应力表达的形式。

由于常数 C 只与材料性质有关,而与应力状态无关,因此可以用一个简单的拉伸试验确定。根据 4.2.2 节可知,简单拉伸时,属于单向受力状态,此时 $\sigma_1 \neq 0$,$\sigma_2 = 0, \sigma_3 = 0$。当试样拉伸屈服时,$\sigma_1 = \sigma_s$,代入式(5-6)可以求出 $C = \dfrac{\sigma_s}{2}$,因此 Tresca 屈服准则的最终形式为

$$\tau_{\max} = \frac{\sigma_s}{2} \tag{5-7}$$

当 3 个主应力大小顺序已知时,式(5-7)又可以表示为

$$|\sigma_1 - \sigma_3| = \sigma_s \tag{5-8}$$

当 3 个主应力大小顺序未知时,Tresca 屈服准则写为更普遍的形式:

$$\begin{cases} |\sigma_1 - \sigma_3| = \sigma_s \\ |\sigma_2 - \sigma_1| = \sigma_s \\ |\sigma_3 - \sigma_2| = \sigma_s \end{cases} \tag{5-9}$$

式(5-9)三个公式中的任何一个公式成立,材料即进入塑性状态。

根据 4.2.2 节可知,单向拉伸材料变形后,与拉力方向成 45°的斜面有最大切应力 $\dfrac{\sigma_s}{2}$,这是材料滑移面所能承受的最大切应力(记为 K),如果不计硬化,材料屈服后,K 不会再增加,故 Tresca 屈服准则又称为最大切应力理论。最大切应力理论形式简单,在预先已知主应力大小的情况下,使用该屈服条件是很方便的。但式(5-8)中忽略了中间主应力 σ_2 对材料屈服的影响,要知道,在板料成形中,σ_2 对屈服条件还是起了很大作用的。

5.2.2　Mises 屈服准则

Mises 屈服准则是由德国力学家 Mises 于 1914 年提出一个屈服准则。Mises 认为:①材料的屈服是物理现象,对于各向同性材料来说,屈服函数与坐标系的选择无关,故屈服函数应该包含某个守恒量。由于应力有 3 个不变量且与坐标无关,因此屈服函数应包含某个不变量在内(实际上是应力偏张量第二不变量 J_2');②在主应力空间,3 个应力 σ_1、σ_2、σ_3 互换位置,不影响屈服。这样观察下来发现,应力偏张量第二不变量 J_2' 符合以上条件,可将 J_2' 作为屈服准则的判据,于是式(5-4)简化为 $f(J_2') = C$。

根据 4.4.2 节可知偏张量第二不变量为

$$J_2' = \frac{1}{6}\left[(\sigma_x - \sigma_y)^2 + (\sigma_y - \sigma_z)^2 + (\sigma_z - \sigma_x)^2 + 6(\tau_{xy}^2 + \tau_{yz}^2 + \tau_{zx}^2)\right]$$

$$\tag{5-10}$$

因此 Mises 屈服准则可表示为

$$J_2' = C \Rightarrow \frac{1}{6}[(\sigma_x - \sigma_y)^2 + (\sigma_y - \sigma_z)^2 + (\sigma_z - \sigma_x)^2] + 6(\tau_{xy}^2 + \tau_{yz}^2 + \tau_{zx}^2) = C$$

如果在主应力空间研究,上式变为

$$\frac{1}{6}[(\sigma_1 - \sigma_2)^2 + (\sigma_2 - \sigma_3)^2 + (\sigma_3 - \sigma_1)^2] = C \tag{5-11}$$

观察式(5-11)可知,当 σ_1、σ_2、σ_3 任意互换时,公式不变,符合上述条件②。

根据 4.4.4 节可知,等效应力与 J_2' 存在以下关系:

$$\sigma_e = \frac{\sqrt{2}}{2}\sqrt{(\sigma_1 - \sigma_2)^2 + (\sigma_2 - \sigma_3)^2 + (\sigma_3 - \sigma_1)^2} = \sqrt{3J_2'} \tag{5-12}$$

因此,Mises 屈服准则最终写为

$$\sigma_e = \sqrt{3C} \tag{5-13}$$

式中,C 仍只与材料性质有关,与应力状态无关,故仍可以通过简单拉伸试验求出。简单拉伸时属于单向受力状态,此时 $\sigma_1 \neq 0$,$\sigma_2 = 0$,$\sigma_3 = 0$,且屈服时 $\sigma_1 = \sigma_s$,将其代入式(5-12)、式(5-13)可得

$$\sigma_e = \frac{\sqrt{2}}{2}\sqrt{(\sigma_1 - 0)^2 + (0 - 0)^2 + (0 - \sigma_1)^2} = \sigma_1 = \sigma_s$$

从而得出 $\sqrt{3C} = \sigma_s \Rightarrow C = \frac{1}{3}\sigma_s^2$。

将 C 代入式(5-13),求得 Mises 屈服准则的最终表达式:

$$\frac{\sqrt{2}}{2}\sqrt{(\sigma_1 - \sigma_2)^2 + (\sigma_2 - \sigma_3)^2 + (\sigma_3 - \sigma_1)^2} = \sigma_s \tag{5-14}$$

或

$$\sigma_e = \sigma_s \tag{5-15}$$

式(5-15)或许更有直接的物理意义,即把质点的多向受力状态等效为单向受力状态,在单向受力状态下,判断材料是否进入塑性,就变得十分容易。

Mises 屈服准则考虑了 3 个主应力,尤其中间主应力 σ_2 的影响,这是和 Tresca 屈服准则最大的不同。实际上,Mises 屈服准则和 Tresca 屈服准则是相当接近的,在有两个主应力相等的应力状态下两者还是一致的。Mises 在提出自己的屈服准则时,也认为 Tresca 准则是正确的,而自己提出的准则是近似的。但以后的大量试验证明,对于绝大多数金属材料,Mises 屈服准则更接近实验数据。

5.2.3 Mises 屈服准则的物理解释

Mises 屈服准则条件最初是通过逻辑推理得出的,即根据上面的条件①和条件②推理得出。后来,相继有一些力学研究者在物理上予以解释。目前,比较公认的

有以下几种。

(1) Hencky(1944年)提出,Mises 条件体现了用物体形状改变的弹性能来衡量屈服的能量准则。事实上,弹性体的变形能可分为体积改变所积蓄的能量和形状改变所积蓄的能量两部分。由弹性力学可知,单位体积的变形能为

$$W^e = \frac{1}{2E}[\sigma_1^2 + \sigma_2^2 + \sigma_3^2 - \nu(\sigma_1\sigma_2 + \sigma_2\sigma_3 + \sigma_3\sigma_1)] \qquad (5-16)$$

若单位体积内的体积改变能和形状改变能分别记为 W_V^e 和 W_φ^e,则有

$$W_V^e = 3 \times \frac{1}{2}\sigma_m\varepsilon_m = \frac{1-2\nu}{6E}(\sigma_1 + \sigma_2 + \sigma_3)^2 \qquad (5-17)$$

$$W_\varphi^e = W^e - W_V^e = \frac{1-2\nu}{6E}[(\sigma_1 - \sigma_2)^2 + (\sigma_2 - \sigma_3)^2 + (\sigma_3 - \sigma_1)^2] = \frac{J_2'}{2G} \qquad (5-18)$$

式中:E、G 为弹性模量和剪切模量;ν 为泊松比。

根据前面确定的 $C = \frac{1}{3}\sigma_s^2$ 可知 $J_2' = C = \frac{1}{3}\sigma_s^2$,代入式(5-18)可得

$$W_\varphi^e = \frac{\sigma_s^2}{6G}$$

也就是说,Mises 屈服准则条件认为单位体积内的形状改变能达到材料常数 $W_\varphi^e = \frac{\sigma_s^2}{6G}$ 时,材料就屈服了。

(2) Nadai(1944年)指出,八面体上的剪应力 τ_8 与 $\sqrt{J_2'}$ 成正比,所以 Mises 屈服准则条件可以看作当 τ_8 达到一定数值时,材料就屈服了。从材料学可知,面心立方晶格的晶体滑移面正是八面体面,所以这一解释对这类晶体是有物理意义的,但对多晶体则意义不大。

(3) Ros 和 Eichinger(1940年)提出,在空间应力状态(σ_1,σ_2,σ_3)下,通过物体内一点作任意平面,这些任意取向平面上的剪应力的均方值为

$$\tau_r^2 = \frac{1}{15}[(\sigma_1 - \sigma_2)^2 + (\sigma_2 - \sigma_3)^2 + (\sigma_3 - \sigma_1)^2] = \frac{2J_2'}{5}$$

因此,Mises 屈服准则条件意味着 $\tau_r = \sqrt{\frac{2J_2'}{5}}$ 时材料屈服。这个解释对多晶体比较合理,因为多晶体是由许多随机取向的单晶体构成,它的滑移面也是随机取向的,用均方值 τ_r 来衡量屈服就体现了这种随机取向的性质。

5.3 两个屈服准则的比较——中间主应力的影响

这两个屈服准则有一些相同点,但也有不同之处,总结起来,其共同点如下。

(1) 屈服准则的表达式都与坐标的选择无关,式(5-9)、式(5-14)左边都是不变量的函数(对于 Tresca 屈服准则就是最大切应力为不变量,对于 Mises 屈服准则则为偏量第二不变量)。

(2) 3 个主应力可以任意置换而不影响屈服,同时,认为拉应力和压应力的作用是一样的。

(3) 各表达式都与应力球张量无关。

不同点是:Tresca 屈服准则没有考虑中间应力的影响,3 个主应力大小顺序不知时,使用不便;而 Mises 屈服准则考虑了中间应力的影响,使用方便。

下面重点研究中间主应力对这两个屈服准则影响。首先定义罗德应力参数 μ_σ:

$$\mu_\sigma = \frac{2\sigma_2 - (\sigma_1 + \sigma_3)}{\sigma_1 - \sigma_3} \tag{5-19}$$

如果 3 个主应力大小顺序($\sigma_1 > \sigma_2 > \sigma_3$)已知的话,$\sigma_2$ 应在最大与最小主应力之间变化,这样 μ_σ 的取值范围为 $[-1, 1]$,尤其当 $\sigma_2 = \frac{1}{2}(\sigma_1 + \sigma_3)$ 时,$\mu_\sigma = 0$,而这正是平面应变状态。

将式(5-19)中的 σ_2 整理,有

$$\sigma_2 = \frac{1}{2}[(\sigma_1 - \sigma_3)\mu_\sigma + (\sigma_1 + \sigma_3)] \tag{5-20}$$

代入式(5-14)得到用罗德应力参数表达的 Mises 屈服准则:

$$|\sigma_1 - \sigma_3| = \frac{2}{\sqrt{3 + \mu_\sigma^2}} = \beta\sigma_s \tag{5-21}$$

与式(5-8)比较,发现 Mises 屈服准则和 Tresca 屈服准则之间的差别在于 β,下面我们对 β 进行讨论。

由于 $\beta = \frac{2}{\sqrt{3 + \mu_\sigma^2}}$ 是关于 μ_σ 的偶函数,而 $\mu_\sigma = [-1, 1]$,因此 $\beta \in \left[1, \frac{2}{\sqrt{3}}\right]$。当 $\beta = \frac{2}{\sqrt{3}}(\mu_\sigma = 0)$ 时,两个准则差别最大;当 $\beta = 1(\mu_\sigma = \pm 1)$ 时,两个准则一致。由前文可知,$\mu_\sigma = 0$ 时,$\sigma_2 = \frac{1}{2}(\sigma_1 + \sigma_3)$,材料处于平面应变状态,此时两个准则差

别最大;而 $\mu_\sigma = \pm 1$ 意味着 $\sigma_2 = \sigma_1(\mu_\sigma = 1)$ 或 $\sigma_2 = \sigma_3(\mu_\sigma = -1)$,此时中间主应力和最大或最小主应力相等,而此时属于圆柱应力状态(见4.2.9节),这可以看作一种特殊的单向拉伸(压缩);尤其在更特殊情况下,当 $\sigma_2 = \sigma_1 = 0$ 或 $\sigma_2 = \sigma_3 = 0$ 时就成为真正的单向拉伸状态,此时两个准则一致。

因此可以得出这样的结论:Tresca 屈服准则和 Mises 屈服准则在平面应变状态下差别最大,而在圆柱应力状态下是一致的。

5.4 平面问题屈服准则的简化

5.4.1 平面应力情况

由4.2.9节可知,在平面应力情况下,因为与 z 面有关的应力均为零,因此 z 面为主应力面,且 $\sigma_3 = 0$,故其应力状态为 $\sigma_1 \neq 0$、$\sigma_2 \neq 0$、$\sigma_3 = 0$,此时 Tresca 屈服准则简化为

$$\begin{cases} \sigma_1 - \sigma_3 = \pm \sigma_s \\ \sigma_1 = \pm \sigma_s \\ \sigma_2 = \pm \sigma_s \end{cases} \quad (5-22)$$

在不知道主应力大小顺序的情况下,将式(5-22)在主应力空间(此时为二维)表达出来,如图5-1(a)所示,可知是一条封闭的六边形。

同理,将 $\sigma_3 = 0$ 代入 Mises 屈服准则式,可得平面应力状态下时的 Mises 屈服准则:

$$\sigma_1^2 + \sigma_2^3 - \sigma_1 \sigma_2 = \sigma_s^2 = 3K^2 \quad (5-23)$$

这是一个关于 σ_1、σ_2 的椭圆方程,如图5-1(b)所示。

这是屈服准则的几何表达,即图5-1中的曲线上任意一点代表一个平面应力状态,在该状态下,材料(确切地说处于该应力状态的那个点)处于屈服状态;而处于曲线所包围的区域内部的点所代表的应力状态下,该点尚未屈服;对于理想塑性材料,区域以外的应力状态不存在。

如果将两个屈服准则画在一起,如图5-1(c)所示,可以看出两条曲线在有些点重合。重合意味着在该点所示的应力状态下,两个屈服准则的形式是一致的,如图5-1(c)中的 A、B、C、D、E 和 F。在这些点,材料要么处于单向应力状态(如 A、C、D、F),要么3个主应力中有两个相等(B、E),这与5.3节中的讨论如出一辙。

在 H 和 H' 两个点屈服准则相差最大。H' 点的应力状态为 $\left(\dfrac{\sigma_s}{2}, \sigma_s\right)$,有关 H

点的应力状态的讨论如下。

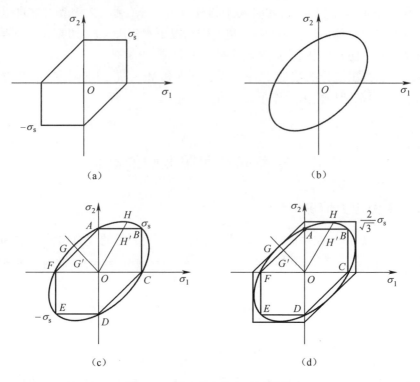

图 5-1 平面应力状态下屈服轨迹

5.4.2 平面应变情况

根据 5.3 节可知,在平面应变状态下,$\sigma_z = \sigma_2 = \dfrac{\sigma_x + \sigma_y}{2} = \sigma_m$（证明过程见 5.8.2 节）。在这种情况下,屈服准则也可以简化。此时由于 Tresca 屈服准则与中间主应力无关,因此屈服准则形式不变,仍如图 5-1(a)所示。而对于 Mises 屈服准则来说,将 $\sigma_2 = \dfrac{\sigma_x + \sigma_y}{2}$ 代入式(5-23)可得到平面应变情况下的 Mises 屈服准则：

$$\sigma_1 - \sigma_2 = \pm \dfrac{2\sigma_s}{\sqrt{3}} = 2K \tag{5-24}$$

此时,两个屈服准则在形式上只差一个常数 $\dfrac{2}{\sqrt{3}}$,而这个常数就是 5.3 节中讨论过

的 $\mu_\sigma = 0$ 时，$\beta = \dfrac{2}{\sqrt{3}}$ 的情况，即平面应变。将式(5-24)在主应力空间表达出来的话则是一个六边形，如图 5-1(d)所示，但截距变为 $\pm \dfrac{2\sigma_s}{\sqrt{3}}$。此时可以看出，两个屈服准则(即两个六边形)没有任何交点，也就是说两个不同应力(平面应力和平面应变)状态下屈服准则是不一样的。

从图 5-1(d)中可见，外层六边形和椭圆呈相切关系，在有些点重合。在重合点所代表的应力状态下，两个屈服准则是一致的，此时该点既处于平面应力状态又处于平面应变状态，如图 5-1(d)中的 H 点。该点位于所在线的中点(这是因为 H 点是 OH' 延长交于外接六边形得到的，而 H' 处于 AB 的中点，根据比例关系，可知 H 点必定也是中点)，应力状态为 $\left(\dfrac{\sigma_s}{\sqrt{3}}, \dfrac{2\sigma_s}{\sqrt{3}}\right)$，满足 $\sigma_2 = \dfrac{\sigma_1}{2} = \dfrac{\sigma_1 + \sigma_3}{2}$，而这正是平面应变状态；同时由于 $\sigma_3 = 0$，故也处于平面应力状态。

5.5 屈服面与 π 平面

5.5.1 屈服面

由刚才的讨论可知，当 $\sigma_3 = 0$ 时，屈服准则可以用曲线表达出来。由此推想，如果 3 个主应力均不为零，则屈服准则一定可以用空间曲面表达出来。下面我们来研究这一问题。前提是材料仍为理想刚塑性，且符合 Mises 屈服准则。

图 5-2 为一主应力空间，在其第一象限作一个任意的八面体面，任意是指其在 3 个坐标轴的截距是任意的。从 O 点作其法线 ON_8，交面于 P 点。根据 4.4.3 节可知，P 点所代表的应力状态为一球张量，即 $\begin{pmatrix} \sigma & & \\ & \sigma & \\ & & \sigma \end{pmatrix}$。

实际上，法线 ON_8 上任意一点所代表的应力状态均是球应力状态，只是大小不同。

处于球应力状态下的材料是不会发生塑性变形，即屈服的。现研究同一八面体面上的另一点 Q，设其应力状态为 $\begin{pmatrix} \sigma_1 & & \\ & \sigma_2 & \\ & & \sigma_3 \end{pmatrix}$。

如图 5-2 所示，法线 ON_8 垂直于平面内任意线段，自然有 $OP \perp PQ$，因此在 $\triangle OPQ$ 中，存在如下张量合成关系：

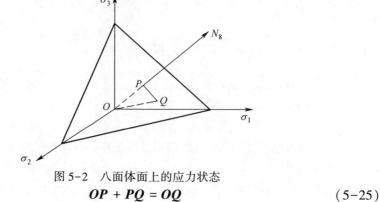

图 5-2 八面体面上的应力状态

$$OP + PQ = OQ \tag{5-25}$$

即

$$\begin{pmatrix} \sigma & & \\ & \sigma & \\ & & \sigma \end{pmatrix} + PQ = \begin{pmatrix} \sigma_1 & & \\ & \sigma_2 & \\ & & \sigma_3 \end{pmatrix}$$

因此

$$PQ = \begin{pmatrix} \sigma_1 - \sigma & & \\ & \sigma_2 - \sigma & \\ & & \sigma_3 - \sigma \end{pmatrix} = \begin{pmatrix} \sigma_1 & & \\ & \sigma_2 & \\ & & \sigma_3 \end{pmatrix} - \begin{pmatrix} \sigma & & \\ & \sigma & \\ & & \sigma \end{pmatrix}$$

$$\tag{5-26}$$

可见 PQ 是 OQ 的偏量,且 $\sigma_m = \dfrac{\sigma_1 + \sigma_2 + \sigma_3}{3} = \sigma$。因此,当材料处于屈服时,根据 5.2.2 节可知偏张量第二不变量需满足式 (5-27):

$$J_2' = \frac{1}{6}[(\sigma_1 - \sigma_2)^2 + (\sigma_2 - \sigma_3)^2 + (\sigma_3 - \sigma_1)^2] = \frac{\sigma_s^2}{3} \tag{5-27}$$

由于偏张量 PQ 的模为

$$|PQ|^2 = [(\sigma_1 - \sigma)^2 + (\sigma_2 - \sigma)^2 + (\sigma_3 - \sigma)^2] \tag{5-28}$$

下面证明:

$$|PQ|^2 = [(\sigma_1 - \sigma)^2 + (\sigma_2 - \sigma)^2 + (\sigma_3 - \sigma)^2]$$
$$= [(\sigma_1 - \sigma_2)^2 + (\sigma_2 - \sigma_3)^2 + (\sigma_3 - \sigma_1)^2]$$

由于

$$|PQ| = \sqrt{(\sigma_1 - \sigma)^2 + (\sigma_2 - \sigma)^2 + (\sigma_3 - \sigma)^2}$$

因此有

$$|PQ| = \sqrt{\left(\sigma_1 - \frac{\sigma_1+\sigma_2+\sigma_3}{3}\right)^2 + \left(\sigma_2 - \frac{\sigma_1+\sigma_2+\sigma_3}{3}\right)^2 + \left(\sigma_3 - \frac{\sigma_1+\sigma_2+\sigma_3}{3}\right)^2}$$

$$= \sqrt{\left(\frac{2\sigma_1-\sigma_2-\sigma_3}{3}\right)^2 + \left(\frac{2\sigma_2-\sigma_1-\sigma_3}{3}\right)^2 + \left(\frac{2\sigma_3-\sigma_1-\sigma_2}{3}\right)^2}$$

$$= \sqrt{\left[\frac{(\sigma_1-\sigma_2)+(\sigma_1-\sigma_3)}{3}\right]^2 + \left[\frac{(\sigma_2-\sigma_1)+(\sigma_2-\sigma_3)}{3}\right]^2 + \left[\frac{(\sigma_3-\sigma_1)+(\sigma_3-\sigma_2)}{3}\right]^2}$$

$$= \frac{1}{3}\sqrt{[(\sigma_1-\sigma_2)+(\sigma_1-\sigma_3)]^2 + [(\sigma_2-\sigma_1)+(\sigma_2-\sigma_3)]^2 + [(\sigma_3-\sigma_1)+(\sigma_3-\sigma_2)]^2}$$

$$= \frac{1}{3}\sqrt{2(\sigma_1-\sigma_2)^2 + 2(\sigma_1-\sigma_3)^2 + 2(\sigma_3-\sigma_2)^2 + A} \tag{5-29}$$

其中

$$A = 2(\sigma_1-\sigma_2)(\sigma_1-\sigma_3) + 2(\sigma_2-\sigma_1)(\sigma_2-\sigma_3) + 2(\sigma_3-\sigma_1)(\sigma_3-\sigma_2)$$

将 A 写为

$$A = [(\sigma_1-\sigma_2)(\sigma_1-\sigma_3) + (\sigma_2-\sigma_1)(\sigma_2-\sigma_3)] + \\ [(\sigma_1-\sigma_2)(\sigma_1-\sigma_3) + (\sigma_3-\sigma_2)(\sigma_3-\sigma_1)] + \\ [(\sigma_2-\sigma_1)(\sigma_2-\sigma_3) + (\sigma_3-\sigma_2)(\sigma_3-\sigma_1)]$$

整理得

$$A = [(\sigma_1-\sigma_2)] + [(\sigma_1-\sigma_3)^2] + [(\sigma_3-\sigma_2)^2]$$

代入式(5-29)得

$$|PQ| = \left\{\frac{1}{3}[(\sigma_1-\sigma_2)^2 + (\sigma_2-\sigma_3)^2 + (\sigma_3-\sigma_1)^2]\right\}^{\frac{1}{2}} \tag{5-30}$$

综合式(5-27)、式(5-28)得

$$J_2' = \frac{1}{6}(3|PQ|^2) = \frac{\sigma_s^2}{3} \Rightarrow |PQ| = \sqrt{\frac{2}{3}}\sigma_s$$

即当 Q 点应力状态使材料屈服时，$|PQ| = \sqrt{\frac{2}{3}}\sigma_s$。当 Q 点移动，并保持 $|PQ| = \sqrt{\frac{2}{3}}\sigma_s$ 时，就形成了一个以 P 为圆心、$\sqrt{\frac{2}{3}}\sigma_s$ 为半径的圆，位于此圆上的点都是使材料发生屈服的应力状态。

由于这个圆位于八面体面上，前面曾指出，八面体面的截距可以任意选取，因此这样的圆有很多，且半径相等，圆心均位于无限伸展的 ON_8 上，这样势必形成一个空间圆柱面，如图 5-3 所示。

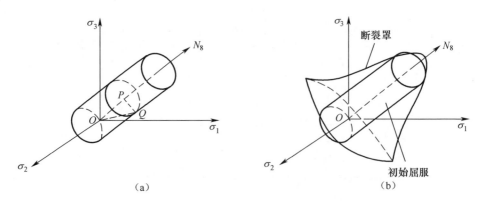

图 5-3 空间屈服面
(a) Mises 准则下的空间屈服面；(b) 引入断裂条件后的屈服面。

设 OO_1（即 ON_8）为圆柱轴线，它与 3 个坐标轴成相同角度，且过原点，圆柱的半径为 $\sqrt{\frac{2}{3}}\sigma_s$。理想塑性时，材料屈服后应力只能在圆柱面上，即 $f(\sigma_{ij})=C$，如果位于内部，则材料处于弹性状态，即 $f(\sigma_{ij})<C$，但绝不会存在 $f(\sigma_{ij})>C$ 的应力状态。理论上，凡是柱面上的应力状态均能使材料进入塑性。但实际上，受客观因素制约，应力不可能无限大，柱面不可能向两端无限延长，尤其当应力状态中拉应力所占比例较大时，材料会发生断裂，因此学者们将恒温断裂条件引入后，Mises 圆柱变为钟罩形，如图 5-3(b) 所示。

如果上述讨论是以 Tresca 屈服准则为基础的话，则圆柱面将变为内接六面棱柱。

5.5.2 π平面

有时为了便于观察，往往将曲面从等倾轴方向投影到一个与等倾轴垂直且过原点 O 的面上（这个面称为 π 面），如图 5-4 所示。这样 Tresca 曲面和 Mises 曲面在 π 面上的投影为正六边形和圆。注意，π 面上的应力为偏量，另外如果材料性能不是各向同性的，则六边形或圆形将变成其他形状。

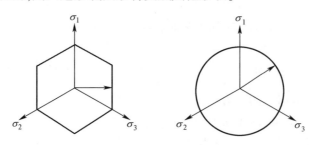

图 5-4 π 平面上的屈服轨迹

5.6 后继屈服面

5.6.1 材料硬化曲线

前面的讨论都是基于这样一个假设:材料是理想塑性的,无加工硬化现象,这时材料的屈服极限一直保持为 σ_s。实际上这种情况很少,大多数材料变形后都有硬化现象,也就是说屈服极限不会维持在 σ_s,而是随着变形的进行不断增大。因此,如果希望材料继续屈服,则必须施加更大的力,这称为后继屈服。

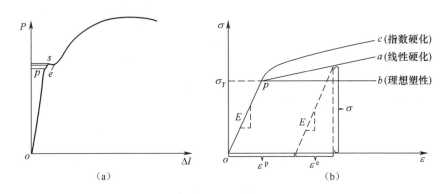

图 5-5 拉伸曲线

图 5-5(a)为典型的单向拉伸曲线。在具体研究时,为处理问题方便,常对此曲线做一定程度的简化,如图 5-5(b)所示。其中 op 阶段为弹性变形阶段,应力与应变完全呈线性关系;当载荷增加超过 p 点后就进入塑性变形阶段,材料发生了硬化,依硬化特点或程度的不同,将材料分成以下几类。

1. 理想弹性材料

如果只关心拉伸曲线的弹性部分,则在拉伸曲线的比例极限(p 点)以下可以认为材料是理想弹性的,即在这一阶段变形与外力呈线性关系且可逆,一般可以认为金属材料是理想弹性材料。

2. 理想塑性材料(全塑性材料)

若材料发生塑性变形后不产生硬化,则这种材料在进入塑性状态之后,应力不再增加,即在中性载荷时(不加载亦不卸载)可连续产生塑性变形,如图 5-5(b)所示(pb)。金属材料在慢速热变形时接近理想塑性。

3. 弹塑性材料

如果还需要考虑塑性变形之前的弹性变形,则还可分为两种情况。

1) 理想弹塑性材料

塑性变形时,需考虑塑性变形之前的弹性变形,而不考虑硬化的材料,此时其力学行为属于直线 op—pb 段。

2) 弹塑性线性硬化材料

塑性变形时,既要考虑塑性变形之前的弹性变形,又要考虑加工硬化的材料。这种材料在进入塑性状态后,如应力保持不变,则不能进一步变形,只有在应力不断增加,即在加载条件下,才能连续产生塑性变形,如图 5-5(b)中 op—pa 段。

3) 弹塑性非线性硬化材料

塑性变形时,既要考虑塑性变形之前的弹性变形,又要考虑加工硬化的材料。这种材料在进入塑性状态后,如应力保持不变,则不能进一步变形。只有在应力不断增加,即在加载条件下,才能连续产生塑性变形,如图 5-5(b)中 op—pc 段。

5.6.2 后继屈服

1. 等向强化屈服面

当考虑后继屈服时,如果假设材料仍为各向同性,则后继屈服时,圆柱面的半径将扩大,半径大小等于 $\sqrt{\frac{2}{3}}\sigma'_s$,其中 σ'_s 为后继屈服强度。这样在 π 面上,后继屈服曲线就是一系列的同心圆或正六边形,如图 5-6 所示。

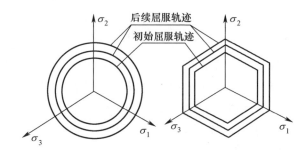

图 5-6 π 面上的后继屈服轨迹

图 5-7 为材料后继屈服轨迹与应力曲线的对应关系。由图可以看出,这种强化的特点是:①材料应变硬化后仍然保持各向同性,也就是说,除了不同方向材料性能一样外,对于拉、压材料的屈服极限是一样的,如图 5-8 所示;②应变硬化后屈服轨迹的中心位置和形状保持不变,也就是说在平面上仍然是圆形和正六边形,只是大小随变形的进行而同心地均匀扩大。

2. 非等向强化屈服面(随动强化)

如果材料的拉、压屈服强度不一样,则这种强化就是随动强化,此时屈服曲线不再保持同心,如图 5-9 所示。

第5章 屈服准则与本构关系

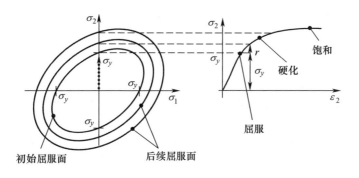

图 5-7 后继屈服轨迹与应力曲线对应关系

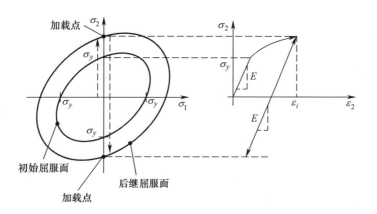

图 5-8 等向强化

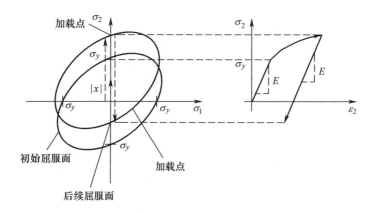

图 5-9 非等向强化

5.7 弹性变形的本构关系

塑性变形时的应力与应变之间的关系称为本构关系,这种关系的数学表达式称为本构方程或物理方程。本构方程和屈服准则都是求解塑性变形问题的基本方程。为了能深入理解塑性变形的本构关系,本节首先介绍一下较为简单的、比较容易理解的弹性变形的本构关系,并以此做对比引出塑性变形的本构关系。

材料在简单的应力状态下,如单向拉伸、压缩和扭转的情况下,应力与应变关系由胡克定律表达为

$$\sigma = E\varepsilon \tag{5-31}$$

$$\tau = 2G\gamma = G(2\gamma) \tag{5-32}$$

式中:E、G 为弹性模量和剪切模量。

在更一般的应力状态下,各向同性材料的弹性应力-应变关系,可由广义胡克定律表达:

$$\begin{cases} \varepsilon_x = [\sigma_x - \nu(\sigma_y + \sigma_z)], & \gamma_{xy} = \dfrac{\tau_{xy}}{2G} \\ \varepsilon_y = [\sigma_y - \nu(\sigma_x + \sigma_z)], & \gamma_{yz} = \dfrac{\tau_{yz}}{2G} \\ \varepsilon_z = [\sigma_z - \nu(\sigma_y + \sigma_x)], & \gamma_{zx} = \dfrac{\tau_{zx}}{2G} \end{cases} \tag{5-33}$$

式中:ν 为泊松比。

3 个弹性常数 ν、E、G 之间有以下关系:

$$G = \frac{E}{2(1+\nu)} \tag{5-34}$$

此外,式(5-33)还可以用另一种方法表达,即将应力以应变的形式表示出来:

$$\sigma_x = \frac{E}{1+\nu}\varepsilon_x + \frac{E\nu}{(1+\nu)(1-2\nu)}(\varepsilon_x + \varepsilon_y + \varepsilon_z)$$

根据式(5-34)得

$$\sigma_x = 2G\varepsilon_x + \frac{E\nu}{(1+\nu)(1-2\nu)}(\varepsilon_x + \varepsilon_y + \varepsilon_z)$$

又因为

$$\frac{E\nu}{(1+\nu)(1-2\nu)}(\varepsilon_x + \varepsilon_y + \varepsilon_z) = \lambda \mathrm{Tr}(\boldsymbol{\varepsilon}_{ij})\boldsymbol{I}$$

故

$$\sigma_x = 2G\varepsilon_x + \lambda \mathrm{Tr}(\boldsymbol{\varepsilon}_{ij})\boldsymbol{I}$$

式中：$\lambda = \dfrac{E\nu}{(1-2\nu)(1+\nu)}$；$\boldsymbol{I}$ 为单位阵。

σ_y、σ_z 也做类似处理，不再赘述。

若将式(5-33)中的前面的3个式子相加，整理可得

$$\varepsilon_x + \varepsilon_y + \varepsilon_z = \frac{(1-2\nu)}{E}(\sigma_x + \sigma_y + \sigma_z) \tag{5-35}$$

即

$$\frac{\varepsilon_x + \varepsilon_y + \varepsilon_z}{3} = \frac{(1-2\nu)}{E}\frac{\sigma_x + \sigma_y + \sigma_z}{3} \Rightarrow \varepsilon_m = \frac{(1-2\nu)}{E}\sigma_m \tag{5-36}$$

式(5-36)表明，物体弹性变形时，其单位体积的变化率($\theta = 3\varepsilon_m$)与平均应力成正比，这说明应力球张量使物体产生弹性的体积改变。若将式(5-33)中的 $\varepsilon_x = [\sigma_x - \nu(\sigma_y + \sigma_z)]$ 减去式(5-36)，整理后得

$$\varepsilon_x - \varepsilon_m = \frac{1+\nu}{E}(\sigma_x - \sigma_m) = \frac{1}{2G}(\sigma_x - \sigma_m)$$

或

$$\varepsilon'_x = \frac{1}{2G}\sigma'_x$$

同样的方式处理 ε_y、ε_z，得

$$\varepsilon'_y = \frac{1}{2G}\sigma'_y$$

$$\varepsilon'_z = \frac{1}{2G}\sigma'_z$$

将以上三式与式(5-33)的后三式合并，得

$$\begin{cases} \varepsilon'_x = \dfrac{1}{2G}\sigma'_x, \gamma_{xy} = \dfrac{\tau_{xy}}{2G} \\[4pt] \varepsilon'_y = \dfrac{1}{2G}\sigma'_y, \gamma_{yz} = \dfrac{\tau_{yz}}{2G} \\[4pt] \varepsilon'_z = \dfrac{1}{2G}\sigma'_z, \gamma_{zx} = \dfrac{\tau_{zx}}{2G} \end{cases} \tag{5-37}$$

或简写为张量形式：

$$\boldsymbol{\varepsilon}_{ij} = \boldsymbol{\varepsilon}'_{ij} + \boldsymbol{\delta}_{ij}\varepsilon_m = \frac{1}{2G}\boldsymbol{\sigma}'_{ij} + \frac{1-2\nu}{E}\boldsymbol{\delta}_{ij}\sigma_m \tag{5-38}$$

式(5-37)、式(5-38)表明应变偏量(张量)与应力偏量(张量)成正比，也就是说物体形状的改变只是由应力偏量(张量)引起的。

式(5-37)还可以写为比例和差比的形式：

$$\frac{\varepsilon'_x}{\sigma'_x} = \frac{\varepsilon'_y}{\sigma'_y} = \frac{\varepsilon'_z}{\sigma'_z} = \frac{\gamma_{xy}}{\tau_{xy}} = \frac{\gamma_{yz}}{\tau_{yz}} = \frac{\gamma_{zx}}{\tau_{zx}} = \frac{1}{2G} \tag{5-39}$$

$$\frac{\varepsilon_x - \varepsilon_y}{\sigma_x - \sigma_y} = \frac{\varepsilon_y - \varepsilon_z}{\sigma_y - \sigma_z} = \frac{\varepsilon_z - \varepsilon_x}{\sigma_z - \sigma_x} = \frac{\gamma_{xy}}{\tau_{xy}} = \frac{\gamma_{yz}}{\tau_{yz}} = \frac{\gamma_{zx}}{\tau_{zx}} = \frac{1}{2G} \tag{5-40}$$

由式(5-40)可得

$$\begin{cases} (\sigma_x - \sigma_y)^2 = 4G^2(\varepsilon_x - \varepsilon_y)^2 \\ (\sigma_y - \sigma_z)^2 = 4G^2(\varepsilon_y - \varepsilon_z)^2 \\ (\sigma_z - \sigma_x)^2 = 4G^2(\varepsilon_z - \varepsilon_x)^2 \end{cases} \tag{5-41}$$

将(5-41)代入式(5-12)的等效应力公式,得

$$\sigma_e = \frac{1}{\sqrt{2}} \sqrt{(\sigma_x - \sigma_y)^2 + (\sigma_y - \sigma_z)^2 + (\sigma_z - \sigma_x)^2 + 6(\tau_{xy}^2 + \tau_{yz}^2 + \tau_{zx}^2)}$$

$$= \frac{2G}{\sqrt{2}} \sqrt{(\varepsilon_x - \varepsilon_y)^2 + (\varepsilon_y - \varepsilon_z)^2 + (\varepsilon_z - \varepsilon_x)^2 + 6(\gamma_{xy}^2 + \gamma_{yz}^2 + \gamma_{zx}^2)}$$

$$\tag{5-42}$$

定义

$$\varepsilon_e = \frac{1}{(1+\nu)\sqrt{2}} \sqrt{(\varepsilon_x - \varepsilon_y)^2 + (\varepsilon_y - \varepsilon_z)^2 + (\varepsilon_z - \varepsilon_x)^2 + 6(\gamma_{xy}^2 + \gamma_{yz}^2 + \gamma_{zx}^2)}$$

为应变强度,σ_e 为应力强度,于是有

$$\sigma_e = E\varepsilon_e \tag{5-43}$$

式(5-43)表明,材料在弹性变形范围内,应力强度与应变强度成正比,比例系数仍是 E。

由以上分析可知弹性变形时的应力-应变关系具有以下特点:

(1) 应力与应变完全呈线性关系,应力主轴与全量应变主轴重合;

(2) 弹性变形是可逆的,应力与应变之间是单值关系,加载与卸载的规律完全相同;

(3) 弹性变形时,应力球张量使物体产生体积的变化,泊松比 $\nu < 0.5$。

5.8 塑性变形的本构关系

5.8.1 塑性应力-应变关系的特点

材料产生塑性变形时,应力与应变之间的关系具有以下特点:

(1) 塑性变形是不可恢复的,应力与应变是不可逆的;

(2) 对于应变硬化材料,卸载后再重新加载,其屈服应力就是卸载时的屈服应力,比初始屈服应力要高;

(3) 塑性变形时,可以认为体积不变,即应变球张量为 0,泊松比 $\nu=0.5$;

(4) 应力与应变之间的关系是非线性的,因此全量应变主轴与应力主轴不一定重合,且无一一对应关系。

下面详细阐述这些特点。由第 1 章绪论可知,塑性变形的实质是原子之间产生了滑移,滑移后的原子不会回到原来的位置,因此变形就被永久保留下来,即使此时外力撤去,变形也不可恢复。而弹性变形只是在外力作用下,原子之间距离变大,原子之间的位置关系并没有变化,原子之间的化学键力仍起作用,当外力撤去后,这一键力将原子拉回原位,即变形可逆。

从图 5-10 的拉伸曲线可看出,当外力超过屈服极限 σ_s 后,随着变形量的增大,所需外力也变大,如从 σ_e 到 σ_f。因为塑性变形的主要机制是位错滑移,当材料塑性变形后,导致原子位置发生较大变化,晶格严重畸变。畸变后的晶体内,位错滑移变得困难,因此必须增加外力才能使滑移继续下去,这是导致后续屈服强度增大的原因。

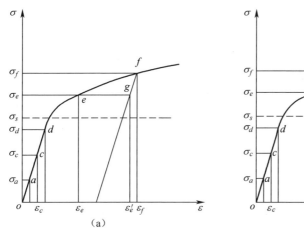

图 5-10 塑性变形应力与应变的非单值性

塑性变形时,应力与应变无一一对应关系。如图 5-10(a) 所示,当材料沿路径 oe 加载到 e 时,应力、应变分别为 $(\sigma_e, \varepsilon_e)$;此时如果继续加载一直到 f 点,然后沿着路径 fg 卸载,如图 5-10(b) 所示,使应力仍达到 σ_e,则此时对应的应变为 ε_e'。此时虽然材料的应力也是 σ_e,但应变 $\varepsilon_e' \neq \varepsilon_e$。可见应力与应变无一一对应关系,而是与加载路径或变形历史有关。

塑性变形时,体积不变,即材料没有开裂或重叠,只是由某一形状变为另一形状,故 $\varepsilon_m = 0$。根据式(5-36)可知,由于 $\sigma_m \neq 0$,故 $\varepsilon_m = \dfrac{1-2\nu}{E} = 0 \Rightarrow \nu = 0.5$。

鉴于塑性变形的应力与应变无一一对应关系,而与塑性变形历史有关,因此可以考虑抛开变形历史,只在应力和应变增量之间建立某种关联,这就是增量理论的核心思想。因为应变增量是某时刻之前全量应变基础上的微小应变,因此与以前的变形历史无关。增量理论又称为流动理论,是描述材料处于塑性状态时,应力与应变增量或应变速率之间关系的理论。它针对加载过程中的每一瞬间的应力状态所确定的该瞬间的应变增量,这就抛开了加载历史的影响。在塑性力学发展历史中,研究者提出了各种形式的增量理论,下面首先介绍列维-米塞斯(Levy-Mises)理论。

5.8.2 列维-米塞斯方程(增量理论)

Levy 和 Mises 分别于 1871 年和 1914 年建立了理想刚塑性材料的塑性流动理论方程,该方程是建立在下面 4 个假设基础上的:

(1) 材料是理想刚塑性材料,即弹性应变增量为零,塑性应变增量就是总应变增量;

(2) 材料服从 Mises 屈服准则,即 $\sigma_e = \sigma_s$;

(3) 每一加载瞬间,应力主轴与应变增量主轴重合;

(4) 塑性变形时体积不变,即 $\varepsilon_x + \varepsilon_y + \varepsilon_z = 0$ 或 $d\varepsilon_x + d\varepsilon_y + d\varepsilon_z = 0$,因此 $\boldsymbol{\varepsilon}_{ij} = \boldsymbol{\varepsilon}'_{ij}$。

在上述 4 个假定条件下,Levy-Mises 方程为

$$d\boldsymbol{\varepsilon}_{ij} = \boldsymbol{\sigma}'_{ij} d\lambda \tag{5-44}$$

式中:$d\lambda$ 为瞬时比例系数,为非负值,在加载的不同瞬时值是不同的,在卸载时 $d\lambda = 0$。

式(5-44)也可以写为比例或差比的形式:

$$\frac{d\varepsilon_x}{\sigma'_x} = \frac{d\varepsilon_y}{\sigma'_y} = \frac{d\varepsilon_z}{\sigma'_z} = \frac{d\gamma_{xy}}{\tau_{xy}} = \frac{d\gamma_{yz}}{\tau_{yz}} = \frac{d\gamma_{zx}}{\tau_{zx}} = d\lambda \tag{5-45}$$

及

$$\frac{d\varepsilon_x - d\varepsilon_y}{\sigma_x - \sigma_y} = \frac{d\varepsilon_y - d\varepsilon_z}{\sigma_y - \sigma_z} = \frac{d\varepsilon_z - d\varepsilon_x}{\sigma_z - \sigma_x} = d\lambda$$

或

$$\frac{d\varepsilon_1 - d\varepsilon_2}{\sigma_1 - \sigma_2} = \frac{d\varepsilon_2 - d\varepsilon_3}{\sigma_2 - \sigma_3} = \frac{d\varepsilon_3 - d\varepsilon_1}{\sigma_3 - \sigma_1} = d\lambda \tag{5-46}$$

下面确定比例系数 $d\lambda$。为此,可将式(5-45)前 3 个等式改写为

$$\begin{cases}(\mathrm{d}\varepsilon_x - \mathrm{d}\varepsilon_y)^2 = (\sigma_x - \sigma_y)^2 \mathrm{d}\lambda^2 \\ (\mathrm{d}\varepsilon_y - \mathrm{d}\varepsilon_z)^2 = (\sigma_y - \sigma_z)^2 \mathrm{d}\lambda^2 \\ (\mathrm{d}\varepsilon_z - \mathrm{d}\varepsilon_x)^2 = (\sigma_z - \sigma_x)^2 \mathrm{d}\lambda^2 \end{cases} \qquad (5\text{-}47)$$

再将式(5-45)中后3个等式分别两边平方后乘以6,得

$$\begin{cases} 6\mathrm{d}\gamma_{xy}^2 = 6\tau_{xy}^2 \mathrm{d}\lambda^2 \\ 6\mathrm{d}\gamma_{yz}^2 = 6\tau_{yz}^2 \mathrm{d}\lambda^2 \\ 6\mathrm{d}\gamma_{zx}^2 = 6\tau_{zx}^2 \mathrm{d}\lambda^2 \end{cases} \qquad (5\text{-}48)$$

将式(5-47)和式(5-48)相加并考虑式(5-43),可得

$$(\mathrm{d}\varepsilon_x - \mathrm{d}\varepsilon_y)^2 + (\mathrm{d}\varepsilon_y - \mathrm{d}\varepsilon_z)^2 + (\mathrm{d}\varepsilon_z - \mathrm{d}\varepsilon_x)^2 + 6(\mathrm{d}\gamma_{xy}^2 + \mathrm{d}\gamma_{yz}^2 + \mathrm{d}\gamma_{zx}^2) = 2\sigma_e^2 \mathrm{d}\lambda^2 \qquad (5\text{-}49)$$

等号左侧的表达式与等效应变(式(4-47))形似,通过变换得

$$\frac{9}{2}\mathrm{d}\varepsilon_e = 2\sigma_e^2 \mathrm{d}\lambda^2 \qquad (5\text{-}50)$$

从而求出

$$\mathrm{d}\lambda = \frac{3}{2}\frac{\mathrm{d}\varepsilon_e}{\sigma_e} \qquad (5\text{-}51)$$

将式(5-51)和 $\sigma_m = \frac{1}{3}(\sigma_x + \sigma_y + \sigma_z)$ 代入式(5-45),展开得

$$\begin{cases} \mathrm{d}\varepsilon_x = \frac{\mathrm{d}\varepsilon_e}{\sigma_e}[\sigma_x - \frac{1}{2}(\sigma_y + \sigma_z)], \mathrm{d}\gamma_{xy} = \frac{3\mathrm{d}\varepsilon_e}{2\sigma_e}\tau_{xy} \\ \mathrm{d}\varepsilon_y = \frac{\mathrm{d}\varepsilon_e}{\sigma_e}[\sigma_y - \frac{1}{2}(\sigma_x + \sigma_z)], \mathrm{d}\gamma_{yz} = \frac{3\mathrm{d}\varepsilon_e}{2\sigma_e}\tau_{yz} \\ \mathrm{d}\varepsilon_z = \frac{\mathrm{d}\varepsilon_e}{\sigma_e}[\sigma_z - \frac{1}{2}(\sigma_y + \sigma_x)], \mathrm{d}\gamma_{zx} = \frac{3\mathrm{d}\varepsilon_e}{2\sigma_e}\tau_{yz} \end{cases} \qquad (5\text{-}52)$$

这就是增量理论的数学表达。

由这些公式可以推导出以下有用的结论:

在5.4.2节平面变形的讨论中,曾有一个结论,即 $\sigma_z = \frac{1}{2}(\sigma_x + \sigma_y)$ 或 $\sigma_2 = \frac{1}{2}(\sigma_1 + \sigma_2)$。现在可以用增量理论推导出来。平面变形时,设 z 方向没有应变,则有 $\mathrm{d}\varepsilon_z = 0$,代入式(5-52)中的第三个公式得 $\sigma_z = \frac{1}{2}(\sigma_y + \sigma_x)$,即

$$\sigma_m = \frac{1}{3}(\sigma_x + \sigma_y + \sigma_z) = \frac{1}{2}(\sigma_y + \sigma_x) = \sigma_z$$

若将式(5-44)两边除以 dt，就可以得到速率的形式表达的 Levy-Mises 方程(即圣维南(Saint-Venant)流动方程)：

$$\dot{\varepsilon}_{ij} = \sigma'_{ij} \dot{\lambda} \tag{5-53}$$

式中：$\dot{\varepsilon}_{ij} = \dfrac{d\varepsilon_{ij}}{dt}$ 为应变速率；$\dot{\lambda} = \dfrac{d\lambda}{dt} = \dfrac{3\dot{\varepsilon}_e}{2\sigma_e}$，卸载时 $\dot{\lambda} = 0$。

式(5-53)就是应力-应变速率方程，它由圣维南(Saint-Venant)于1870年提出，由于它与牛顿黏性液体公式相似，故又称为圣维南塑性流动方程。如果不考虑应变速率对材料性能的影响，该式与 Levy-Mises 方程是一致的。

将式(5-53)展开，得到全部表达式：

$$\begin{cases} \dot{\varepsilon}_x = \dfrac{\dot{\varepsilon}_e}{\sigma_e}[\sigma_x - \dfrac{1}{2}(\sigma_y + \sigma_z)], \dot{\gamma}_{xy} = \dfrac{3\dot{\varepsilon}_e}{2\sigma_e}\tau_{xy} \\ \dot{\varepsilon}_y = \dfrac{\dot{\varepsilon}_e}{\sigma_e}[\sigma_y - \dfrac{1}{2}(\sigma_x + \sigma_z)], \dot{\gamma}_{yz} = \dfrac{3\dot{\varepsilon}_e}{2\sigma_e}\tau_{yz} \\ \dot{\varepsilon}_z = \dfrac{\dot{\varepsilon}_e}{\sigma_e}[\sigma_z - \dfrac{1}{2}(\sigma_y + \sigma_x)], \dot{\gamma}_{zx} = \dfrac{3\dot{\varepsilon}_e}{2\sigma_e}\tau_{yz} \end{cases} \tag{5-54}$$

Levy-Mises 方程给出了塑性材料变形的本构关系，但在实际应用时，该理论有一些局限：

(1) Levy-Mises 方程忽略了弹性变形，故它只适合塑性变形比弹性变形大得多的大应变的情况。

(2) Levy-Mises 方程只给出了应变增量与应力偏量之间的关系，由于 $d\varepsilon_m = 0$，故对应力球张量 σ_m 没有加以限制，因此不能求出各应力分量，只能求得应力偏张量：

$$d\varepsilon_m = \dfrac{1}{3}(d\varepsilon_x + d\varepsilon_y + d\varepsilon_z) = \dfrac{1}{3}d\lambda(\sigma'_x + \sigma'_y + \sigma'_z) = 0$$

此时无论 σ_m 取什么值，该式恒成立。

(3) 对于理想塑性材料，应变增量分量与应力分量之间无单值关系，如图5-11所示。虽然 $\sigma_e = \sigma_s$，但 $d\varepsilon_e$ 是不定值，故 $d\lambda$ 无法确定，因此应力绝对值不可得。

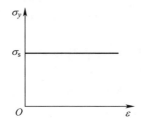

图5-11 应变增量与应力分量无一一对应关系

（4）在只知道应力分量的情况下，虽然可求得应力偏量，但也只能求得应变增量各分量之间的比值，而不能直接求出它们的数值，这是因为 dλ 无法确定。

5.9 加载与卸载判据

5.9.1 Drucker 公设

描述连续介质的质点或物体的力学量有两类：一类是能直接从外部观测得到的量，如应变、应力、载荷、温度等，称为外变量；另一类是不能直接测量的量，表征材料内部的变化，如塑性变形过程中塑性应变、消耗的塑性功等，称为内变量。内变量不能直接观测得到，只能根据一定的假设计算出来。

由于讨论中用到了塑性功的概念，因此这里首先要介绍它。首先根据实验结果做一些假设：

（1）材料的塑性行为与时间、温度无关，因此塑性功与应变率无关；在计算中不考虑惯性力，也没有温度变量出现。

（2）应变可以分解为弹性应变和塑性应变，即 $\varepsilon_{ij} = \varepsilon_{ij}^{e} + \varepsilon_{ij}^{p}$。

（3）材料的弹性变形规律不因塑性变形而改变，对于各向同性材料，弹性应力-应变关系为

$$\varepsilon_{ij}^{e} = \frac{1}{2G}\sigma_{ij}' + \frac{1-2\nu}{E}\delta_{ij}\sigma_{m}$$，ε_{ij}^{e} 由 σ_{ij} 唯一确定，而与 ε_{ij}^{p} 无关。也就是说，ε_{ij}^{e} 与 ε_{ij}^{p} 之间是不耦合的。

在这些假设下，内变量 ε_{ij}^{p} 就可以通过外变量 ε_{ij} 和 σ_{ij} 计算出来。对各向同性材料，有

$$\varepsilon_{ij}^{p} = \varepsilon_{ij} - \varepsilon_{ij}^{e} \tag{5-55}$$

$$\varepsilon_{ij}^{p} = \varepsilon_{ij} - \left(\frac{1}{2G}\sigma_{ij}' + \frac{1-2\nu}{E}\delta_{ij}\sigma_{m}\right) \tag{5-56}$$

作为内变量的塑性功 W^{p} 也可以通过外变量 σ_{ij} 和总功 W 计算出来。首先，将总功分解为

$$W = \int \sigma_{ij} d\varepsilon_{ij} = \int \sigma_{ij} d\varepsilon_{ij}^{p} + \int \sigma_{ij} d\varepsilon_{ij}^{e} = \int \sigma_{ij} d\varepsilon_{ij}^{p} + \frac{1}{2}\sigma_{ij}\varepsilon_{ij}^{e} = W^{p} + W^{e}$$

其中，弹性功 W^{e} 是可恢复的、可逆的，塑性功 W^{p} 是不可恢复的、不可逆的。对于各向同性材料，有

$$W^{p} = W - W^{e} = W - \frac{1}{2}\sigma_{ij}\varepsilon_{ij}^{e} = W - \left(\frac{1}{4G}\sigma_{ij}\sigma_{ij} + \frac{9\nu}{2E}\sigma_{m}^{2}\right)$$

1954年,Drucker根据热力学第一定律,对一般应力状态下的加载过程提出了以下公设:对于处在某一状态下的材料质点(或物体),借助一个外部作用,在其原有的应力状态之上慢慢地施加并卸载一组附加应力,那么在附加应力的施加和卸载循环中,附加应力所做的功是非负的。

下面具体解释。图 5-12 为材料的应力-应变曲线;现对其加载,如图 5-13,设在 $t = t_0$ 时刻,材料处于 σ_{ij}^0 应力状态,此时还处于弹性状态,在应力空间中 σ_{ij}^0 位于屈服面以内,屈服函数 $\varphi = f(\sigma_{ij}^0) - C < 0$。当然初始应力也可以在加载面 $\varphi = 0$ 上(即材料初始状态为塑性),但不管怎么样,总有 $\varphi(\sigma_{ij}^0, h_a) \leq 0$ 成立。其中,h_a 是记录材料塑性加载历史的参数,它是一个内变量,可以取为上述的 ε_{ij}^p 或 W^p。

设 $t = t_1 (t_1 > t_0)$ 为开始发生塑性变形的时刻,此时应力为 σ_{ij},在应力空间中位于屈服面上,即 $\varphi(\sigma_{ij}, h_a) = 0$。继续加载直到 $t = t_2 (t_2 > t_1)$。在 $t_1 < t < t_2$ 时间内,应力增加到 $\sigma_{ij} + \mathrm{d}\sigma_{ij}$,并产生塑性应变 $\mathrm{d}\varepsilon_{ij}^p$。从 $t = t_2$ 开始,卸去附加应力,到 $t = t_3$ 时应力状态又回到 σ_{ij}^0。

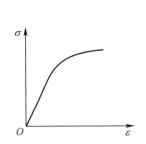

图 5-12 材料应力-应变图

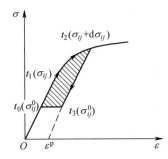

图 5-13 应力循环示意图

如果以 σ_{ij}^+ 表示应力循环过程中任时刻($t_0 \leq t \leq t_2$)的瞬时应力状态,那么 $\sigma_{ij}^+ - \sigma_{ij}^0$ 就是附加应力。Drucker 公设要求在这一应力循环中附加应力所做的功为非负,也就是要求

$$\Delta W_\mathrm{D} = \oint_{\sigma_{ij}^0} (\sigma_{ij}^+ - \sigma_{ij}^0) \mathrm{d}\varepsilon_{ij} \geq 0 \tag{5-57}$$

式中:ΔW_D 表示 Drucker 公设所考虑的功,积分下限表示从 σ_{ij}^0 开始最后又回 σ_{ij}^0 的循环积分。

由于弹性变形是可逆的,所以在上述闭合的应力循环中,应力在弹性应变上做功之和为 0,即 $\oint_{\sigma_{ij}^0} (\sigma_{ij}^+ - \sigma_{ij}^0) \mathrm{d}\varepsilon_{ij}^e \geq 0$,故式(5-57)变为

$$\Delta W_{\mathrm{D}} = \oint_{\sigma_{ij}^0} (\sigma_{ij}^+ - \sigma_{ij}^0) \mathrm{d}\varepsilon_{ij}^{\mathrm{p}} \geqslant 0 \tag{5-58}$$

在上述应力循环中,塑性变形只能在加载过程($t_1 \leqslant t \leqslant t_2$)中才发生。在$t_1 \leqslant t \leqslant t_2$时间内,应力状态从$\sigma_{ij}$变为$\sigma_{ij} + \mathrm{d}\sigma_{ij}$的过程中产生了塑性应变$\mathrm{d}\varepsilon_{ij}^{\mathrm{p}}$,于是当$\mathrm{d}\sigma_{ij}$为小量时,式(5-58)可以写为

$$\Delta W_{\mathrm{D}} = \oint_{\sigma_{ij}^0} (\sigma_{ij} + \mathrm{d}\sigma_{ij} - \sigma_{ij}^0) \mathrm{d}\varepsilon_{ij}^{\mathrm{p}} \geqslant 0 \tag{5-59}$$

在一维情形下,ΔW_{D}代表着一个面积,如图 5-13 中阴影部分所示。下面来区分两种情况:

(1) 如果σ_{ij}^0处在加载面的内部,即$\varphi(\sigma_{ij}^0, h_\mathrm{a}) < 0$,则$\sigma_{ij} \neq \sigma_{ij}^0$。式(5-59)略去高阶微量,得

$$(\sigma_{ij} - \sigma_{ij}^0) \mathrm{d}\varepsilon_{ij}^{\mathrm{p}} \geqslant 0 \tag{5-60}$$

(2) 如果σ_{ij}^0正处在加载面上,即$\varphi(\sigma_{ij}^0, h_\mathrm{a}) = 0$,则$\sigma_{ij} = \sigma_{ij}^0$,由式(5-59)可知

$$\mathrm{d}\sigma_{ij} \mathrm{d}\varepsilon_{ij}^{\mathrm{p}} \geqslant 0 \tag{5-61}$$

注意:这里应力增量$\mathrm{d}\sigma_{ij}$与塑性应变增量$\mathrm{d}\varepsilon_{ij}^{\mathrm{p}}$必须是相伴发生的。

式(5-60)和式(5-61)都来自 Drucker 公设,现在来看它们分别得出了什么重要结论。首先把 π 平面应力空间(以应力张量 $\boldsymbol{\sigma}_{ij}$ 各分量为坐标轴的空间)与塑性应变空间(以塑性应变张量 $\mathrm{d}\boldsymbol{\varepsilon}_{ij}^{\mathrm{p}}$ 各分量为坐标轴的空间)的坐标叠合,并将 $\mathrm{d}\boldsymbol{\varepsilon}_{ij}^{\mathrm{p}}$ 的起点放在位于加载面上的应力点 $\boldsymbol{\sigma}_{ij}$ 上,如图 5-14 所示,$\boldsymbol{OA}_0$ 代表 $\boldsymbol{\sigma}_{ij}^0$,$\boldsymbol{OA}$ 代表 $\boldsymbol{\sigma}_{ij}$,则二者的向量差 $\boldsymbol{A}_0\boldsymbol{A}$ 代表 $\boldsymbol{\sigma}_{ij} - \boldsymbol{\sigma}_{ij}^0$,再以 $\mathrm{d}\boldsymbol{\varepsilon}^{\mathrm{p}}$ 线表示 $\mathrm{d}\varepsilon_{ij}^{\mathrm{p}}$,则式(5-60)要求:

$$\boldsymbol{A}_0\boldsymbol{A} \cdot \mathrm{d}\boldsymbol{\varepsilon}_{ij}^{\mathrm{p}} \geqslant 0 \tag{5-62}$$

这说明向量 $\boldsymbol{A}_0\boldsymbol{A}$ 与向量 $\mathrm{d}\boldsymbol{\varepsilon}^{\mathrm{p}}$ 成锐角或直角,在塑性屈服阶段的每一个加载时刻,应力张量分量与由之产生的塑性应变增量点积,应该大于或等于零:

$$\mathrm{d}\sigma_x \mathrm{d}\varepsilon_x^{\mathrm{p}} + \mathrm{d}\sigma_y \mathrm{d}\varepsilon_y^{\mathrm{p}} + \cdots + \mathrm{d}\tau_{xy} \mathrm{d}\gamma_{xy}^{\mathrm{p}} \geqslant 0$$

真实发生的塑性变形,必须遵循这一原则。因此若过 A 点作一个加载面的切平面 Q,则所有可能的 $\boldsymbol{A}_0\boldsymbol{A}(\boldsymbol{\sigma}_{ij}^0)$ 都应该在这个切平面的一侧,最多在这个切平面上,才能满足式(5-62)的条件。由此得出,稳定材料的加载面必须是外凸的,如图 5-14 所示。如果加载面有凹的部分(图 5-15 虚线部分),则在加载面内总可以找到某一点 A_0,使 $\boldsymbol{A}_0\boldsymbol{A}$ 与 $\mathrm{d}\varepsilon_{ij}^{\mathrm{p}}$ 之间成钝角,使(5-62)不成立。

其次,如果 $\mathrm{d}\varepsilon_{ij}^{\mathrm{p}}$ 与 $\boldsymbol{n}$ 不重合(图 5-16),则总可以找到点 A_0 使 $\boldsymbol{A}_0\boldsymbol{A}$ 与 $\mathrm{d}\boldsymbol{\varepsilon}^{\mathrm{p}}$ 的夹角大于 90°,从而使(5-62)不成立。所以 $\mathrm{d}\varepsilon_{ij}^{\mathrm{p}}$ 必须与加载面 $\varphi = 0$ 的外法线 $\boldsymbol{n}$ 方向重合。根据梯度理论可知,$\varphi = 0$ 的外法线方向正是 $\varphi = 0$ 的梯度方向,这样 $\mathrm{d}\varepsilon_{ij}^{\mathrm{p}}$ 就可以表示为

$$d\varepsilon_{ij}^p = d\lambda \frac{\partial \varphi}{\partial \sigma_{ij}} \tag{5-63}$$

式中：$d\lambda$ 为一非负的比例系数；$\left(\dfrac{\partial \varphi}{\partial \sigma_x}, \dfrac{\partial \varphi}{\partial \sigma_y}, \cdots, \dfrac{\partial \varphi}{\partial \tau_{xy}}, \cdots, \dfrac{\partial \varphi}{\partial \tau_{zx}}\right)$ 为加载面外法向梯度。

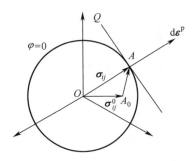

图 5-14 稳定材料的加载面

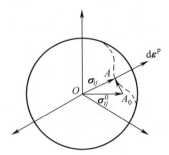

图 5-15 凹形加载面

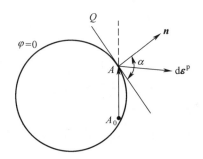

图 5-16 不满足式(5-64)的情况

由上可知，考虑 σ_{ij}^0 处于加载面上的情形，亦即从式(5-64)出发，Drucker 公设得出了两个重要推论：①加载面处处外凸；②塑性应变增量向量沿着加载面的外法线方向，也就是沿着加载面的梯度方向，这一点常被称为正交性法则。

5.9.2 理想塑性材料的加载、卸载准则

由上节得到的 Drucker 公设，式(5-62)用向量写出来为

$$d\boldsymbol{\sigma} \cdot d\boldsymbol{\varepsilon}^p \geqslant 0$$

因为前面已推证出 $d\boldsymbol{\varepsilon}^p$ 与 $\boldsymbol{n}$ 同向，于是就有

$$d\boldsymbol{\sigma} \cdot \boldsymbol{n} \geqslant 0 \tag{5-64}$$

对于理想塑性材料，加载时，后继屈服面同初始屈服是一样的，所以加载时的应力增量 $d\sigma_{ij}$ 就不能指向屈服面外，只能在沿着屈服面移动（相切），如图 5-17

(a)所示。此时,加载、卸载准则的数学表达式如下:

$$d\varphi = \frac{\partial \varphi}{\partial \sigma_{ij}} d\sigma_{ij} = 0, \quad \varphi(\sigma_{ij}) = 0 \quad (加载) \tag{5-65}$$

$$d\varphi \frac{\partial \varphi}{\partial \sigma_{ij}} d\sigma_{ij} < 0, \quad \varphi(\sigma_{ij}) = 0 \quad (卸载) \tag{5-66}$$

对于像 Tresca 那样的屈服面,是由几个光滑、非正则的屈服面构成,在光滑屈服面处的加载、卸载准则可以用式(5-67)、式(5-68)判断;而对在光滑面的交界处的加载、卸载,应同时考虑相交的两个侧面,如图 5-17(b)所示。设应力点在 $f_1 = 0$ 和 $f_m = 0$ 的交界处,它满足 $f_1(\sigma_{ij}) = f_m(\sigma_{ij}) = 0$,则有

$$df_1 = 0 \text{ 或 } df_m = 0 \quad (加载)$$
$$df_1 < 0 \text{ 且 } df_m < 0 \quad (卸载)$$

其中,n_1 和 n_m 分别表示 $f_1 = 0$ 和 $f_m = 0$ 的外法线方向,如图 5-17(b)所示。

可见,对于理想塑性材料,即使 $\frac{\partial f}{\partial \sigma_{ij}} d\sigma_{ij} = 0$,也是加载的。

由式(5-64)反向推知,如果 $d\boldsymbol{\sigma} \cdot \boldsymbol{n} < 0$,则材料处于卸载状态,即材料从塑性状态回到弹性状态。上述判断准则,可进一步通过图 5-17、图 5-18 说明。

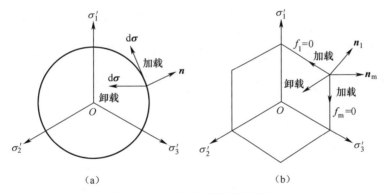

图 5-17 加载、卸载准则示意图
(a) Mises 加载、卸载;(b) Tresca 加载、卸载。

5.9.3 强化材料的加载、卸载准则

对于强化材料,屈服面随着材料的硬化不断向外扩张(以等向强化为例),因此,强化材料的加载、卸载准则的数学表达式为

$$\varphi = 0, \quad \frac{\partial \varphi}{\partial \sigma_{ij}} d\sigma_{ij} > 0 \quad (加载)$$

$$\varphi = 0, \quad \frac{\partial \varphi}{\partial \sigma_{ij}} d\sigma_{ij} = 0 \quad （中性变载）$$

$$\varphi = 0, \quad \frac{\partial \varphi}{\partial \sigma_{ij}} d\sigma_{ij} < 0 \quad （卸载）$$

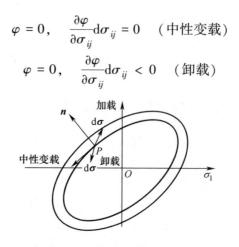

图 5-18 强化材料的加载与卸载

也就是说，在复杂的受力状态下，点的应力状态不断改变，而判断材料(某点)是处于加载还是卸载，应综合全部应力变化情况（$d\sigma_{ij}$），有的应力变大 $d\sigma_{ij} > 0$，有的变小 $d\sigma_{ij} < 0$，但总体上如果 $\frac{\partial f}{\partial \sigma_{ij}} d\sigma_{ij} > 0$ 则是加载，在主应力空间，表现为应力状态向屈服面外移动。其中，$\frac{\partial f}{\partial \sigma_{ij}}$ 可以看成应力 σ_{ij} 对屈服的影响系数，为固定值。对于硬化材料，屈服面不断等向扩张，因此加载后的应力张量也不断移动到新的屈服面上；而当 $\frac{\partial f}{\partial \sigma_{ij}} d\sigma_{ij} < 0$ 时，应力状态向屈服面内移动；而 $\frac{\partial f}{\partial \sigma_{ij}} d\sigma_{ij} = 0$ 时，各应力都可能存在变化（$d\sigma_{ij} \neq 0$），但如果维持 $\frac{\partial f}{\partial \sigma_{ij}} d\sigma_{ij} = 0$ 的话，应力状态在屈服面上移动，既不向内也不向外，材料既不加载也不卸载。

5.10 普朗特-罗伊斯方程

普朗特-罗伊斯(Prandtl-Reuss)理论是在列维-米塞斯理论的基础上发展的。Prandtl 于 1944 年提出了平面变形问题的弹塑性增量方程，并由罗伊斯推广至一般状态，所以该方程称为 Prandtl-Reuss 方程，简称 Reuss 方程。该理论认为对于变形较大的情况，忽略弹性变形是可以的，但当变形较小时，忽略弹性应变常会带来较大的误差，也不能计算塑性变形时的回弹及残余应力，因此提出在塑性区应考虑弹性应变部分，即总应变增量的分量由弹性、塑性增量分量两部分组成，即

$$\begin{cases} d\varepsilon_x = d\varepsilon_x^p + d\varepsilon_x^e, d\gamma_{xy} = d\gamma_{xy}^p + d\gamma_{xy}^e \\ d\varepsilon_y = d\varepsilon_y^p + d\varepsilon_y^e, d\gamma_{yz} = d\gamma_{yz}^p + d\gamma_{yz}^e \\ d\varepsilon_z = d\varepsilon_z^p + d\varepsilon_z^e, d\gamma_{zx} = d\gamma_{zx}^p + d\gamma_{zx}^e \end{cases} \qquad (5-67)$$

简记为

$$d\boldsymbol{\varepsilon}_{ij} = d\boldsymbol{\varepsilon}_{ij}^p + d\boldsymbol{\varepsilon}_{ij}^e \qquad (5-68)$$

式(5-68)中上角标 e 表示弹性应变增量部分，上角标 p 表示塑性应变增量部分。塑性应变增量分量可用 Levy-Mises 方程计算，即将式(5-37)微分，可得弹性应变增量表达式为

$$d\varepsilon_{ij}^e = \frac{1}{2G}d\boldsymbol{\sigma}_{ij}' + \frac{1-2v}{E}\boldsymbol{\delta}_{ij}d\sigma_m \qquad (5-69)$$

由此可得 Prandtl-Reuss 方程为

$$d\boldsymbol{\varepsilon}_{ij} = d\boldsymbol{\varepsilon}_{ij}^p + d\boldsymbol{\varepsilon}_{ij}^e = d\boldsymbol{\varepsilon}_{ij}^e = \frac{1}{2G}d\boldsymbol{\sigma}_{ij}' + \frac{1-2v}{E}\boldsymbol{\delta}_{ij}d\sigma_m + \boldsymbol{\sigma}_{ij}'d\lambda$$

式(5-69)可以写为两部分：

$$\begin{cases} d\boldsymbol{\varepsilon}_{ij}' = \frac{1}{2G}d\boldsymbol{\sigma}_{ij}' + \boldsymbol{\sigma}_{ij}'d\lambda \\ d\varepsilon_m \frac{1-2v}{E}d\sigma_m \end{cases} \qquad (5-70)$$

综合上述理论，可做如下比较：

（1）Prandtl-Reuss 理论与 Levy-Mises 理论二者的差别就在于前者考虑了弹性变形，后者没有考虑弹性变形，实质上后者可看成前者的特殊情况。可见，Levy-Mises 理论仅适用于大应变，无法求解弹性回跳与残余应力场问题；Prandtl-Reuss 方程适用于各种情况，但由于该方程较为复杂，所以用得不太多。目前，Prandtl-Reuss 方程主要用于小变形及求弹性回跳与残余应力场问题。

（2）Prandtl-Reuss 理论和 Levy-Mises 理论都提出了塑性应变增量与应力偏量之间的关系 $\varepsilon_{ij}^p = \boldsymbol{\sigma}_{ij}'d\lambda$。Prandtl-Reuss 理论是在已知应变增量分量或应变速率分量时，能直接求出各应力分量，对于理想塑性材料，仍不能在已知应力分量的情况下，直接求出应变增量或应变速率各分量的值。对于硬化材料和变形过程每一瞬间的 $d\lambda$ 是定值，故应变增量或应变速率与应力分量之间是完全单值关系。因此，在已知应力分量的情况下，可以直接求出应变增量或应变速率各分量的值。

（3）增量理论着重提出了塑性应变增量与应力偏量之间的关系，可以理解为它是建立各瞬时应力与应变增量的变化关系，而整个变形过程可以由各瞬时应变增量累积而得。因此增量理论能表达出加载过程对变形的影响，能反映出复杂的加载状况。增量理论并没有给出卸载规律，因此该理论仅适应于加载情况，卸载情

况下仍按胡克定律进行。

5.11 塑性变形的全量理论

塑性变形时全量应变主轴与应力主轴不一定重合,故提出了增量理论。增量理论比较严谨,但实际解题并不方便,因为在解决实际问题时往往感兴趣的是全量应变。从应变增量求全量应变并非易事,因此有学者提出,在一定条件下可以直接确定全量应变或建立全量应变与应力之间的关系式,称为全量理论或形变理论。

由塑性应力-应变关系特点可知,在比例加载时,应力主轴的方向将固定不变,由于应变增量主轴与应力主轴重合,所以应变增量主轴也将固定不变,这种变形称为简单变形。在比例加载的条件下,可以对 Prandtl-Reuss 方程进行积分得到全量应力应变的关系。用下式表示比例加载:

$$\begin{cases} \sigma_{ij} = C\sigma_{ij}^0 \\ \sigma'_{ij} = C\sigma'^0_{ij} \end{cases} \tag{5-71}$$

式中: σ_{ij}^0、σ'^0_{ij} 分别为初始应力和初始应力偏张量; C 为变形过程单调增函数,对于理想塑性材料,塑性变形阶段的 C 为常数。

于是式(5-70)的第一式可以写为

$$d\varepsilon'_{ij} = \frac{1}{2G}d\sigma'_{ij} + C\sigma'^0_{ij}d\lambda \tag{5-72}$$

在小变形情况下, $d\varepsilon'_{ij}$ 的积分就是 ε'_{ij} ,因此对上式的积分结果为

$$\varepsilon'_{ij} = \int (C\sigma'^0_{ij}d\lambda + \frac{1}{2G}d\sigma'_{ij}) = \sigma'_{ij} + \frac{1}{2G}\sigma'_{ij} \tag{5-73}$$

定义比例系数 $\lambda = \dfrac{\int Cd\lambda}{C}$ 以及 $\dfrac{1}{2G'} = \lambda + \dfrac{1}{2G}$,其中 G' 为塑性切变模量。由式(5-72)积分得到的全量关系式进一步写为

$$\begin{cases} \varepsilon'_{ij} = (\lambda + \dfrac{1}{2G})\sigma'_{ij} = \dfrac{1}{2G'}\sigma'_{ij} \\ \varepsilon_m = \dfrac{1-2\nu}{E}\sigma_m \end{cases} \tag{5-74}$$

这一等式最先由汉基(Hencky)于1944年提出,因此也称为汉基方程。

怎样保证变形体内各质点为比例加载是应用式(5-74)的关键。为此,一些学者提出了一些在特定条件下的全量理论,其中以伊留申(Илъюшин)在1944年提出的理论较为实用,下面介绍伊留申塑性变形的全量理论。

伊留申全量理论是在汉基理论基础上发展起来的,并且将应用范围推广到硬化材料。伊留申提出并证明了在满足下列条件时,可保证物体内每个质点都是比例加载。

(1) 塑性变形是微小的,与弹性变形属于同一数量级。
(2) 外载荷各分量按比例增加,不出现中途卸载的情况。
(3) 变形体是不可压缩的,即泊松比 $\nu = 0.5$,$\varepsilon_m = 0$。
(4) 在加载过程中,应力主轴方向与应变主轴方向固定不变且重合。
(5) σ-ε 符合单一曲线假设,并且呈现幂函数形式 $\sigma_e = B\varepsilon_e^n$。

在上述条件下,如果再假设材料是刚塑性的,则 $\dfrac{1}{2G} = 0$,式(5-74)就可以写为

$$\varepsilon'_{ij} = (\lambda + \dfrac{1}{2G})\sigma'_{ij} = \lambda \sigma'_{ij}$$

或写为

$$\varepsilon_{ij} = \lambda \sigma'_{ij} \tag{5-75}$$

式(5-75)与胡克定律式(5-39)相似,故也可以写成比例形式或差比形式:

$$\dfrac{\varepsilon_x}{\sigma'_x} = \dfrac{\varepsilon_y}{\sigma'_y} = \dfrac{\varepsilon_z}{\sigma'_z} = \dfrac{\gamma_{xy}}{\tau_{xy}} = \dfrac{\gamma_{yz}}{\tau_{yz}} = \dfrac{\gamma_{zx}}{\tau_{zx}} = \dfrac{1}{2G'} = \lambda \tag{5-76}$$

及

$$\dfrac{\varepsilon_x - \varepsilon_y}{\sigma_x - \sigma_y} = \dfrac{\varepsilon_y - \varepsilon_z}{\sigma_y - \sigma_z} = \dfrac{\varepsilon_z - \varepsilon_x}{\sigma_z - \sigma_x} = \dfrac{1}{2G'} = \lambda \tag{5-77}$$

或

$$\dfrac{\varepsilon_1 - \varepsilon_2}{\sigma_1 - \sigma_2} = \dfrac{\varepsilon_2 - \varepsilon_3}{\sigma_2 - \sigma_3} = \dfrac{\varepsilon_3 - \varepsilon_1}{\sigma_3 - \sigma_1} = \dfrac{1}{2G'} = \lambda \tag{5-78}$$

由于

$$G' = \dfrac{E'}{2(1 + \nu)} = \dfrac{E'}{3} \tag{5-79}$$

式中,G' 为塑性切变模量,E' 为塑性模量,二者与材料特性、塑性变形程度、加载历史有关,而与所处的应力状态无关。仿照推导 $d\lambda$ 的方法,可得比例系数:

$$\lambda = \dfrac{3}{2}\dfrac{\varepsilon_e}{\sigma_e}$$

$$G' = \dfrac{1}{3}\dfrac{\sigma_e}{\varepsilon_e}$$

故有

$$E' = 3G' = \dfrac{\sigma_e}{\varepsilon_e}$$

因此
$$\sigma_e = E'\varepsilon_e$$
式中：σ_e 为等效应力；ε_e 为等效应变。

将式(5-79)和 $\sigma_m = \dfrac{(\sigma_x + \sigma_y + \sigma_z)}{3}$ 代入式(5-74)，得

$$\begin{cases} \varepsilon_x = \dfrac{1}{E'}[\sigma_y - \dfrac{1}{2}(\sigma_y + \sigma_z)], & \gamma_{xy} = \dfrac{\tau_{xy}}{2G'} \\ \varepsilon_y = \dfrac{1}{E'}[\sigma_y - \dfrac{1}{2}(\sigma_x + \sigma_z)], & \gamma_{yz} = \dfrac{\tau_{yz}}{2G'} \\ \varepsilon_z = \dfrac{1}{E'}[\sigma_z - \dfrac{1}{2}(\sigma_x + \sigma_y)], & \gamma_{zx} = \dfrac{\tau_{zx}}{2G'} \end{cases} \quad (5\text{-}80)$$

式(5-80)与弹性变形时的广义胡克定律式(5-33)相似，式中的 E'、G' 与广义胡克定律式中的 E、G 相当。

在塑性成形中，由于难以保证比例加载，所以一般都采用增量理论而不能使用塑性变形的全量理论。但塑性成形理论中重要的问题之一是求变形力，此时一般只需要研究变形过程中某一特定瞬间的变形。如果以变形在该瞬时的形状、尺寸及性能作为原始状态，那么小变形全量理论与增量理论可以认为是一致的。此外的一些研究显示，某些塑性成形过程虽然与比例加载有一定偏差，运用全量理论也能得出较好的计算结果，故全量理论至今仍得到使用。

5.12　应力应变顺序对应规律

塑性变形时，当主应力 $\sigma_1 > \sigma_2 > \sigma_3$ 顺序不变，且应变主轴方向不变时，主应变的顺序与主应力顺序相对应，即 $\varepsilon_1 > \varepsilon_2 > \varepsilon_3$（$\varepsilon_1 > 0$，$\varepsilon_3 < 0$），这种规律称为应力应变"顺序对应关系"。

当 $\sigma_2 >$（或 = 或 <）$\dfrac{1}{2}(\sigma_1 + \sigma_3)$ 的关系保持不变时，相应地有 $\varepsilon_2 >$（或 = 或 <）$\dfrac{1}{2}(\varepsilon_1 + \varepsilon_3)$，称为应力应变的"中间关系"。

"顺序对应关系"和"中间关系"统称为应力应变顺序对应规律。上述规律的实质是将增量理论的定量描述变为一种定性判断。它虽然不能给出各方向应变全量的定量结果，但可以说明应力在一定范围内变化时各方向上应变全量的相对大小，进而可以推断出尺寸的相对变化。

进一步分析可以看出，应力应变中间关系是决定变形类型的依据。

(1) 当 $\sigma_2 = \dfrac{\sigma_1 + \sigma_3}{2}$，$\varepsilon_2 = 0$ 时，应变状态为 $\varepsilon_1 > 0$，$\varepsilon_2 = 0$，$\varepsilon_3 < 0$，且 $\varepsilon_1 = -\varepsilon_3$，属于剪切类变形（平面应变）。

(2) 当 $\sigma_2 > \dfrac{\sigma_1 + \sigma_3}{2}$ 时，$\varepsilon_2 > 0$ 时，应变状态为 $\varepsilon_1 > 0$，$\varepsilon_2 > 0$，$\varepsilon_3 < 0$，属于压缩类变形。

(3) 当 $\sigma_2 < \dfrac{\sigma_1 + \sigma_3}{2}$，$\varepsilon_2 < 0$ 时，应变状态为 $\varepsilon_1 > 0$，$\varepsilon_2 < 0$，$\varepsilon_3 < 0$，属于伸长类变形。

5.13 屈服轨迹上的应力分区及其与塑性成形时工件尺寸变化的关系

前面已分别论述了屈服准则及应力-应变关系理论，下面将讨论这两者之间的关系能否结合具体塑性成形工序从屈服图形（屈服表面或屈服轨迹）上表示出来。这里需解决两个问题：①根据特定塑性成形工序的受力分析找出它在屈服图形上所处的部位，进而找出变形区中不同点在屈服图形上所对应的加载轨迹；②根据应力应变顺序对应规律，将屈服图形上的应力状态按产生的应变（增量）类型进行分区，找出工件各部分尺寸变化的趋势。

5.13.1 轴对称平面应力状态屈服轨迹

分析轴对称平面应力状态下屈服轨迹上的应力分区及典型平面应力工序的加载轨迹，以薄板变形为例进行研究。设板厚方向应力为零，即 $\sigma_t = 0$。对于以 σ_ρ、σ_θ 为坐标轴描述的应力，此时椭圆方程（Mises 屈服准则）为 $\sigma_\rho^2 - \sigma_\rho \sigma_\theta + \sigma_\theta^2 = \sigma_s^2$，这是一个关于 σ_ρ、σ_θ 的椭圆方程，如图 5-19 所示。

5.13.2 屈服轨迹图分区与工序对应关系

由图 5-19 可以看出：在第 Ⅰ 象限，$\sigma_\rho > 0$，$\sigma_\theta > 0$，这与胀形及翻孔工序相对应；在第 Ⅱ 象限，$\sigma_\rho > 0$，$\sigma_\theta < 0$，这与拉拔及拉深工序相对应；在第 Ⅲ 象限，$\sigma_\rho < 0$，$\sigma_\theta < 0$，这相当于缩口工序；在第 Ⅳ 象限，$\sigma_\rho < 0$，$\sigma_\theta > 0$，这相当于扩口工序。

进一步分析，变形金属由开始变形至变形结束相当于沿屈服轨迹走一段距离。例如：拉拔工序在凹模入口处应力状态为 $\sigma_\rho = 0$，$\sigma_\theta = -\sigma_s$，对应于图 5-19 中 A_2。随着变形的进行，由椭圆上 A_2 出发沿椭圆向 C_2 前进，在凹模出口处应力状态 D_2

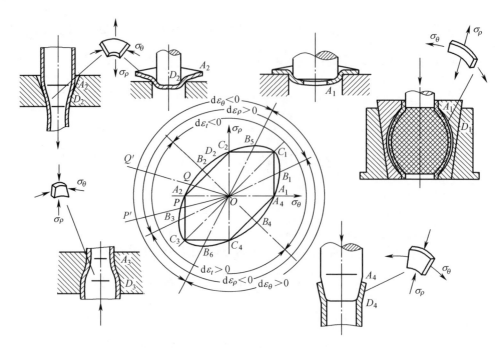

图 5-19 轴对称平面应力条件下屈服轨迹应力分区

在椭圆上所对应点的位置取决于 σ_ρ 的大小。若变形量小、润滑效果好,则 σ_ρ 较小,D_2 点可能落在 A_2B_2 区间;若变形较大、润滑效果差,则 D_2 点落在 B_2C_2 区间。图 5-19 中 B_2 点的应力状态按顺序为 $\sigma_1=\sigma_\rho$,$\sigma_2=\sigma_t=0$,$\sigma_3=\sigma_\theta=-\sigma_\rho$,此时中间主应力为 $\sigma_2=(\sigma_1+\sigma_3)/2$,由此可见沿该方向的应变增量为零,即 $d\varepsilon_t=0$,也就是说厚度不变。对于 A_2B_2 区间,恒满足 $\sigma_2=\sigma_t>(\sigma_\rho+\sigma_\theta)/2$,由应力应变顺序对应规律可以判断在 A_2B_2 区间,$d\varepsilon_\rho>0$,即长度增加;$d\varepsilon_t>0$,即厚度增加;$d\varepsilon_\theta<0$,即圆周缩小。如果轴向拉应力 σ_ρ 不大,例如薄管拉拔,变形后壁厚增加。对于 B_2C_2 区间,σ_ρ 仍为最大主应力 σ_1,σ_θ 仍为最小主应力 σ_3,沿厚度方向的主应力 $\sigma_t=\sigma_2$ 仍等于零,但此时 $\sigma_t=\sigma_2<(\sigma_\rho+\sigma_\theta)/2$,由应力应变顺序对应规律可以判断在 B_2C_2 区间,$d\varepsilon_\rho>0$,$d\varepsilon_\theta<0$,$d\varepsilon_t<0$,说明厚度方向从 B_2 点开始减薄。

管材拉拔实际变形过程总是从 A_2 点开始,在一个比值变化的应力场中加载,如果变形终点 D_2 接近 B_2,则由于总的加载历史中 $d\varepsilon_t$ 始终大于 0,因此最终的 $\varepsilon_2>0$,即厚度增加;若 D_2 点接近 C_2 点,则壁厚方向经历了在 A_2B_2 区间增加而后从 B_2 向 C_2 减小的变化过程,最终厚度变化难以估算。但是根据以上了解仍可对管材壁厚进行控制。例如,总变形量一定,若增加拉拔道次,改善润滑条件,则有利于 σ_ρ 值降低,因而有利于壁厚的增加;反之,若加大单道次变形量,润滑条件较差,则不利于壁厚的增加。

这个例子说明可以不必定量计算，运用屈服轨迹上的应力分区概念可以控制壁厚，也可以定性地了解各工艺因素，如变形量、摩擦系数等对壁厚变化的定性影响。

因此假如在开始变形时，D_2 点位于 B_2C_2 区间，在凹模口附近的材料有变薄的趋势，随着变形过程的进行，D_2 点有可能移至 A_2B_2 区间，即至此厚度不再变薄。因此，不管拉深件变形量多大，至少在筒口或法兰外缘处壁厚总是增大的。

根据"顺序对应关系"和"中间关系"可求得图 5-19 所示的屈服轨迹外的应变增量变化图。利用该图可以确定塑性变形时工件尺寸变化的趋势，其大体步骤如下：

(1) 通过实测算出变形终了瞬时的 σ_ρ 值；
(2) 针对具体材料及变形量选定 σ_s 值；
(3) 在椭圆对应于所分析的区间，根据 σ_ρ/σ_s 值求出一点 P；
(4) 做射线 OPP' 与椭圆外表示应变增量的 3 个圆相交；
(5) 根据变形区所处的范围判断各方向尺寸变化的趋势。

例如，对于缩口工序，根据 σ_ρ 及 σ_s 已定出 P 点，做射线 OPP' 交内圆于 $d\varepsilon_t>0$ 区段，交中圆于 $d\varepsilon_\rho>0$ 区段，交外圆于 $d\varepsilon_\theta<0$ 区段，如图 5-19 所示。若 P 点处于 A_2B_2 段，表明整个变形过程中各应变增量 $d\varepsilon_t$、$d\varepsilon_\rho$、$d\varepsilon_\theta$ 符号不变，因而应变全量 $\varepsilon_t>0$、$\varepsilon_\rho>0$、$\varepsilon_\theta<0$，于是可预计其尺寸变化趋势为切向尺寸缩小，壁厚增大，长度增大。

5.14 卸载问题

考虑卸载问题是区别非线性弹性体和塑性体的标志。在卸载过程中弹性变形恢复，而塑性变形保持不变。为说明卸载过程的计算，首先分析受单向拉伸的杆件。

开始时将杆件拉伸到 B 点，应力为 σ_B，而 $\sigma_B>\sigma_s$（屈服应力），这时杆件的应变为 ε_B。若此时将杆件卸载至 C 点，应力为 σ_C，显然 $\sigma_C<\sigma_s$。由图 5-20 可见残余应变和应力为

$$\varepsilon_C = \varepsilon_B - \Delta\varepsilon_{BC}$$
$$\sigma_C = \sigma_B - \Delta\sigma_{BC}$$

卸载时，应力与应变的变化符合弹性规律，即

$$\sigma_B - \sigma_C = E(\varepsilon_B - \varepsilon_C)$$
$$\Delta\sigma_{BC} = E\Delta\varepsilon_{BC}$$

式中：σ_B、σ_C 为开始卸载和终了卸载时的应力；ε_B、ε_C 为开始卸载和终了卸载时的应变；$\Delta\sigma_{BC}$、$\Delta\varepsilon_{BC}$ 为卸载过程中应力和应变的改变量。

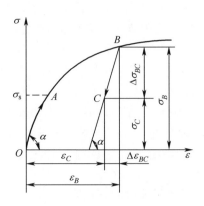

图 5-20 单向拉伸卸载过程

对于复杂应力状态,试验证明:

$$\Delta\boldsymbol{\sigma}'_{ij} = (\boldsymbol{\sigma}'^{*}_{ij} - \boldsymbol{\sigma}'_{ij}) = 2G'\Delta\boldsymbol{\varepsilon}'_{ij} = 2G'(\boldsymbol{\varepsilon}'^{*}_{ij} - \boldsymbol{\varepsilon}'_{ij})$$

如果是简单卸载,则应力和应变同样按弹性规律变化,即

$$\Delta\sigma_{\mathrm{m}} = (\sigma^{*}_{\mathrm{m}} - \sigma_{\mathrm{m}}) = 3K\Delta\varepsilon_{\mathrm{m}} = 3K(\varepsilon^{*}_{\mathrm{m}} - \varepsilon_{\mathrm{m}})$$

因此有

$$\boldsymbol{\sigma}'_{ij} = \boldsymbol{\sigma}'^{*}_{ij} - \Delta\boldsymbol{\sigma}'_{ij} = 2G'\boldsymbol{\varepsilon}'^{*}_{ij} - 2G'\Delta\boldsymbol{\varepsilon}'_{ij}$$

式中:σ^{*}_{m}、$\varepsilon^{*}_{\mathrm{m}}$、$\boldsymbol{\sigma}'^{*}_{ij}$、$\boldsymbol{\varepsilon}'^{*}_{ij}$、$\boldsymbol{\sigma}'_{ij}$、$\boldsymbol{\varepsilon}'_{ij}$、$\sigma_{\mathrm{m}}$、$\varepsilon_{\mathrm{m}}$ 为各量在开始卸载和终了卸载时的值;$\Delta\sigma_{\mathrm{m}}$、$\Delta\varepsilon_{\mathrm{m}}$、$\Delta\boldsymbol{\sigma}'_{ij}$、$\Delta\boldsymbol{\varepsilon}'_{ij}$ 为卸载过程中的平均应力、平均应变、应力偏量、应变偏量的改变量;K 为体积改变系数,$K = E/[4(1-4\nu)]$;G' 为塑性切变模量。

在简单卸载的情况下,可以先根据载荷在卸载过程中的改变量(表面力改变量 ΔP_i 和体积力改变量 $\Delta X_i (i=1,2,3)$),按弹性力学公式计算出应力和应变的改变量 $\Delta\sigma_{ij}$ 和 $\Delta\varepsilon_{ij}$,然后再从卸载开始时的应力 $\boldsymbol{\sigma}^{*}_{ij}$ 和 $\boldsymbol{\varepsilon}^{*}_{ij}$ 应变减去相应的改变量,便得到卸载后的应力 $\boldsymbol{\sigma}_{ij}$ 和应变 $\boldsymbol{\varepsilon}_{ij}$ (即残余应力和残余应变)。不难看出,如果将载荷全部卸去,则有

$$\Delta P_i = P^{*}_i, \quad \Delta X_i = X^{*}_i$$

这时物体内不仅留有残余变形,而且还有残余应力。因为卸载后的应力为 $\boldsymbol{\sigma}_{ij} = \boldsymbol{\sigma}^{*}_{ij} - \Delta\boldsymbol{\sigma}_{ij}$,其中 $\boldsymbol{\sigma}^{*}_{ij}$ 是根据 P^{*}_i、X^{*}_i 按弹塑性状态的应力应变关系计算的,而 $\Delta\boldsymbol{\sigma}_{ij}$ 是根据 ΔP^{*}_i、ΔX^{*}_i 按弹性规律计算的,两者并不相等。

非线性弹性体与塑性体的加载特点一样,而卸载规律却不一样。图 5-21(a) 所示的是非线性弹性体,其加载与卸载规律都沿着同一条曲线,变形是可逆的。图 5-21(b) 所示的是应变强化塑性体的加载与卸载规律,其应力-应变曲线为指数曲线,即 $\sigma = B\varepsilon^n$,n 为硬化指数。当 $n=1$ 时,$\sigma = B\varepsilon$,为线弹性应力-应变曲线(图 5-21(b)),卸载时按平行于此线的路径进行。

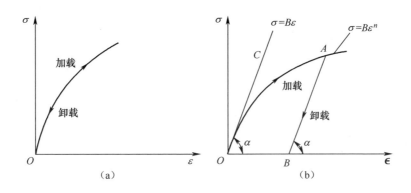

图 5-21　非线性弹性体单向加载卸载过程

5.15　真实应力-应变曲线的测定方法

5.15.1　基于拉伸试验的标称应力-应变曲线

室温下的静力拉伸试验是在万能材料试验机上以小于 $10^{-4}\mathrm{s}^{-1}$ 的应变速率进行的，标称应力(也称名义应力或条件应力)、相对线应变分别为

$$\sigma = \frac{P}{A_0}, \quad \varepsilon = \frac{\Delta l}{l_0} \tag{5-81}$$

分别以 σ、ε 为横、纵坐标，绘制出应力-应变曲线，称为标称应力-应变曲线，如图 5-22 所示。曲线上有 3 个特征点，将整个拉伸变形过程分为 3 个阶段：弹性变形、均匀塑性变形、局部塑性变形。第一个特征点是屈服点 c，是弹性变形与均匀塑性变形的分界点。具有明显屈服点的金属，曲线上呈现屈服平台，此时的应力称为屈服点(即屈服应力 σ_s)。没有明显屈服点的材料，拉伸试验曲线上无屈服平台，这时规定试件产生残余应变的应力作为材料的屈服应力，称为屈服强度(条件屈服应力)，一般用 $\sigma_{0.4}$ 表示。第二个特征点是塑性失稳点 b，是均匀塑性变形和局部塑性变形两个阶段的分界点。在 b 点之前试样均匀伸长，到达 b 点时，试样开始出现缩颈，载荷开始下降，变形集中发生在试样的某一局部，这种现象称为单向拉伸时的塑性失稳，此后，试样承载能力急剧下降。这时 b 点载荷达到最大值 $P_{\max}$，其对应的标称应力称为抗拉强度，以 σ_b 表示，即 $\sigma_b = P_{\max}/A_0$。第三个特征点是破坏点 k，试样发生断裂，是单向拉伸塑性变形的终止点。

标称应力-应变曲线($\sigma\text{-}\varepsilon$ 曲线)在塑性失稳点 b 之前随着拉伸变形过程的进行，继续变形的应力要增加，即后继屈服应力随变形程度增加而增加，这反映了材

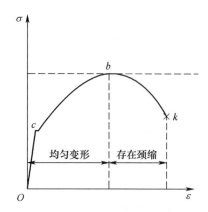

图 5-22 单向拉伸应力-应变曲线

料的强化处于主导地位。但在 b 点之后,曲线反而下降,这是由于此后产生缩颈。不过,虽然 b 点后载荷下降,但横截面面积急剧下降,所以标称应力 σ 并不能反映单向拉伸时试样横截面上的实际应力。同样,相对应变也并能不反映单向拉伸变形瞬时的真实应变,因为试样标距长度在拉伸变形过程中是不断变化的。所以,标称应力-应变曲线不能真实地反映材料在塑性变形阶段的力学特征。

5.15.2 真实应力-应变曲线的确定

上面的讨论中,应力的求解是近似的,因为拉伸后期,尤其颈缩阶段,试样截面是不断缩小的,因此式(5-81)中的应力计算公式中的 A_0 就显得不合适了,它应被拉伸过程中真实的截面积 A 替代,即

$$Y = \frac{P}{A} \quad (5\text{-}82)$$

这样计算得到的应力称为真实应力,简称为真应力,即瞬时的流动应力 Y。

在式(5-81)中,关于应变的计算也有问题,当变形小时,采用该式计算尚可,但当变形较大时,这种计算方法误差较大,此时应采用对数应变,即真应变 ϵ。

若以 ϵ 为横坐标,Y 为纵坐标,绘制出的应力-应变曲线称为真实应力-应变曲线,如图 5-23 所示。

由于影响真实应力-应变曲线的因素有材料本身的特性、变形温度、变形速度等,因此,试验是在一定的材料、一定的变形条件下进行的。一般如不加说明,则是在室温、静载变形速度下进行。曲线绘制具体步骤如下。

(1) 求出屈服点 σ_s(一般忽略弹性变形):

$$\sigma_s = \frac{P_s}{A_0}$$

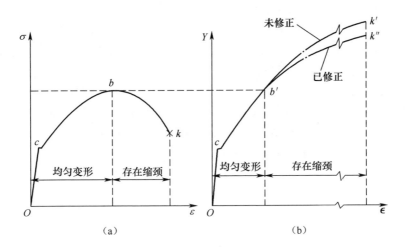

图 5-23 应力-应变曲线
(a)标称应力-应变曲线;(b)真实应力-应变曲线。

(2) 找出均匀塑性变形阶段各瞬间的真实应力 Y 和对数应变 ϵ：

$$Y = \frac{P}{A} \Rightarrow A = \frac{A_0 l_0}{l_0 + \Delta l} \Rightarrow \epsilon = \ln\frac{l}{l_0} = \ln\frac{l_0 + \Delta l}{l_0} = \ln\frac{A_0}{A}$$

从屈服点开始到塑性失稳点 b'，即在均匀塑性变形阶段，可找出几个对应点。塑性失稳点 b' 的应力和应变仍可用上述公式求出，但此时的载荷为最大载荷 $P_{\max}$。缩颈开始后为集中塑性变形阶段，由于此阶段 A 不能由体积不变条件求出，所以此阶段要求出各瞬间的应力及其对应的对数应变是很困难的。因此，只能找出断裂时的真实应力及其对应的对数应变。

(3) 找出断裂时的真实应力 Y_k，及其对应的对数应变 ϵ_k：

$$Y_k = \frac{P_k}{A_k}, \quad \epsilon_k = \ln\frac{l_k}{l_0}$$

这样，可在 $Y\text{-}\epsilon$ 坐标平面上确定出 $Y\text{-}\epsilon$ 曲线，如图 5-23(b)所示(未修正)。

在均匀塑性变形阶段，应力与应变沿整个试件均匀分布，由于 $\epsilon = \ln\frac{A_0}{A} \Rightarrow \frac{A_0}{A} = e^{\epsilon} > 1$，$Y = \frac{P}{A} = \frac{PA_0}{AA_0} = \sigma e^{\epsilon}$，因此有 $Y > \sigma$，在缩颈点有 $Y_{b'} > \sigma_b$，说明在这一阶段中，真实应力 Y 大于条件应力 σ。

在集中塑性变形阶段，塑性变形发生在某一局部形成缩颈，如图 5-24 所示。这时，标称应力-应变曲线与真实应力-应变曲线有明显的区别。在标称应力-应变曲线中 $\sigma = P/A_0$，A_0 为定值，由于 P 下降而使 σ 下降，因此 σ 在 b 点出现最大值。而在真实应力-应变曲线中 $Y=P/A$，缩颈出现后，P 下降，A 也下降，且 A 下降的速率要比 P 快得多，因而 Y 总是随变形程度的增加而增加，这正是硬化的作用，所以在曲线中无极值点。因此，真实应力-应变曲线也称硬化曲线。但这样得到的真实应力-应变曲线并不完善，因为缩颈开始后，截面发生局部收缩，试样形状也发生明显变化，缩颈部位应力状态已变为三向应力状态，试样横截面上已不再是均匀的单向拉应力。对于圆柱形试件，$\sigma_r = \sigma_\theta$，σ_r、σ_θ 在自由表面处为零，向内逐渐增加，在中心处达到最大值，因而使轴向应力 σ_z 越近试件中心也越大。因为在三向应力状态下，塑性变形必须满足塑性条件，所以有

$$\sigma_z - \sigma_r = \beta\sigma_e = \sigma_e \quad (\beta = 1)$$

因此

$$\sigma = \sigma_e + \sigma_r$$

其中，$\sigma_e = Y$。

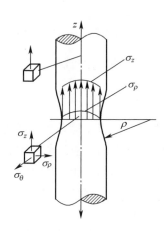

图 5-24 试样颈缩

在试件缩颈处的自由表面，$\sigma_r = \sigma_\theta = 0$，则 $\sigma_z = \sigma_e$，而在试件内部，$\sigma_r = \sigma_\theta \neq 0$，且 σ_r 越近中心越大，因而使拉伸应力 σ_z 增大，这种由于缩颈，即形状变化而产生应力升高的现象称形状硬化。而确定真实应力-应变曲线时，$b'k'$ 段 $Y=P/A$ 只是一个平均值，是反映材料冷作硬化和形状硬化总的效应，必然大于单向均匀拉伸时的拉伸应力 $\sigma_e = Y$，于是得到的曲线 $b'k'$ 有偏高的趋势。要获得反映材料实际变形抗力 σ_e 与变形程度 ϵ_e 之间的关系曲线，必须去除"形状硬化"效应的影响。西贝尔(Siebel)等提出用下式对曲线 $b'k'$ 段进行修正，$b'k'$ 段修正后成为 $b'k''$，即为所求的真实应力-应变曲线，如图 5-23(b)所示。

5.15.3 基于压缩试验确定真实应力-应变曲线

基于拉伸试验确定的真实应力-应变曲线，最大应变量受到塑性失稳的限制，

一般 $\epsilon \approx 1.0$,曲线只在 $\epsilon < 0.4$ 范围内较精确,而实际塑性成形时的应变往往比 1.0 大得多。因此,用拉伸试验确定的真实应力-应变曲线不够实用。而用压缩试验得到的真实应力-应变曲线的应变量 $\epsilon = 4.0$,甚至有人在压缩铜试样时曾获得 $\epsilon = 4.9$ 的变形程度。因此,要获得大变形程度下的真实应力-应变曲线就需要用压缩试验。

压缩试验的主要问题是试件与工具之间的接触面上不可避免地存在着摩擦,这就改变了试件的单向均匀压缩状态,并使圆柱试样出现鼓形,因而求得的应力也就不是真实应力。因此,消除接触表面间的摩擦是求得精确压缩真实应力-应变曲线的关键。

圆柱压缩试验如图 5-25 所示。上、下垫板须经淬火、回火、磨削和抛光。试件尺寸一般取 $D_0 = 20 \sim 40\text{mm}$,$D_0/H_0 = 1$。为了减小试件与垫板之间接触面上的摩擦,可在试件的端面上车出沟槽以便保存润滑剂;或将试件端面车出浅坑,浅坑中存放润滑剂,如石蜡或猪油,保持润滑作用。试验时,每压缩 10% 的高度,记录一次压力和实际高度,然后将试件和垫板擦净,重新加润滑剂,再重复上述过程。但如果试件上出现鼓形,则需将鼓形车去,并使试件尺寸仍保持在 $D/H = 1$,再重复以上压缩过程,直至压缩至所需的变形量(一般达到 $\epsilon = 1.4$ 即可)或试件侧面出现微裂纹为止。压缩时真实应力、应变分别为 $Y = \dfrac{P}{A} = \dfrac{P}{A_0 e^{\epsilon}}$, $\epsilon = \ln \dfrac{H_0}{H}$。

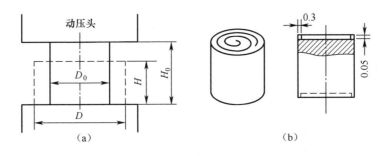

图 5-25 圆柱压缩试验

5.15.4 真实应力-应变曲线的简化形式

试验所得的真实应力-应变曲线一般都不是简单的函数关系。在解决实际塑性成形问题时,将试验所得的真实应力-应变曲线(图 5-26)表达成某一函数的形式,以便于计算。根据对真实应力-应变曲线的研究,可简化成 4 种类型。

1. 幂指数硬化曲线

如图 5-27(a)所示,大多数工程金属在室温下都有加工硬化,其真实应力-应

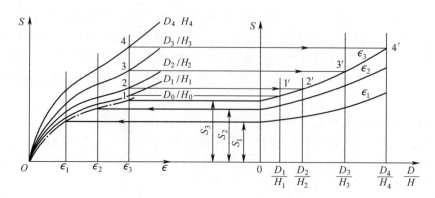

图 5-26 单向压缩应力-应变曲线

变曲线近似于抛物线形状,可精确地用指数方程表达,即

$$Y = B\epsilon^n$$

式中:B 为强度系数;n 为硬化指数。

B 与 n 不仅与材料的化学成分有关,而且与其热处理状态有关。表 5-1 列出了某些材料的 B、n 值。

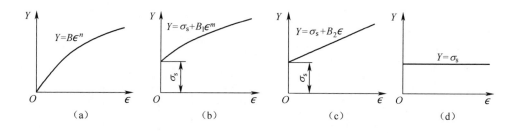

图 5-27 单向拉伸应力-应变曲线

表 5-1 一些金属材料在 40℃ 时的 B、n 值

金属名称牌号	应变速率/s^{-1}	B/MPa	n	金属名称牌号	应变速率/s^{-1}	B/MPa	n
工业纯铁	—	608.0	0.25	15Cr	慢	793.7	0.18
15 钢	1.6	784.0	0.10	40Cr	慢	861.9	0.15
20 钢	慢	745.0	0.20	Cu-1	—	452.0	0.328
35 钢	慢	901.0	0.17	Al-1	—	154.0	0.204
45 钢	1.5	950.0	0.14	1Cr18Ni9Ti	慢	1451.0	0.60
50 钢	—	970.0	0.16	5CrNiMo	慢	1172.7	0.128
60 钢	1.5	1087.2	0.12				

2. 有初始屈服应力的刚塑性硬化曲线

如图 5-27(b)所示,当有初始屈服应力时,可表达为

$$Y = \sigma_s + B_1 \epsilon^m$$

式中:B_1、m 为与材料性能有关的参数,需根据试验曲线求出。

由于与塑性变形相比,弹性变形很小,故可以忽略。因此,该形式为刚塑性硬化曲线。

3. 有初始屈服应力的刚塑性硬化直线

有时为了简化起见,可用直线代替硬化曲线,即线性硬化形式,或称硬化直线,如图 5-27(c)所示,其表达式为

$$Y = \sigma_s + B_2 \epsilon$$

式中:B_2 为硬化系数,可参考图 5-27(b),近似取 $B_2 = \dfrac{Y_{b'} - \sigma_s}{\epsilon_{b'}}$

4. 无加工硬化的水平直线

对于几乎不产生加工硬化的材料,此时硬化指数可以认为真实应力-应变曲线是一水平直线,这时的表达式为 $Y = \sigma_s$。

图 5-27(d)就是理想刚塑性材料的模型。大多数金属在高温低速下的大变形或一些低熔点金属(如铅)在室温下的大变形可采用无加工硬化假设。

5.15.5 影响真实应力-应变曲线的因素

影响真实应力-应变曲线的因素有许多,这里介绍以下两方面:

1. 变形温度对真实应力-应变曲线的影响

金属材料在不同温度下进行试验,则真实应力-应变曲线有很大差别。钢、铜、铝等不同材料在冷塑性变形过程中都存在不同程度的应变硬化现象。这些材料在加热变形条件下,随着变形温度的提高流动应力(真实应力 Y)下降。原因主要如下:

(1) 随着温度的升高,发生回复和再结晶,即所谓的软化作用,可消除和部分消除应变硬化现象;

(2) 随着温度的升高,原子的热运动加剧,动能增大,原子间结合力减弱,使临界切应力降低;

(3) 随着温度的升高,材料的显微组织发生变化,可能由多相组织变为单相组织。

但有些金属在某些温度区域,由于金属的脆性,出现了一些例外情况。如图 5-28 所示,碳钢在 400~450℃ 的蓝脆区和 800~950℃ 的红脆区,流动应力反而有所升高,但总的趋势仍是流动应力随变形温度的升高而下降。从真实应力-应变曲线来看,金属的硬化强度减小(即曲线的斜率减小),并从某一温度开始,真实应力-应变曲线接近水平线,这表明金属在变形中的硬化效应完全被软化作用消除。

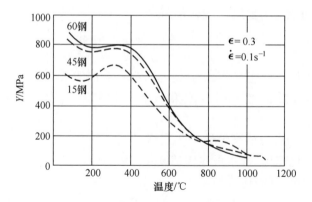

图 5-28 碳钢不同温度下的流动应力

几种材料在不同温度下静载（$\dot{\varepsilon}<10^{-4}\mathrm{s}^{-1}$）压缩时的真实应力-应变曲线如图 5-29 所示，从图中可以看出温度对软化的作用。

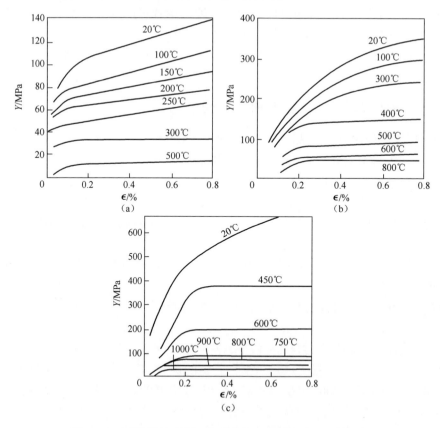

图 5-29 不同材料不同温度下静载压缩真实应力-应变曲线
（a）铝静载压缩；（b）铜静载压缩；（c）低碳钢静载压缩。

2. 变形速度对真实应力-应变曲线的影响

变形速度的增加，意味着位错运动速度的加快，必然需要更大的切应力，则流动应力必然要提高。此外，由于变形速度增加，没有足够的时间发展软化过程，这也促使流动应力提高。但另一方面，由于变形速度的增加，导致温度效应的增加，反而使流动应力降低。由此可见，变形速度最终对流动应力的影响相当复杂。具体影响程度主要取决于金属材料在具体变形条件下变形时硬化与软化的相对强度。

在冷变形时，由于温度效应显著，强化被软化所抵消，最终表现出的是：变形速度的影响不明显，如图5-30(a)所示，动态时的真实应力-应变曲线比静态时略高一点，差别不大。但在高温变形时情况则不同。高温变形时温度效应小，变形速度的强化作用显著，动态热变形时的真实应力-应变曲线比静态时高出很多，如图5-30(c)所示。温变形时的动态真实应力-应变曲线比静态时的曲线增高的程度小于热变形时的情形，如图5-30(b)所示。

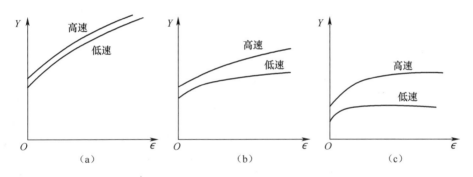

图 5-30 不同温度下变形速度对真实应力-应变曲线的影响
(a)冷变形；(b)温变形；(c)热变形。

图5-31中的试验曲线可以从数量上看出不同温度下变形速度对流动应力的影响。图中横坐标是变形时的相对温度 T_H（变形时的绝对温度 T 与熔化绝对温度 T_M 的比值，$T=(t+474)℃$），纵坐标是同一温度下动态和静态流动应力的比值 Y/σ_s。该曲线清晰地表明，随着变形温度的升高，即 T_H 的增加，Y/σ_s 值也增大。在 $T_H>0.6$ 时热变形特别明显。因此，在不同的变形温度下，变形速度的影响可归纳为：

(1) 在相对温度 $T_H<0.5$，即低于再结晶温度的冷变形时，变形速度的影响不大，σ_s 的比值变化在1~4之间。

(2) 在再结晶温度以上的热变形时，即 $T_H>0.6$，变形速度的影响特别明显。例如，$T_H=0.8$，$\dot{\varepsilon}=400س^{-1}$ 时，$Y/\sigma_s \approx 8$。这说明0.55%低碳钢在 $T_H>0.6$ 高速变形时，流动应力比室温下静态变形要大得多。

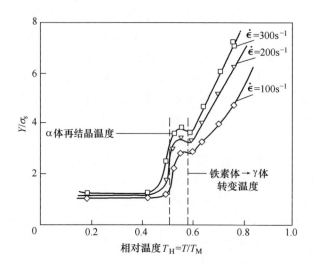

图 5-31　0.55% 低碳钢的不同相对温度、变形速度下的流动应力
与静态屈服强度的比值之间的关系（$\epsilon=0.15$）

（3）在温变形区间，即 $0.4<T_H<0.6$ 时，发生相的转变，Y/σ_s 值增大，$Y/\sigma_s \approx 4$。当然，在时 $\dot{\epsilon}<100s^{-1}$，Y/σ_s 值则相应减小。

图 5-32 所示的变化关系在二元合金中具有典型性。曲线的第一个斜率转折点相当于主要合金成分 α 铁素体的再结晶温度，第二个转折点为体心的铁素体转变为面心的 γ 体的相变温度。对于其他类似的材料也有一定的参考价值。高温、等应变速率下的真实应力-应变曲线必须使用专门的设备才能做出。

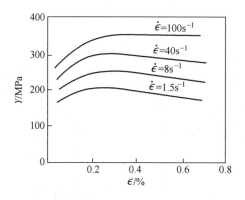

图 5-32　4Cr9Si4 钢在 1000℃时不同变形速度下的真实应力-应变曲线

实际应用中，为了方便求得不同温度下的动载流动应力，根据学者古布金对于这个问题的处理方法，可将材料静载下的流动应力（Y）乘以一个速度系数（ω），ωY 即为所求的动载荷下的应力。表 5-2 所列为古布金所推荐的速度系数（ω）值。

表 5-2 速度系数值

变形速度增加倍数 （以静速度 0.1s⁻¹ 为基准）	$T/T_熔$			
	<0.3	0.3~0.5	0.5~0.7	>0.7
10 倍	1.05~1.10	1.10~1.15	1.15~1.30	1.30~1.50
100 倍	1.10~1.22	1.22~1.32	1.32~1.70	1.70~2.25
1000 倍	1.16~1.34	1.34~1.52	1.52~2.20	2.20~3.40

注：速度系数下限值用于该温度范围内较低的温度。

习 题

1. 名词解释：Tresca 屈服准则、Mises 屈服准则。

2. Tresca 屈服准则和 Mises 屈服准则在什么应力状态下差别最大？在什么应力状态下两个屈服准则相同？

3. 试判断下列应力状态是否存在？是弹性变形状态还是塑性变形状态？

$$\sigma_{ij} = \begin{bmatrix} -5 & 0 & 0 \\ 0 & -5 & 0 \\ 0 & 0 & -4 \end{bmatrix} \sigma_s, \quad \sigma_{ij} = \begin{bmatrix} -1 & 0 & 0 \\ 0 & -0.5 & 0 \\ 0 & 0 & -1.5 \end{bmatrix} \sigma_s$$

$$\sigma_{ij} = \begin{bmatrix} -0.5 & 0 & 0 \\ 0 & 0 & 0 \\ 0 & 0 & -0.6 \end{bmatrix} \sigma_s, \quad \sigma_{ij} = \begin{bmatrix} -0.8 & 0 & 0 \\ 0 & -0.8 & 0 \\ 0 & 0 & -0.2 \end{bmatrix} \sigma_s$$

4. 已知平面应力状态 $\sigma_x = 750\text{MPa}$、$\sigma_y = 150\text{MPa}$、$\tau_{xy} = 150\text{MPa}$ 正好使材料屈服，试分别按 Tresca 和 Mises 屈服条件计算材料单向拉伸的屈服极限 σ_s。

5. 在平面应力问题中，取 $\sigma_z = \tau_{xz} = \tau_{zy} = 0$，试将 Mises 屈服条件和 Tresca 屈服条件分别用 σ_x、σ_y、τ_{xy} 表示出来。

6. 在平面应变问题中，取 $\varepsilon_z = \gamma_{xz} = \gamma_{zy} = 0$ 及泊松比 $\nu = 0.5$，试将 Tresca 和 Mises 屈服条件分别用 σ_x、σ_y、τ_{xy} 表示出来。

7. 一薄壁圆管，半径为 R，壁厚为 h，承受内压 p 作用，讨论 3 种情况：①管的两端是自由的；②管的两端是固定的；③管的两端是封闭的。分别应用 Tresca 和 Mises 两种屈服条件，求 p 为多大时管子达到屈服。

8. 薄平板在其平面内所有方向上受均匀拉伸，写出其 Tresca 屈服条件和 Mises 屈服条件。

9. 一封闭球形薄壳受内压作用,写出其 Tresca 屈服条件和 Mises 屈服条件。

10. 一薄壁圆管,平均半径 $R=50\text{mm}$,壁厚 $h=4\text{mm}$,$\sigma_s=490\text{MPa}$,承受拉力 F 和扭矩 T 的作用,在加载过程中保持 $\sigma/\tau=1$,求此圆管屈服时的 F 和 T 值(按两种屈服条件分别计算)。

11. 在下列情况下,按 Mises 屈服条件写出塑性应变增量之比:

(1) 单向拉伸轴应力状态,$\sigma_1=\sigma_s$;

(2) 双向压缩应力状态,$\sigma_1=0,\sigma_2=\sigma_3=-\sigma_s$;

(3) 纯剪应力状态,$\tau=\sigma_s/4$。

12. 在主应力 σ_1,σ_2 的平面内,屈服曲线由条件 $|\sigma_1|=\sigma_s$、$|\sigma_2|=\sigma_s$ 给出,试写出与这一屈服条件相关联的流动法则。

13. 已知一长封闭圆筒,平均半径为 R,壁厚为 h,承受内压 p 的作用而产生塑性变形,材料是各向同性的,如果忽略弹性应变,试求周向、轴向和径向应变增量的比例。

14. 已知某圆筒承受拉应力 $\sigma_z=\sigma_s/4$ 及扭矩的作用,若采用 Mises 屈服条件,试求屈服时扭转应力应为多大?并求出此时塑性应变增量的比值。

15. 已知某材料在简单拉伸时是线性强化的,即 $d\sigma/d\varepsilon^p=\psi'$ 为常数,若采用 Mises 等向强化模型,求该材料在纯剪时 $d\tau/d\gamma$ 的表达式。

16. 真实应力-应变曲线的简化类型有哪些?分别写出其数学表达式。

参考文献

[1] 曲圣年,殷有全. 塑性力学的 Drucker 公设和 Илъюшин 公设[J]. 力学学报,1981(5):465-472.

[2] 王仁,黄文彬. 塑性力学引论[M]. 北京:北京大学出版社,1984.

[3] 吉村英德. 塑性力学概论[J]. 机械の研究,1954,6(14):50.

[4] KHAN A S, KAZM R. Evolution of subsequent yield surfaces and elastic constants with finite plastic deformation. Part I: A very low work hardening aluminum alloy(A1601-T6511)[J]. International Journal of Plasticity,2009,25(4):1611-1625.

[5] 普拉格 W,霍奇 P C. 理想塑性固体理论[M]. 陈森,译. 北京:科学出版社,1964.

[6] HILL R. The plastic yielding of notched bars under tension[J]. Quarterly Journal of Mechanics and Applied Mathematics. 1949,2(1):40-52.

[7] EWING D J F, HILL R. The plastic constraint of V-notched tension bars[J]. Journal of the Mechanics and Physics of Solids,1967,15:115-124.

第 6 章

金属塑性成形的主应力法

第4、5章为塑性力学基本原理部分,推导了很多方程,这些方程概括起来有应力平衡微分方程(3个)、应变几何方程(6个)、本构关系(6个),共15个;而未知量为应力(6个)、应变(6个)、位移(3个),共15个。屈服准则可以看作一个应力边界条件,不算控制方程。由于未知数数目和方程数目相等,因此对于一个实际工程问题,理论上在一定的边界条件下求解这些方程即可。

但由于这些方程大都是偏微分方程,要求得解析解很困难,目前只有一些很简单的问题,如平面问题,可以求出解析解,而大多数问题,尤其是三维问题或复杂边界条件问题,很难求出解析解。于是,一些工程上的近似求解方法被提出来,主要有主应力法、滑移线法、上限法等。本章重点介绍主应力法的基本原理、求解方法,为解决实际工程问题奠定了基础。

6.1 主应力法的基本原理

在金属塑性成形过程中,工具对金属坯料所加载的力达到一定的数值时,坯料就会发生塑性变形,得到具有一定形状、尺寸的零件或产品。加载到金属坯料上的力称为变形力,它是设计工艺装备(工模具)及选择设备的重要参数。因此,对各种金属塑性成形工序变形过程进行力学分析,并计算所需要的变形力大小是金属塑性成形理论的主要任务之一。主应力法作为求解塑性加工问题近似解的一种方法,在工程上得到了广泛应用。

主应力法又称切块法、工程法、初等解析法、力平衡法等,是以均匀变形假设为前提,将偏微分应力平衡方程简化为常微分应力平衡方程,将 Mises 屈服准则的二次方程简化为线性方程,最后归结为求解一阶常微分应力平衡方程的问题,从而获得工程上所需要的解。主应力法的数学运算是比较简单的,并且通过主应力法计算的变形力比实际受力要大一些,因此结果是可靠的。由此可以确定材料特性、变形体几何尺寸、摩擦系数等工艺参数对变形力、变形功的影响,可为设计成形设备和模具提供依据。但是,由于上述基本假设的限制,采用主应力法无法分析变形体内的应力分布。

采用主应力法求解塑性加工问题,需要做如下基本假设:

(1) 将问题简化成平面问题或轴对称问题,并假设变形是均匀的。在平面应变条件下,变形前的平截面在变形后仍为平截面,且与原截面平行;在轴对称变形条件下,变形前的圆柱面在变形后仍为圆柱面,且与原圆柱面同轴。对于形状复杂的变形体,可以根据变形体流动规律,将其分成若干部分,对每一部分分别按平面问题或轴对称问题进行处理,最后"拼合"在一起,即可得到整个问题的解。

(2) 根据变形体的塑性流动规律切取单元体,单元体包含接触表面在内,因此,通常所切取的单元体高度等于变形区的高度;将剖切面上的正应力假设为均匀分布的主应力,这样正应力的分布只随单一坐标变化,由此将偏微分应力平衡方程简化为常微分应力平衡方程。

(3) 在应用 Mises 屈服准则时,忽略切应力和摩擦切应力的影响,将 Mises 屈服准则二次方程简化为线性方程,即在主应力法中采用的屈服准则如下。

① 对于平面应变问题,习惯用剪切屈服强度 K 表示,即

$$\sigma_x - \sigma_y = 2K \tag{6-1}$$

或写为

$$\sigma_{\max} - \sigma_{\min} = 2K = \frac{2}{\sqrt{3}}S \tag{6-2}$$

式中:S 为塑性变形的流动应力,即屈服应力。

② 对于轴对称问题,习惯用屈服应力 σ_s 表示,即

$$\sigma_r - \sigma_z = \pm \beta \sigma_s \tag{6-3}$$

6.2 镦粗变形

6.2.1 长矩形板镦粗

假设矩形板长度 $l(z$ 向$)$ 远大于高度 h 和宽度 a,则可以近似地认为矩形板沿长度方向的变形为零,由此可将长矩形板镦粗视为平面应变问题。

1. 切取单元体

长矩形板镦粗及作用在单元体上的应力如图 6-1 所示。在直角坐标系下,假

设矩形板沿 z 轴方向的变形为零,在图 6-1(a)所示的 x 轴上距原点 O 为 x 处切取宽度为 dx、长度为 l、高度为 h 的单元体,则两个平截面上的正应力分别为 σ_x 和 $\sigma_x+d\sigma_x$,正应力沿 z 方向均匀分布。设单元体与刚性压板接触表面上的摩擦切应力为 τ,摩擦切应力的方向与矩形板塑性流动方向相反。

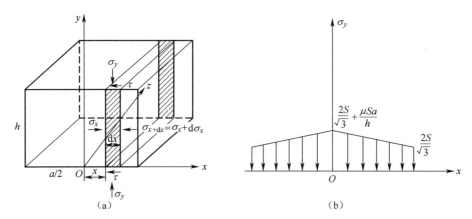

图 6-1 长矩形板镦粗及作用在单元体上的应力及正应力分布
(a)长矩形板镦粗作用在单元体上的应力;(b)常摩擦条件接触面上的正应力分布。

2. 列出单元体的静力微分平衡方程

沿 x 轴方向列出单元体的静力微分平衡方程:

$$\sum P_x = \sigma_x hl - (\sigma_x + d\sigma_x)hl - 2\tau l dx = 0 \quad (6\text{-}4)$$

整理后可得

$$d\sigma_x = -\frac{2\tau}{h}dx \quad (6\text{-}5)$$

3. 引用屈服准则

由于 y 方向上是加载方向,σ_x 和 σ_y 均为压力,且 $|\sigma_x| < |\sigma_y|$,因此

$$(-\sigma_x) - (-\sigma_y) = \frac{2}{\sqrt{3}}S \quad (6\text{-}6)$$

这里将接触面上的切应力 τ 忽略,这是主应力法的"关键"。

对式(6-6)两边微分,得

$$d\sigma_x = d\sigma_y$$

代入式(6-5)有

$$d\sigma_y = -\frac{2\tau}{h}dx \quad (6\text{-}7)$$

4. 代入摩擦条件

假设接触表面上的摩擦切应力服从常摩擦条件,即 $\tau=\mu S$,将之代入式(6-7)

并对 x 积分,得

$$\sigma_y = -\frac{2\mu S}{h}x + C \quad (6-8)$$

5. 确定积分常数 C

根据应力边界条件定积分常数。当 $x = \frac{a}{2}$ 时,$\sigma_x = 0$,由屈服准则式(6-6)可知:

$$\sigma_y \big|_{x=\frac{a}{2}} = \frac{2}{\sqrt{3}}S$$

代入式(6-8),得

$$C = \frac{2}{\sqrt{3}}S + \mu S \frac{a}{h} \quad (6-9)$$

再将 C 代入式(6-8),可得接触面上的正应力:

$$\sigma_y = \frac{2}{\sqrt{3}}S + \frac{2\mu S}{h}\left(\frac{a}{2} - x\right) \quad (6-10)$$

正应力分布如图 6-1(b) 所示。

6. 求变形力 P 和单位流动压力 p

变形力可由下式求出:

$$P = 2l\int_0^{\frac{a}{2}} \left[\frac{2}{\sqrt{3}}S + \frac{2\mu S}{h}\left(\frac{a}{2} - x\right)\right]dx = la\left(\frac{2}{\sqrt{3}}S + \frac{a\mu S}{2h}\right) \quad (6-11)$$

接触面上单位面积上的作用力称为流动压力 p,即

$$p = \frac{P}{al} = \frac{2}{\sqrt{3}}S + \frac{a\mu S}{2h} \quad (6-12)$$

7. 变形功 W

设矩形板变形前的高度为 h_0,变形后的高度为 h_1,在变形的某一瞬时,矩形板高度 h 在变形力 P 作用下,高度发生变化 dh,则变形功为

$$W = \int_{h_0}^{h_1} P dh = \int_{h_0}^{h_1} p \frac{V}{h} dh \quad (6-13)$$

式中:V 为变形体体积。

将式(6-12)代入式(6-13),可得

$$W = \int_{h_0}^{h_1} \left(\frac{2}{\sqrt{3}}S + \frac{a\mu S}{2h}\right)\frac{V}{h}dh \quad (6-14)$$

根据体积不变条件,可得 $a = \frac{V}{lh}$,代入式(6-14),得

$$W = \int_{h_0}^{h_1}\left(\frac{2}{\sqrt{3}}S + \frac{V\mu S}{2lh^2}\right)\frac{V}{h}\mathrm{d}h \tag{6-15}$$

6.2.2 圆柱体镦粗

假设在均匀变形条件下,圆柱体在压缩过程中不会出现鼓形,因此,圆柱体镦粗属于轴对称问题,宜采用圆柱坐标(r,θ,z)。设 h 为圆柱体的高度,r 为半径,σ_ρ 为径向正应力,σ_θ 为周向应力,σ_z 为 z 向压应力,τ 为接触面上的摩擦切应力。

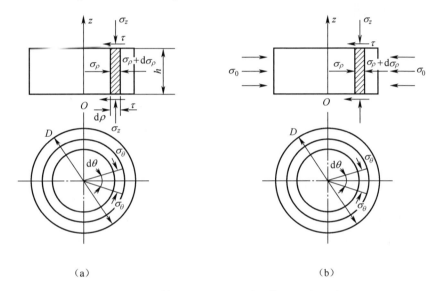

图 6-2 圆柱体镦粗及作用在单元体上的应力分量
(a)侧面不受力;(b)侧面受力。

1. 切取单元体

从变形体中切取一高度为 h、厚度为 $\mathrm{d}\rho$、中心角为 $\mathrm{d}\theta$ 的单元体。单元体上的应力分量如图 6-2(a)所示。

2. 单元体的静力微分平衡方程

单元体的静力微分平衡方程如下:

$$\sum P_r = (\sigma_\rho + \mathrm{d}\sigma_\rho)(\rho + \mathrm{d}\rho)h\mathrm{d}\theta - \sigma_\rho h\rho \mathrm{d}\theta - 2\sigma_\theta \sin\frac{\mathrm{d}\theta}{2}h\mathrm{d}\rho + 2\tau\rho \mathrm{d}\theta \mathrm{d}\rho = 0 \tag{6-16}$$

忽略高次微量,并且 $\sin\dfrac{\mathrm{d}\theta}{2} \approx \dfrac{\mathrm{d}\theta}{2}$,整理后可得

$$\sigma_\rho h\mathrm{d}\rho + \mathrm{d}\sigma_\rho \rho h - \sigma_\theta h\mathrm{d}\rho + 2\tau \mathrm{d}\rho = 0 \tag{6-17}$$

根据 4.14 节可知,圆柱体镦粗时,$\sigma_\rho = \sigma_\theta$,代入式(6-17)得

$$\mathrm{d}\sigma_\rho = -\frac{2\tau}{h}\mathrm{d}\rho \qquad (6-18)$$

3. 引用屈服准则

由于 z 轴方向上是加载方向，σ_z 和 σ_ρ 均为压力，且 $|\sigma_z| > |\sigma_\rho|$，因此如果忽略接触面上的摩擦力，此时就可以认为处于主应力状态，应用 Tresca 屈服准则：

$$(-\sigma_\rho) - (-\sigma_z) = \frac{2}{\sqrt{3}}S \qquad (6-19)$$

对上式两边微分，得

$$\mathrm{d}\sigma_\rho = \mathrm{d}\sigma_z$$

代入式(6-18)，得

$$\mathrm{d}\sigma_z = -\frac{2\tau}{h}\mathrm{d}\rho \qquad (6-20)$$

4. 代入摩擦条件

假设接触面上的摩擦切应力服从常摩擦条件，即 $\tau = \mu S$，将常摩擦条件代入式(6-20)并对 ρ 积分，得

$$\sigma_z = -\frac{2\mu S}{h}\rho + C \qquad (6-21)$$

5. 确定积分常数 C

根据应力边界条件定积分常数。当 $\rho = \frac{D}{2}$ 时，$\sigma_\rho = 0$，由屈服准则公式(6-19)可知：

$$\sigma_z = \frac{2}{\sqrt{3}}S$$

代入式(6-21)可得

$$C = \frac{2}{\sqrt{3}}S + \mu S\frac{D}{h} \qquad (6-22)$$

再将 C 代入式(6-21)，可得接触面上的正应力：

$$\sigma_z = \frac{2}{\sqrt{3}}S + \frac{2\mu S}{h}\left(\frac{D}{2} - \rho\right) \qquad (6-23)$$

6. 求变形力 P 和单位流动压力 p

变形力可由式(6-21)求出，即

$$P = 2\pi\int_0^{\frac{D}{2}}\rho\sigma_z\mathrm{d}\rho = \int_0^{\frac{D}{2}}2\pi\rho\left[\frac{2}{\sqrt{3}}S + \frac{2\mu S}{h}\left(\frac{D}{2} - \rho\right)\right]\mathrm{d}\rho = \frac{\sqrt{3}}{6}\pi SD^2 + \frac{\pi\mu D^3 S}{12h}$$

$$(6-24)$$

接触面上单位面积上的作用力称为流动压力 p，即

$$p = \frac{P}{\pi\left(\frac{D}{2}\right)^2} = \frac{2\sqrt{3}}{3}S + \frac{\mu SD}{3h} \tag{6-25}$$

如果在侧面作用有均布压力 σ_0，如图 6-2(b)所示，由式(6-21)可知，当 $\rho = \frac{D}{2}$ 时，$\sigma_\rho = \sigma_0$，由屈服准则可知：

$$\sigma_z = \frac{2}{\sqrt{3}}S + \sigma_0$$

代入式(6-21)可得

$$C = \frac{2S}{\sqrt{3}} + \frac{\mu SD}{h} + \sigma_0 \tag{6-26}$$

代入式(6-21)可得

$$\sigma_z = \frac{2}{\sqrt{3}}S + \frac{\mu S}{h}\left(\frac{D}{2} - \rho\right) + \sigma_0 \tag{6-27}$$

变形力可由下式求出：

$$P = 2\pi\int_0^{\frac{D}{2}} \rho\sigma_z \mathrm{d}\rho = \int_0^{\frac{D}{2}} 2\pi\rho\left[\frac{2}{\sqrt{3}}S + \frac{2\mu S}{h}\left(\frac{D}{2} - \rho\right) + \sigma_0\right]\mathrm{d}\rho$$

$$= \left(\frac{\sqrt{3}}{6}\pi S + \frac{\pi}{4}\sigma_0\right)D^2 + \frac{\pi\mu SD^3}{12h}$$

接触面上单位面积上的作用力 p 为

$$p = \frac{P}{\pi\left(\frac{D}{2}\right)^2} = \frac{2\sqrt{3}}{3}S + \frac{\mu SD}{3h} + \sigma_0 2 \tag{6-28}$$

6.3 筒形件拉深

拉深是把剪裁或冲裁成一定形状的平板毛坯利用模具变成开口空心工件的成形方法。用拉深工艺可以制得筒形、阶梯形、锥形、盒形及其他形状复杂的零件。拉深工艺若与其他成形工艺配合，还可以生产形状极为复杂的薄壁零件，而且强度高、刚度好、重量轻。因此，拉深工艺在汽车、飞机、拖拉机、电器、仪表、电子工业以及日常生活用品的生产中占有重要地位。

6.3.1 拉深时的应力和应变状态

为了更深刻地认识拉深过程，了解拉深时发生的各种现象，以满足工艺设计和零件质量分析的要求,有必要了解拉深过程中材料各部分的应力和应变状态。

拉深时,凹模平面上的材料其外径要逐步缩小,向凹模口部流动,然后转变成工件侧壁的一部分。由于在凸缘外边,多余材料比内边的多,因此在拉深过程中不同位置的材料其应力与变形是不同的。随着拉深的进展,变形区同一位置处材料的应力和应变状态也在变化。

设在压边条件下,首次拉深时的某一时刻,材料处于图 6-3 所示的情况,现研究其各部分的应力及应变状态。在图 6-3 中,σ_1、ε_1 为毛坯的径向应力、应变,σ_2、ε_2 为毛坯厚度方向的应力、应变,σ_3、ε_3 为毛坯切向(周向)的应力、应变。

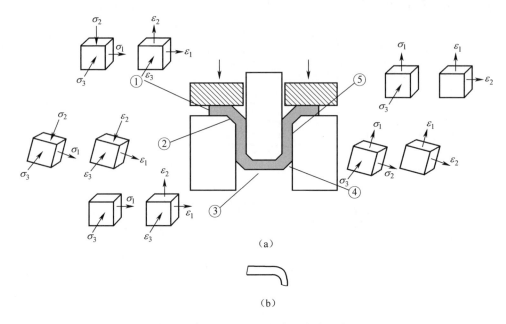

图 6-3　拉深时毛坯的应力和应变状态图

1. 平面凸缘(变形区)部分

这部分是扇形格子变成矩形的区域(图 6-4),拉深变形主要在这一区域内完成。从中取出单元体进行研究。根据前面的分析,径向受拉应力 σ_1 作用,切向受压应力 σ_3 作用,厚度方向因有压边力而受压应力 σ_2 作用,是三维应力状态。在 3 个主应力中,σ_1 和 σ_3 的绝对值比 σ_2 大得多。σ_1 和 σ_3 的值,由于剩余材料在凸缘区外边多、内边少,因而从凸缘外边向内是变化的,σ_1 由零增加到最大,而 σ_3 由最大减小到最小。由压应力 σ_2 产生的径向摩擦切应力 τ 对单元体变形影响可忽略不计。

单元体的应变状态也是三维的,可根据塑性变形体积不变定律或全量塑性应力与塑性应变关系式来确定。在凸缘外边,σ_3 是绝对值最大的主应力,故 ε_3 是绝对值最大的压缩变形。根据塑性变形体积不变定律，ε_1 和 ε_2 必为伸长变形。

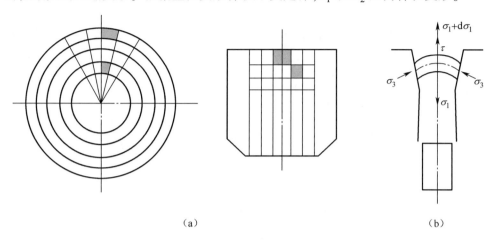

图 6-4　平面凸缘上的扇形拉深后变成筒形竖直壁上的矩形
(a)毛坯变形前后的网格变化；(b)拉深前后扇形单元的受力与变形情况。

在凸缘内区，靠近凹模圆角处，σ_1 是绝对值最大的主应力，故 ε_1 是绝对值最大的拉深变形，ε_3 则为压缩变形。而 ε_2 是伸长变形还是压缩变形，要视单元体所受应力 σ_1、σ_3 的比值确定。通常在凸缘外边 ε_2 为伸长变形，内边为压缩变形。板料毛坯拉深后，凸缘变形后的厚度变化如图 6-3(b)所示。

2. 凹模圆角部分

这是凸缘和筒壁部分的过渡区，材料的变形比较复杂，除有与凸缘部分相同的特点，即径向受拉应力 σ_1 和切向受压应力 σ_3 作用外，还要受凹模圆角的压力和弯曲作用而受压应力 σ_2 作用，变形状态是三向的，ε_1 是绝对值最大的主变形，ε_2 和 ε_3 是压缩变形。

3. 筒壁部分(传力区)

这部分材料已经变成筒形，不再产生大的塑性变形，起到将凸模的压力传递至凸缘变形区的作用，是传力区。σ_1 是凸模产生的拉应力，由于凸模阻碍材料在切向自由收缩，σ_3 也是拉应力，σ_2 为零。变形为平面应变状态，ε_1 为拉深应变，ε_2 为压缩应变，$\varepsilon_3 = 0$。

4. 凸模圆角部分

这部分是筒壁和圆筒底部的过渡区，它承受径向拉应力 σ_1 和切向拉应力 σ_3 的作用，厚度方向受到凸模压力和弯曲作用而产生压应力 σ_2。变形为平面状态，ε_1 为拉深应变，ε_2 为压缩应变，$\varepsilon_3 = 0$。

5. 圆筒底部(小变形区)

这部分材料从拉深一开始就被拉入凹模内，始终保持平面形状，由它把受到的凸模作用力传给筒壁部,形成轴向拉应力。它受两向拉应力 σ_1 和 σ_3 作用,相当于周边受均匀拉力的圆板。变形是三向的,ε_1 和 ε_3 为拉伸应变,ε_2 为压缩应变。由于凸模圆角处的摩擦制约底部的拉深,故圆筒底部变形不大,只有 1%~3%,可忽略不计。

6.3.2 拉深过程的力学分析

拉深时,毛坯的不同区域具有不同的应力、应变状态,而且应力、应变状态的绝对值是随着拉深过程而不断变化的。本节从力学上对拉深过程进行分析,先找到凸缘变形区的应力分布,再讨论拉深过程中历程的变化规律,最后从理论上求出拉深时凸模所加拉深力 P。

1. 凸缘变形区的应力分析

拉深过程中某时刻,凸缘变形区的应力分布为:径向受拉应力 σ_1 作用,切向受压应力 σ_3 作用,厚度方向受压边圈所施加的压应力 σ_2 作用,如 σ_2 忽略不计,则只需要求 σ_1 和 σ_3 的值,就可知变形区的应力分布。当毛坯半径为 R_0 的板料拉深到半径为 R_t 时,采用压边圈拉深应力分布如图 6-5 所示。

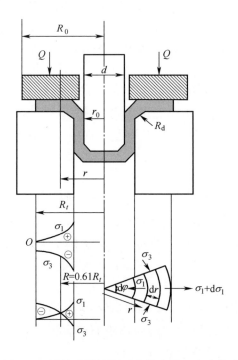

图 6-5 圆筒形件拉深时凸缘变形区应力分布

1) 切取单元体

从变形体中切取一厚度为 t，径向厚度为 dr，中心角为 $d\varphi$ 的单元体。单元体上的应力分量如图 6-5 所示。

2) 列出单元体的静力微分平衡方程

$$\sum P_r = (\sigma_1 + d\sigma_1)(r + dr)td\varphi - \sigma_1 rtd\varphi + 2\sigma_3 drt\sin\frac{d\varphi}{2} = 0 \quad (6-29)$$

忽略高次微量，并且有

$$\sin\frac{d\varphi}{2} \approx \frac{d\varphi}{2}$$

整理后可得

$$d\sigma_1 = -(\sigma_1 + \sigma_3)\frac{dr}{r} \quad (6-30)$$

3) 引用屈服准则

$$\sigma_1 - (-\sigma_3) = \beta\bar{\sigma}_s$$

式中：$\bar{\sigma}_s$ 为变形区材料的平均抗力。

若 β 取 1.1，则有

$$\sigma_1 + \sigma_3 = 1.1\bar{\sigma}_s$$

对式(6-30)中的 r 积分，得

$$\sigma_1 = -1.1\bar{\sigma}_s \ln r + C \quad (6-31)$$

4) 确定积分常数 C

根据应力边界条件定积分常数。当 $r=R_t$ 时，$\sigma_1=0$，代入式(6-31)得

$$C = 1.1\bar{\sigma}_s \ln R_t$$

最后，经整理得径向拉应力 σ_1 和切向压应力 σ_3 为

$$\sigma_1 = 1.1\bar{\sigma}_s \ln \frac{R_t}{r} \quad (6-32)$$

$$\sigma_3 = 1.1\bar{\sigma}_s \left(1 - \ln\frac{R_t}{r}\right) \quad (6-33)$$

式中：R_t 为拉深中某时刻凸缘半径；r 为凸缘区内任意一点的半径。

由式(6-32)和式(6-33)可知，凸缘区变形区内 σ_1 和 σ_3 是按指数规律分布的，如图 6-5 所示。在凸缘变形区内边缘（凹模入口处），即 $r=r_0$ 处，σ_1 最大，且有

$$\sigma_{1\max} = 1.1\bar{\sigma}_s \ln\frac{R_t}{r_0} \quad (6-34)$$

而 σ_3 最小，且有

$$\sigma_{3\min} = 1.1\bar{\sigma}_s \left(1 - \ln\frac{R_t}{r_0}\right)$$

在凸缘变形区外边缘 $r_0 = R_t$ 处,压应力 σ_3 最大值为:

$$\sigma_{3\max} = 1.1\bar{\sigma}_s$$

而拉应力 σ_1 为零。

凸缘从外边向内边变化,σ_1 由低到高变化,σ_3 则由高到低变化,因此在凸缘中间必有一交点存在,如图 6-5 所示。在交点处 σ_1 和 σ_3 的绝对值相等,即 $|\sigma_1| = |\sigma_3|$,则有 $R = 0.61R_t$。

在交点 $R = 0.61R_t$ 处做一圆,将凸缘分成两部分,由此圆向外到边缘($R > 0.61R_t$),$|\sigma_3| > |\sigma_1|$,压应变 ε_3 为绝对值最大的主应变,厚度方向上的变形 ε_2 是拉应变,此处板料略有增厚;由此圆向内到凹模口($R < 0.61R_t$),$|\sigma_1| > |\sigma_3|$,拉应变 ε_1 为最大主应变,ε_2 为压应变,此处板料略有减薄。因此,交点处就是凸缘变形区厚度方向是增厚还是减薄的分界点。但就整个凸缘变形区来说,以压缩变形为主的区域比以拉应变形为主的区域大得多,所以拉深变形属于压缩类变形。

2. 拉深过程中 $\sigma_{1\max}$ 和 $\sigma_{3\max}$ 的变化规律

当毛坯凸缘半径由 R_0 变化到 R_t 时,$\sigma_{1\max}$ 和 $\sigma_{3\max}$ 是在凹模洞口的最大拉应力和凸缘最外边的最大压应力。在不同的拉深时刻,R_t 是随 $R_0 \to r_0$ 的变化而变化的,所以拉深过程中 $\sigma_{1\max}$ 和 $\sigma_{3\max}$ 也是不同的,何时出现最大值 $\sigma_{1\max}^{\max}$ 和 $\sigma_{3\max}^{\max}$,对于防止拉深时起皱和破裂是很有必要的。

1) $\sigma_{1\max}$ 的变化规律

$$\sigma_{1\max} = 1.1\bar{\sigma}_s \ln \frac{R_t}{r_0} \tag{6-35}$$

根据式(6-34)可知,只要给出拉深材料的牌号、毛坯半径 R_0 和工件半径 r_0 及某瞬时的凸缘半径 R_t,就可求得 R_t 时的平均抗力 $\bar{\sigma}_s$,进而算出此时的 $\sigma_{1\max}$。把不同的 R_t 所对应的 $\sigma_{1\max}$ 值连成图 6-6 所示的曲线,即为整个拉深过程中凹模入口处径向拉应力 $\sigma_{1\max}$ 的变化情况。式(6-34)还可以写为

$$\sigma_{1\max} = 1.1\bar{\sigma}_s \ln \frac{R_t}{r_0} = 1.1\bar{\sigma}_s \ln \frac{R_t R_0}{r_0 R_0} = 1.1\bar{\sigma}_s \left(\ln \frac{R_t}{R_0} + \ln \frac{1}{m} \right) \tag{6-36}$$

拉深开始时,有

$$R_t = R_0$$

$$\sigma_{1\max} = 1.1\bar{\sigma}_s \ln \frac{R_0}{r_0}$$

随着拉深的进行,$\sigma_{1\max}$ 逐渐增大,大约拉深到 $R_t = (0.7 \sim 0.9)R_0$ 时,便出现最大值 $\sigma_{1\max}^{\max}$。后续随着拉深的进行,$\sigma_{1\max}$ 又逐渐减少,直到拉深结束 $R_t = r_0$ 时,$\sigma_{1\max}$ 减少至零。

$\sigma_{1\max}$ 的变化与 $\bar{\sigma}_s$ 和 $\ln \frac{R_t}{r_0}$ 这两个因素有关(式(6-34)),这是两个相反的因

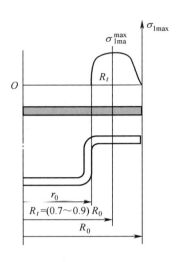

图 6-6　拉深过程中 $\sigma_{1\max}$ 的变化

素。随着拉深过程的进行,变形抗力逐渐增大,硬化程度逐渐加大,$\bar{\sigma}_s$ 增长很快,起主导作用,达到最大值后硬化稳定;而 $\ln\dfrac{R_t}{r_0}$ 表示材料变形区的大小,随着拉深过程而逐渐减少,直至变形区减少至 $R_t = r_0$,$\sigma_{1\max}=0$,拉深结束为止。由式(6-36)可知,$\sigma_{1\max}^{\max}$ 的具体数值取决于板料的力学性能和拉深系数 m,即给出种材料力学性能参数和拉深系数就可以计算相应的 $\sigma_{1\max}^{\max}$。

2)$\sigma_{3\max}$ 的变化规律

由 $\sigma_{3\max}=1.1\bar{\sigma}_s$ 可知,$\sigma_{3\max}$ 只与材料有关,随着拉深的进行,变形程度增加,硬化加大,变形抗力 $\bar{\sigma}_s$ 随之增加,$\sigma_{3\max}$ 始终上升,直到拉深结束时 $\sigma_{3\max}$ 达到最大值 $\sigma_{3\max}^{\max}$,其变化规律与材料真实应力曲线相似。拉深开始时,$\sigma_{3\max}$ 增加比较快,以后趋于平缓,$\sigma_{3\max}$ 的增加会使毛坯发生起皱的趋势。

3)拉深中起皱的规律

前面分析,凸缘部分是拉深过程中的主要变形区,而凸缘变形区的主要变形是切向压缩。拉深中是否起皱与切向压缩(压应力 σ_3)的大小和凸缘的相对厚度 $\dfrac{t}{R_t}-r\left(\text{或}\dfrac{t}{D_t}-d\right)$ 有关。材料受到的切向压缩越大,起皱越严重,而材料的相对厚度越大,就越不容易起皱。拉深时凸缘外边缘 σ_3 最大,因此凸缘外边缘是首先发生起皱的地方。由于凸缘外边缘的切向压应力 $\sigma_{3\max}$ 在拉深中是逐级增加的,更增加了起皱失稳的可能性;但随着拉深的进行,凸缘变形区不断缩小而相对厚度逐渐增大,抑制了材料失稳起皱的可能性,这两个作用相反的因素在拉深中互相消长,使得起皱必在拉深过程中的某一阶段发生。实验证明,失稳起皱的规律与 $\sigma_{1\max}$ 的变化规律类似,凸缘最容易失稳起皱的时刻基本上就是 $\sigma_{1\max}^{\max}$ 出现的时刻,即 $R_t = (0.7 \sim 0.9)R_0$ 时。

6.3.3 筒壁传力区的受力分析

1. 筒壁应力分析

拉深进行时,凸模产生的拉深力 F 通过筒壁传至凸缘内边缘(凹模入口处)将变形区材料拉入凹模,如图 6-7 所示。筒壁所受的拉应力由以下几部分组成。

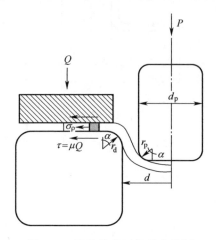

图 6-7 筒壁传力区的受力分析

(1) 克服毛坯与压边圈、毛坯与凹模之间因摩擦引起的拉应力 σ_m。

$$\sigma_m = \frac{2\mu Q}{\pi d t} \tag{6-37}$$

式中:μ 为材料与模具间的摩擦系数;Q 为压边力(N);d 为凹模内径(mm);t 为材料厚度(mm)。

(2) 克服材料流过凹模圆角时产生弯曲变形所引起的拉应力 σ_w。

可根据弯曲时内力和外力所做功相等的条件按下式计算:

$$\sigma_w = \frac{t\sigma_b}{2r_d + t} \tag{6-38}$$

式中:r_d 为凹模圆角半径;σ_b 为材料的强度极限。

(3) 克服凸缘变形区的变形抗力 $\sigma_{1\max}$。

(4) 克服材料流过凹模圆角的摩擦阻力。

由摩擦引起的阻力为

$$(\sigma_{1\max} + \sigma_m) e^{\mu\alpha} \tag{6-39}$$

式中:α 为凸缘材料绕过凹模圆角时的包角。

因此,筒壁所受的拉应力总和为

$$\sigma_p = (\sigma_{1\max} + \sigma_m)e^{\mu\alpha} + \sigma_w \tag{6-40}$$

在拉深的某一阶段,凸缘的径向拉应力达到了最大值 $\sigma_{1\max}^{\max}$,而包角 α 也趋于 90°,此时 σ_p 变为 $\sigma_{p\max}$,因为

$$e^{\mu\alpha} = 1 + \mu\frac{\pi}{2} = 1 + 1.6\mu \tag{6-41}$$

所以

$$\sigma_{p\max} = (\sigma_{1\max}^{\max} + \sigma_m)(1 + 1.6\mu) + \sigma_w \tag{6-42}$$

由式(6-40)和式(6-42)所表示的 $\sigma_{1\max}^{\max}$、σ_w、σ_m 的值,可得

$$\sigma_{p\max} = \left[\left(\frac{a}{m} - b\right)\sigma_b + \frac{2\mu Q}{\pi dt}\right](1 + 1.6\mu) + \frac{t\sigma_b}{2r_d + t} \tag{6-43}$$

式中: $\sigma_{1\max}^{\max} \approx \left(\frac{a}{m} - b\right)\sigma_b$;$a$、$b$ 与材料的力学性能参数及 σ_b 有关,可查相关手册。

式(6-43)把影响拉深力的因素,如拉深变形程度、材料性能、零件尺寸、凹模圆角半径、压边力、润滑条件等都反映出来了,有利于改善拉深工艺。

拉深力可由下式求出:

$$P = \pi dt\sigma_p\sin\alpha \tag{6-44}$$

式中:α 为 σ_p 与水平线的交角,如图6-7所示。

由式(6-40)可知,σ_p 在拉深中是随 $\sigma_{1\max}$ 和 α 包角的变化而变化的。根据前面分析,拉深中材料凸缘的外缘半径 $R_t = (0.7 \sim 0.9)R_0$ 时,$\sigma_{1\max}$ 达最大值 $\sigma_{1\max}^{\max}$,此时包角 α 接近90°,拉深过程中的最大拉深力为

$$P_{\max} = \pi dt\sigma_{p\max} \tag{6-45}$$

拉深中,如果 $\sigma_{p\max}$ 超过了危险断面的强度 σ_b,则产生断裂。

2. 拉深变形中的起皱和拉裂

由于拉深过程中毛坯各部分的应力、应变状态不同,而且随着拉深过程的进行还在变化,使得拉深变形产生如下特有的现象或缺陷。

1) 起皱

拉深时凸缘变形区内的材料受压应力 σ_3 的作用。在 σ_3 作用下的凸缘部分,尤其是凸缘外边部分的材料可能会失稳而沿切向形成高低不平的皱褶(拱起),这种现象称为起皱,在拉深薄的材料时更容易发生。起皱现象对拉深的进行是很不利的。毛坯起皱后很难通过凸、凹模间隙拉入凹模,容易使毛坯受到过大的拉力而断裂报废。为了不拉破,必须降低拉深变形程度,这样就要增加工序道数。当模具间隙大,或者起皱不严重时,材料能勉强被拉进凹模内形成筒壁,但皱褶会在工件的侧壁上保留下来,影响零件的表面质量。同时,起皱后材料和模具间的摩擦加

剧,磨损增加,模具的寿命大为降低。

2) 拉裂

板料拉深成圆筒形工件后,其厚度沿底部向口部是不同的,如图 6-8 所示,在圆筒件侧壁的上部厚度增加最多,约为 30%,而在筒壁与底部转角稍上的地方板料厚度最小,厚度减少了近 10%,所以此处是拉深时最容易被拉断的地方,通常称此断面为"危险断面"。拉深零件直壁上的变化为什么会不均匀呢?这是由于 σ_1 从凸缘最外边向凹模口的变化是由小变大的,而 σ_3 从凸缘最外边向凹模口的变化是由大变小的。凸缘上的厚度从最外边到凹模口的变化是由大变小的,从 $R=0.61R_t$ 至凸缘外边,板厚将增大,有 $\varepsilon_2>0$, $t'>t_0$、(t_0、t' 分别为拉深前和拉深后板料的厚度);从 $R=0.61R_t$ 至凹模口,板厚将减小,有 $\varepsilon_2<0$, $t'<t_0$;$R=0.61R_t$ 处,板厚不变,有 $\varepsilon_2=0$, $t_0=t'$。凸缘变形区需要转移的剩余三角形材料从凸缘最外边到凹模口的变化也是从多变少的,虽然多余材料除一部分流到工件高度上增加高度外,有一部分转移到材料厚度方向,但拉深时凸模先接触的是较薄的材料,并将这部分拉进凹模内,后续较厚的材料被拉进凹模内变成直壁就要比原先拉进凹模内的材料要厚,而且筒壁厚度越靠近口部越厚,所以危险断面就发生在最早拉进凹模内变成直壁与底部转角稍上的地方。在拉深过程中,如果 σ_{pmax} 超过了危险断面的强度 σ_b,则产生破裂,即使未拉破,由于该处变薄过于严重,也可能使产品报废。

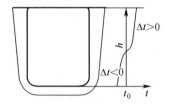

图 6-8 拉深厚度沿高度变化

习 题

1. 主应力法求解变形力的原理是什么?有何特点?
2. 分析拉深变形时应力、应变的变化。为什么凸缘上取单元体进行微分平衡方程求解应力时,不考虑板料上下面与工具接触处的摩擦切应力?
3. 板料拉深成形过程中的起皱和破裂是如何发生的?如何抑制的?

参考文献

［1］李尧．金属塑性成形原理［M］．北京：机械工业出版社，2018．
［2］杜艳迎，刘凯，陈云金．金属塑性成形原理［M］．武汉：武汉理工大学出版社，2020．

第 7 章 滑 移 线 法

求解塑性成形过程中变形体所受到的力,除了用主应力法以外,还可以用滑移线法。滑移线法是学者研究金属塑性变形过程中,对光滑试样表面出现的"滑移带"经过力学分析,而逐步形成的一种图形绘制与数值计算相结合的求解平面塑性流动问题的理论方法。主应力法一般只能求解接触面上的总变形力和压力分布,不能研究变形体内的应力分布情况,而滑移线法能够做到。除此以外,滑移线法数学上比较严谨,理论比较完整,计算精度较高,如果滑移线再与计算机技术相结合,还可以大大提高运算效率,因此是一种重要的计算方法。本章将介绍滑移线的基本理论和基本性质。

7.1 理想刚塑性平面应变问题

7.1.1 平面变形应力状态

处于平面塑性应变状态下的变形体,各质点处均存在最大切应力,由于最大切应力都是成对出现且相互正交的,因此,整个塑性变形区是由两簇互相正交的滑移线组成的网络,即滑移线场。滑移线法就是针对具体的工艺和变形过程,建立对应的滑移线场,然后利用滑移线的某些特性来求解塑性成形问题。滑移线场理论包括应力场理论和速度场理论。尽管滑移线场理论是针对理想刚塑性材料在平面变形的条件下所建立的,但在一定条件下,也可用于非平面应变问题及硬化材料的情况。

下面以图 7-1 所示的平面应变为例,具体讲解滑移线法的求解步骤。

处于塑性平面应变状态下的变形体,塑性区内各点的流动都分别在各相互平行的平面内进行,且各平面内的变形情况完全相同。设 z 轴方向应变为零($\varepsilon_z =$

$\gamma_{zx}=\gamma_{yz}=0$),则如图 7-1(a) 所示。塑性变形体内任意一点 P 的应力状态可用塑性流动平面 xOy 内平面应力单元体来表示,如图 7-1(b) 所示。而其应力莫尔圆如图 7-1(c) 所示,图 7-1(d) 是过 P 点并标注其应力分量的微分面,称为物理平面。由应力莫尔圆求其最大切应力 K 为

$$\tau = \sqrt{\left(\frac{\sigma_x - \sigma_y}{2}\right)^2 + \tau_{xy}^2} = \frac{\sigma_1 - \sigma_3}{2} = K \tag{7-1}$$

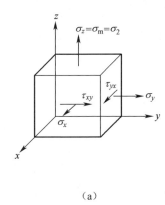

(a)

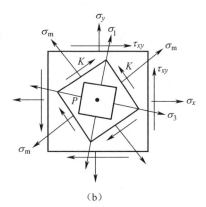

(b)

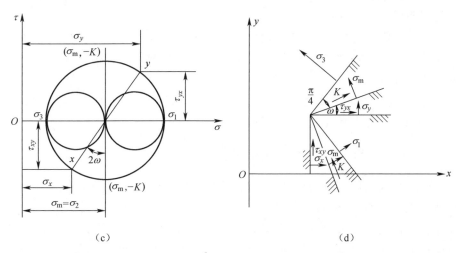

(c)   (d)

图 7-1 塑性平面应变状态下任意一点 P 的应力状态、应力莫尔圆和物理平面

按 Tresca 屈服准则,有

$$K = \frac{\sigma_s}{2} \tag{7-2}$$

按 Mises 屈服准则,有

$$K = \frac{\sigma_s}{\sqrt{3}} \tag{7-3}$$

K 的方向与主应力 σ_1 成 $\pm\frac{\pi}{4}$ 夹角,与 Ox 轴成 ω 夹角;而作用在最大切应力平面上的正应力等于中间主应力 σ_2 或平均应力 σ_m,即

$$\sigma_m = \sigma_2 = \frac{\sigma_1 + \sigma_3}{2} = \frac{\sigma_x + \sigma_y}{2} \tag{7-4}$$

由应力状态和应力莫尔圆可知,各应力分量可以用 σ_m、K 及 ω 表示:

$$\begin{cases} \sigma_1 = \sigma_m + K \\ \sigma_1 = \sigma_m \\ \sigma_3 = \sigma_m - K \end{cases} \quad \text{或} \quad \begin{cases} \sigma_x = \sigma_m - K\sin(2\omega) \\ \sigma_y = \sigma_m + K\sin(2\omega) \\ \tau_{xy} = K\cos(2\omega) \end{cases} \tag{7-5}$$

可得

$$\tan(2\omega) = -\frac{\sigma_x - \sigma_y}{\tau_{xy}}$$

以上推导均假设材料为理想刚塑性材料,目的是为了简化,而从实际材料性能中抽象出来的一种假想的固体模型。这种材料是在屈服前处于无变形的刚性状态(不考虑弹性变形),一旦屈服,则进入无强化的塑性流动状态,即假设材料是在恒定的屈服压力下的变形。

对于理想刚塑性材料,由于 K 为常值,塑性变形体内各点的应力莫尔圆大小相等。应力状态的差别只在于平均应力 σ_m 的不同,即各点应力莫尔圆的圆心在 σ 轴上的位置不同。

另外,这里都忽略了弹性变形。因为一般在塑性成形时,塑性变形远远大于弹性变形,因此,不考虑弹性变形是允许的。

7.1.2 滑移线与滑移线场的基本概念

滑移线是最大切应力的轨迹线。变形体处于平面塑性变形时,最大切应力发生在塑性流动平面内,平面上各质点的应力状态都满足屈服准则,且过任意一质点都存在着互相正交的两个方向,在该方向上切应力达到最大值 K。一般来说,这两个方向将随点的位置变化而不同。如图 7-2 所示,在塑性流动平面 xOy 上任取一点 P_1,以 τ_1 表示该点的最大切应力,然后沿 τ_1 方向取相邻点 P_2,以 τ_2 表示 P_2 点的最大切应力,连接如此变化的一系列点,可得到一条折线 $P_1P_2P_3\cdots P_n$。同时,由于最大切应力成对出现并互相正交,故在另一垂直方向上,还可以得到另一条折线 $P'_1P'_2P'_3\cdots P'_n$。当相邻点无限接近时,这两条折线就成了相互正交的光滑曲线,这就是滑移线。这两条滑移线连续,并一直延伸到塑性变形区边界。通过塑性变形

区内的每一点都可以得到这样两条正交滑移线,在整个变形区域则可以得到由两簇相互正交的滑移线组成的网络,即滑移线场,两条滑移线的交点称为节点。

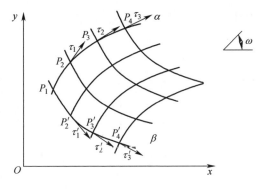

图 7-2　滑移线与滑移线场

7.1.3　α滑移线、β滑移线以及ω夹角

两簇相互正交的滑移线中的一簇称为α滑移线,另一簇称为β滑移线。为了区别α滑移线和β滑移线,一般采取如下规则。

(1) 若α滑移线和β滑移线构成右手坐标系,设代数值最大的主应力σ_1的作用线位于第一与第三象限,如图 7-3 所示。显然,此时α滑移线两侧的最大切应力将组成顺时针方向,而β滑移线两侧的最大切应力组成逆时针方向。也可按图 7-4,根据质点所处单元体的变形趋势,确定最大切应力K的方向,再根据滑移线两侧的最大切应力K所组成的时针方向来确定α滑移线和β滑移线,也可将σ_1的方向顺时针旋转为$\dfrac{\pi}{4}$后得到的滑移线确定为α滑移线。

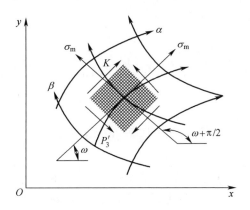

图 7-3　α滑移线和β滑移线的判别

(2) ω 是 α 滑移线在任意一点 P 的切线正方向与 Ox 轴的夹角，如图 7-4 所示，并规定 Ox 轴的正向为 ω 的量度起始线，逆时针旋转形成正的 ω，顺时针旋转则形成负的 ω。显然，过 P 点 β 滑移线的切线与 Ox 轴的夹角为 $\omega+\dfrac{\pi}{2}$。

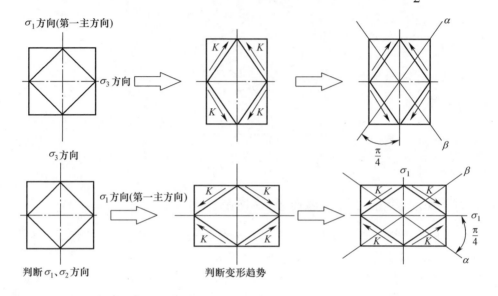

图 7-4 按最大切应力 K 的时针转向和主应力 σ_1 的方向确定 α、β 滑移线

7.1.4 滑移线的微分方程

由图 7-3 可知，滑移线的微分方程为

$$\begin{cases} \dfrac{dy}{dx} = \tan\omega & (\alpha \text{ 滑移线}) \\ \dfrac{dy}{dx} = -\cot\omega & (\beta \text{ 滑移线}) \end{cases} \quad (7-6)$$

式中：ω 为 α 滑移线上任意一点的切线与 Ox 轴正向之间的夹角。

7.2 汉基应力方程

由式(7-2)、式(7-3)及式(7-5)可知，对于一定的刚塑性体，其应力分量完全可用 σ_m 和 K 来表示。故只要能找到沿滑移线上 σ_m 的变化规律，就可求得整个变形体(或变形区)的应力分布。而这个规律是由汉基(Hencky)于 1923 年推导出来的。汉基应力方程给出了滑移线场内质点平均应力 σ_m 的变化与滑移线转角 ω 的关系,因此使得应用滑移线法求解平面塑性变形问题成为可能。

汉基应力方程的推导过程如下。

已知平面应变时的平衡微分方程为

$$\begin{cases} \dfrac{\partial \sigma_x}{\partial x} + \dfrac{\partial \tau_{xy}}{\partial y} = 0 \\ \dfrac{\partial \sigma_y}{\partial y} + \dfrac{\partial \tau_{xy}}{\partial x} = 0 \end{cases} \tag{7-7}$$

将式(7-5)中的 σ_x、σ_y、τ_{xy} 的代入平衡微分方程式(7-7),整理得

$$\begin{cases} \dfrac{\partial \sigma_m}{\partial x} - 2K\cos(2\omega)\dfrac{\partial \omega}{\partial x} - 2K\sin(2\omega)\dfrac{\partial \omega}{\partial y} = 0 \\ \dfrac{\partial \sigma_m}{\partial y} - 2K\sin(2\omega)\dfrac{\partial \omega}{\partial x} + 2K\cos(2\omega)\dfrac{\partial \omega}{\partial y} = 0 \end{cases} \tag{7-8}$$

因为坐标是可以任意选取的,为了便于求解含有 σ_m 和 ω 两个未知量的偏微分方程组,现取滑移线本身作为曲线坐标轴,设为 α 轴和 β 轴,如图 7-5 所示。于是,滑移线场中任意一点的位置可用 α 和 β 轴的坐标值 α 和 β 表示。当沿坐标轴 α 从一点移动到另一点时,β 轴的坐标值不变;而沿 β 轴移动时,则 α 轴的坐标值 α 也不变。

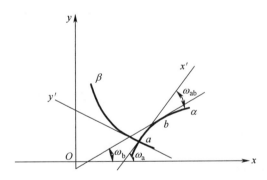

图 7-5 滑移线方向角的变化及坐标变换

现将坐标原点置于任意两条滑移线的交点 a 上,并使坐标轴 x、y 分别与滑移线的切线 x'、y' 重合,可得

$$\begin{cases} \omega = 0, \quad \mathrm{d}x = \mathrm{d}S_\alpha, \quad \mathrm{d}y = \mathrm{d}S_\beta \\ \dfrac{\partial}{\partial x} = \dfrac{\partial}{\partial S_\alpha}, \quad \dfrac{\partial}{\partial y} = \dfrac{\partial}{\partial S_\beta} \end{cases}$$

但沿着曲线坐标轴,转角是变化的,故 ω 对滑移线的变化率并不为零,有

$$\dfrac{\partial \omega}{\partial S_\alpha} \neq 0, \quad \dfrac{\partial \omega}{\partial S_\beta} \neq 0$$

因此，可将式(7-8)变换为如下形式，即

$$\begin{cases} \dfrac{\partial \sigma_m}{\partial S_\alpha} - 2K \dfrac{\partial \omega}{\partial S_\alpha} = \dfrac{\partial (\sigma_m - 2K\omega)}{\partial S_\alpha} = 0 \\ \dfrac{\partial \sigma_m}{\partial S_\beta} + 2K \dfrac{\partial \omega}{\partial S_\beta} = \dfrac{\partial (\sigma_m + 2K\omega)}{\partial S_\beta} = 0 \end{cases} \quad (7-9)$$

将式(7-9)积分后，可得

$$\begin{cases} \sigma_m - 2K\omega = \xi \\ \sigma_m + 2K\omega = \eta \end{cases} \quad (7-10)$$

式中：ξ、η 为积分常数。

由式(7-10)可知，当沿 α 簇(或 β 簇中)同一条滑移线移动时，任意函数 ξ(或 η)为常数，只有从一条滑移线转到另一条时，ξ(或 η)值才改变。

式(7-10)为滑移线的积分式，该方程给出了同一条滑移线上的平均应力 σ_m 与转角 ω 之间的关系。式(7-10)还说明若滑移线场确定，则转角 ω 也就确定了。此时如果已知某一条线上的平均应力 σ_m，则该条滑移线上的任意一点的平均应力均可由式(7-10)得到。由于两簇滑移线是相互正交的，因此，整个塑性区内各点的平均应力均可由式(7-10)求出，并由式(7-10)可以确定出整个塑性区内各点的应力状态。这揭示了滑移线场的重要力学特性，用汉基应力方程求解塑性成形问题具有重要的意义。

7.3 滑移线的基本性质

为了做出滑移线，需要了解一些滑移线的基本性质，而根据汉基应力方程和滑移线的正交特性，就可以得出滑移线场的一些基本性质。

7.3.1 滑移线的沿线性质

如图7-6所示，沿 α 滑移线取任意两点 a、b，或沿 β 滑移线也取任意两点 a、b，利用式(7-10)，可得

$$\begin{cases} \sigma_{ma} - \sigma_{mb} = 2K(\omega_a - \omega_b) \quad (\alpha \text{ 滑移线}) \\ \sigma_{ma} - \sigma_{mb} = -2K(\omega_a - \omega_b) \quad (\beta \text{ 滑移线}) \end{cases} \quad (7-11)$$

如图7-7所示，如果已知滑移线场和 A 点的平均应力 σ_{mA}，即可求出 B 点和 C 点的平均应力 σ_{mB} 和 σ_{mC}。

因为 ω_A、ω_B 和 ω_C 已知，AB 线为 α 线，由式(7-10)得

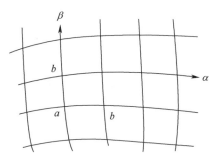

图 7-6 滑移线场内任意点应力

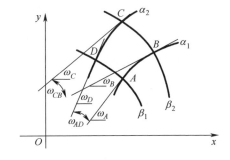

图 7-7 两簇滑移线交点切线之间的夹角

沿 AB 线,有

$$\sigma_{mB} = \sigma_{mA} + 2K(\omega_A - \omega_B)$$

沿 BC 线,有

$$\sigma_{mC} = \sigma_{mB} - 2K(\omega_B - \omega_C)$$

式(7-11)可写为

$$\begin{cases} \Delta\sigma_m = 2K\Delta\omega \\ \Delta\sigma_m = -2K\Delta\omega \end{cases} \qquad (7\text{-}12)$$

从式(7-12)可以看出,若 $\Delta\sigma_m$ 与 $\Delta\omega$ 成正比关系,则 $\Delta\omega$ 越大,滑移线的弯曲程度越大,平均应力的变化 $\Delta\sigma_m$ 也越大。

7.3.2 滑移线的跨线性质

设 α 簇的两条滑移线与 β 簇的两条线相交于 A、B、C、D 四点,如图 7-7 所示,根据式(7-11)和式(7-12)有如下结论:

沿 α_1 线 AB,有

$$\sigma_{mA} - 2K\omega_A = \sigma_{mB} - 2K\omega_B$$

沿 β_1 线 BC,有

$$\sigma_{mC} + 2K\omega_C = \sigma_{mB} + 2K\omega_B$$

合并得

$$\sigma_{mA} - \sigma_{mC} = 2K(\omega_A + \omega_C - 2\omega_B)$$

沿 β_1 线 AD,有

$$\sigma_{mA} + 2K\omega_A = \sigma_{mD} + 2K\omega_D$$

沿 α_2 线 DC,有

$$\sigma_{mD} - 2K\omega_D = \sigma_{mC} - 2K\omega_C$$

合并得

$$\sigma_{mC} - \sigma_{mA} = 2K(\omega_A + \omega_C - 2\omega_D)$$

因为沿这两个不同路径计算出的 $\sigma_{mC} - \sigma_{mA}$ 必然相等,所以有

$$\omega_D - \omega_A = \omega_C - \omega_B$$

同理可得

$$\sigma_{mD} - \sigma_{mA} = \sigma_{mC} - \sigma_{mB}$$

因此可得

$$\begin{cases} \Delta\omega_{AD} = \Delta\omega_{BC} = \cdots = 常量 \\ \Delta\sigma_{m(A,D)} = \Delta\sigma_{m(B,C)} = \cdots = 常量 \end{cases} \quad (7-13)$$

式(7-13)说明,在滑移线场的任一网格中,若已知3个节点上的 σ_m 和 ω 值,则可以计算出第4个节点上的 σ_m 和 ω 值。因此,根据已知边界条件,就可以用数值方法和图解法建立滑移线场并求解塑性变形区的应力状态。

根据滑移线的跨线性质可得出以下推论。

推论1 同一簇滑移线必须具有相同方向的曲率。

推论2 如果一簇滑移线(如 α 簇或 β 簇)中有一条线段是直线,则该簇其余滑移线中的相应线段也都是直线;而与其正交的另一簇滑移线或是直线,或是直滑移线包络的渐开线,或是同心圆。

如图7-8(a)所示,设 A_1B_1 为直线段,则由滑移线的跨线性质可得:

$$\omega_{A_1} - \omega_{B_1} = \omega_{A_2} - \omega_{B_2} = 0$$

即

$$\omega_{A_2} = \omega_{B_2} = 0$$

A_2B_2 为直线段,依此类推,A_3B_3 亦必为直线。在这种区域内,沿同一条 β 线上 ω 值不变,故 σ_x、σ_y、τ_{xy} 也不变。但沿同一条 α 线上 ω 值将改变,故各应力分量亦随之改变,这种应力场称为简单应力场,如图7-8(b)所示。

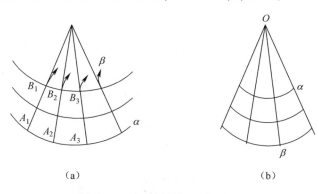

图7-8 滑移线跨线性质的推论

(a)滑移线相互切截的线段 A_1B_1、A_2B_2 为直线段;(b)简单应力场。

7.4 塑性区的应力边界条件

滑移线场分布于整个塑性变形区,并且一直延伸至塑性变形区的边界或对称面。为适应滑移线场求解的要求,在塑性加工中,变形区的边界或是与刚性区的接触面,或是与模具的接触表面,或是自由表面。这些面上作用着不同的应力,形成不同应力边界条件。通常应力边界条件是由边界上的正应力 σ_n 和切应力 τ 表示的,常见的应力边界条件有以下 5 种。

1. 自由表面应力边界条件

如图 7-9 所示,自由表面上没有切应力和法向应力,由式(7-5)可得 $\tau_{xy} = K\cos(2\omega) = 0, \omega = \pm\dfrac{\pi}{4}$。这说明两簇滑移线与自由表面相交,夹角为 $\pm\dfrac{\pi}{4}$。

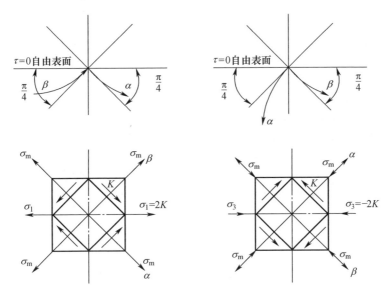

图 7-9 自由表面处的滑移线

2. 无摩擦时的接触表面($\tau=0$)应力边界条件

如图 7-10 所示,由于接触表面无摩擦切应力($\tau = 0$),则与自由表面情况一样,$\omega = \pm\dfrac{\pi}{4}$,两滑移线与无摩擦的接触表面相交,夹角为 $\pm\dfrac{\pi}{4}$。但此时接触面上的正应力一般不为零,在塑性加工中,通常是施加压力,且绝对值最大,即 $\sigma_n = \sigma_3$。

3. 摩擦切应力达到最大值 K 时的接触表面应力边界条件

如图 7-11 所示,当与工具接触表面的摩擦切应力达到最大值 $\tau = K$ 时,由

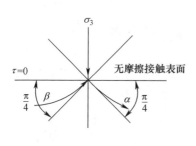
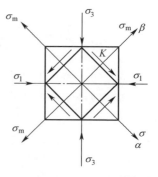

图 7-10　无摩擦时接触面上的滑移线

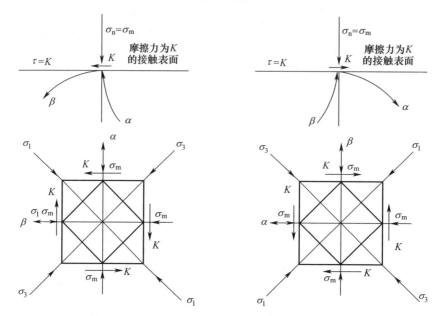

图 7-11　切应力为最大值 K 的接触面上的滑移线

式(7-5)可得

$$\tau_{xy} = K\cos(2\omega) = \pm K, \quad \omega = 0 \text{ 或 } \frac{\pi}{2}$$

力 σ 的作用线表明一簇滑移线与接触表面相切,另一簇滑移线的切线与接触面垂直。

4. 摩擦切应力为某一中间值的接触面应力边界条件

摩擦切应力为某一中间值的接触面,即当 $0<\tau<K$ 时,由式(7-6)可得

$$\omega = \pm\frac{1}{2}\arccos\frac{\tau_{xy}}{K} = \pm\frac{1}{2}\arccos\frac{\tau}{K}$$

上式中的摩擦切应力 τ 一般采取库仑摩擦和常摩擦力条件模型。将摩擦切应力 τ 代入上式,可求得 ω 的两个解。求得 ω 后,α 线和 β 线还要根据 σ_x、σ_y 的代数值利用莫尔圆来确定,如图 7-12 所示。

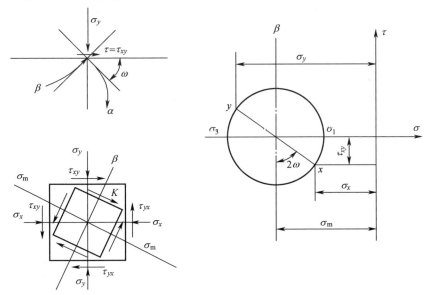

图 7-12　摩擦切应力为某一中间值的接触表面上的滑移线

5. 变形体的对称轴应力边界条件

由于在对称轴上有 $\tau=0$,则 $\omega=\pm\dfrac{\pi}{4}$,故滑移线与对称轴相交且夹角为 $\dfrac{\pi}{4}$。根据对称轴上主应力的代数值大小,按前述 α 簇和 β 簇的判断规则,确定 α 滑移线和 β 滑移线,如图 7-10 所示。

7.5　滑移线场的建立方法

7.5.1　常见的滑移线场

1. 直线滑移线场

如图 7-13(a)所示,对于两簇正交直线所构成的滑移线场,根据滑移线的基本特性可知,场内各点的平均应力 σ_m 和转角 ω 都保持常数,这种场称为均匀应力状态滑移线场。

2. 简单滑移线场

一簇滑移线由直线组成,另一簇滑移线则为与直线正交的曲线,这种场称为简单滑移线场。简单滑移线场分为以下两种。

1) 有心扇形场

图 7-13(b)所示为一簇由直线及同心圆弧所构成的滑移线场,这种类型的滑移线场称为有心扇形场。有心扇形的中心点 O 称为应力奇点,该点的转角 ω 不确定,其应力不具有唯一值。

2) 无心扇形场

如图 7-13(c)所示,无心扇形场中直线型滑移线是滑移线簇包络线的切线,这个包络线称为极限曲线;另一簇由该极限曲线的等距离渐开线形成。包络线一般为边界线,当包络线退化为一点时,即变为有心扇形场。

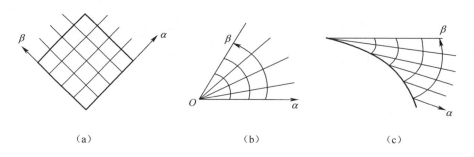

图 7-13　直线滑移线场和简单滑移线场
(a)直线滑移线场;(b)有心扇形场;(c)无心扇形场。

3. 直线滑移线场与扇形滑移线场的组合

根据滑移线场的分析可知,与直线滑移线场相连的区域,滑移线场只能是扇形滑移线场,如图 7-14 所示。

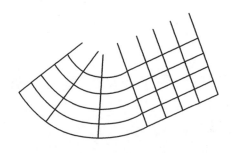

图 7-14　直线滑移线场与扇形滑移线场的组合

属于这一类场的主要以下几种:

(1) 当圆弧边界面为自由表面或其上作用有均布的法向应力时,滑移线场由正交的对数螺旋线网构成,如图 7-15(a)所示。

(2) 粗糙刚性的平行板板间压缩,在接触面上摩擦切应力达到最大值 K 的那一段塑性变形区,滑移线场由正交的圆摆线组成,如图7-15(b)所示。

(3) 两个等半径圆弧所构成的滑移线场,也称为扩展的有心扇形场,如图7-15(c)所示。在塑性加工中,通常可以根据变形区各部分的应力状态和边界条件,分别建立以上所分析的各相应类型的滑移线场,再根据滑移线的相关性质组合成整个变形区的滑移线场,最终实现对问题的求解。

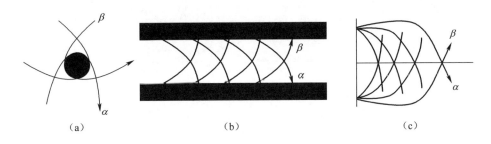

图7-15 簇正交曲线构成的滑移线场
(a)对数螺旋线场;(b)正交的圆摆线场;(c)扩展的有心扇形场。

7.5.2 滑移线场的数值积分法和图解法

1. 数值积分法

滑移线网格各节点的坐标(x,y)可由滑移线的差分方程确定。将式(7-6)改写成相应的差分方程如下:

$$\begin{cases} \dfrac{\Delta y}{\Delta x} = \tan\omega & (\alpha\text{ 滑移线}) \\ \dfrac{\Delta y}{\Delta x} = -\cot\omega & (\beta\text{ 滑移线}) \end{cases}$$

其实质是以弦代替微小弧,取弦的斜率等于两端点节点斜率的平均值,如图7-16(a)所示,则上式可写成如下表达式:

$$\begin{cases} y_{m,n} - y_{m-1,n} = (x_{m,n} - x_{m-1,n})\tan\dfrac{\omega_{m,n} + \omega_{m-1,n}}{2} \\ y_{m,n} - y_{m,n-1} = -(x_{m,n} - x_{m,n-1})\cot\dfrac{\omega_{m,n} + \omega_{m,n-1}}{2} \end{cases}$$

式中,$\omega_{m,n} = \omega_{m-1,n} + \omega_{m,n-1} - \omega_{m-1,n-1}$。

由式此可看出,如已知(0,0)、(0,1)、(1,0)节点的坐标,就可算出(1,1)节点的坐标。依此类推,可算出图7-16(b)所示塑性区$O'ACB$内各节点的坐标,从而可确定其滑移线场。

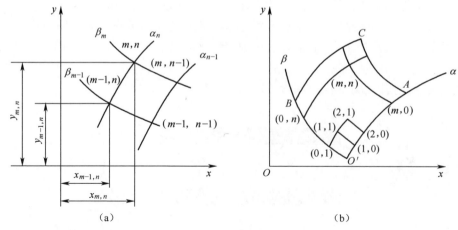

图 7-16 一类边值问题

2. 图解法

滑移线场的节点编号是用一个有序数组 (m,n) 表示，其中，m 为 α 线的序号，n 为 β 线的序号。图解法可取代弦线代替弧线。将滑移线等分成微小线段并标出节点号，画出相邻节点的弦线，如图 7-16(b) 所示，然后通过 $(0,1)$ 节点和 $(1,0)$ 节点分别做弧线的垂线得 $(1,1)$ 节点，则 $(0,0)$、$(1,0)$、$(1,1)$、$(0,1)$ 四节点的连线所组成的四边形就是一个滑移线网格。再通过 $(0,2)$ 节点做弦线的垂线，与通过 $(1,1)$ 节点做 $(0,1)$ 节点和 $(1,1)$ 节点连线的垂线交于 $(1,2)$ 节点，依此类推，就可做出 $O'ACB$ 的滑移线网格。

7.6　滑移线法理论在塑性成形中的应用

应用滑移线理论求解塑性成形平冲头压入半无限体。如图 7-17 所示，设冲头的宽度为 $2b$。冲头表面光滑，即冲头与坯料的接触面上没有摩擦力作用，坯料在接触面上可以自由滑动，现根据滑移线场理论求解。

1. 建立滑移线场

冲头压入时，不仅冲头下面的金属受压缩要产生塑性变形，而且靠近冲头两侧附近自由表面的金属因受挤压后也会凸起而产生塑性变形。冲头两侧的自由表面上，因为没有外力作用，根据滑移线特性和应力边界条件可知：$\omega = \dfrac{\pi}{4}$，$\sigma_m = -K$。$\triangle ACD$ 是均匀应力状态的正交直线场，CD 为 α 线，AC 为 β 线，与自由表面的夹角均为 $\dfrac{\pi}{4}$。

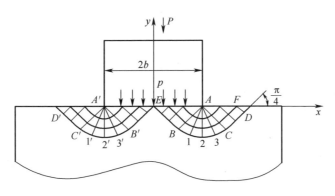

图 7-17 希尔解

冲头下面 $\tau=0$,根据边界条件可知,滑移线与表面的夹角为 $\dfrac{\pi}{4}$。若接触面的单位压力 p 均匀分布,则 $\triangle OAB$ 也是均匀场,OB 为 α 线,AB 为 β 线。$\triangle OAB$ 和 $\triangle ACD$ 区域尽管都是均匀场,但应力状态不同,按照滑移线的性质,这两均匀场必然由扇形场相连接,故 ABC 区域是有心扇形场,圆弧为 α 线,半径为 β 线,A 点是应力奇点。

冲头压入时,首先在 A、A' 两点附近产生变形,然后逐步扩展,直到整个 AA' 边界都到达塑性状态后,冲头才能开始压入,此时的滑移线场如图 7-17 所示,$D'C'B'EBCD$ 为塑性变形区,塑性变形区下面为刚性区。显然,整个滑移线场以冲头的中心线为基准对称。

2. 求平均单位压力

由于对称,取右半部分分析。在滑移线场中任取一条连接自由表面和冲头接触面的 α 线 EF,E、F 点的应力可由式(7-1)或运用莫尔圆求得。F 点在自由表面上,故其微元体上 $\sigma_1=\sigma_y=0$,只有 σ_x 作用,而且是压应力。根据屈服准则和式(7-1),得 $\sigma_3=\sigma_x=-2K$,平均应力 $\sigma_{mF}=-K$。E 点在接触面上,其微元体上有 σ_x、σ_y 的作用,均为压应力,且 $\sigma_3=\sigma_y=-2p$,其绝对值应大于 σ_x,同样可得 $\sigma_1=\sigma_x=-p+2K$,平均应力 $\sigma_{mE}=-p+K$。

在自由边界 AD 上,$\omega_F=\dfrac{\pi}{4}$,在接触面 AO 上,$\omega_E=-\dfrac{\pi}{4}$ 或 $\dfrac{3\pi}{4}$。因为 EF 为 α 线,由式(7-10),有

$$\sigma_{mF}-2K\omega_F=\sigma_{mE}-2K\omega_E$$

将 σ_{mF}、σ_{mE} 代入上式,有

$$-K-2K\times\dfrac{\pi}{4}=-p+K+2K\times\dfrac{\pi}{4}$$

故

$$p = 2K\left(1 + \frac{\pi}{2}\right)$$

因此,单位长度上冲头的压力为

$$P = bp = 2bK(2 + \pi)$$

上述平冲头压入半无限体的滑移线解法是由英国学者希尔(R. Hill)在1944年首先提出的,故称为希尔解(图7-17)。

习题

1. 什么是滑移线以及滑移线场?如何运用滑移线法研究金属流动问题?

2. 为什么说滑移线法在理论上只适用于求解刚塑性材料的平面变形问题?在什么情况下平面应力问题可以用滑移线法求解?为什么?

3. 滑移线法有哪些应力边界条件?如何确定 α 滑移线和 β 滑移线?

4. 如图1所示,已知 α 滑移线上的 a 点应力 $\sigma_a = 200\mathrm{MPa}$,过 a 点的切线与 x 轴的夹角 $\omega_a = 15°$,由 a 点到 b 点时,其夹角的变化是 $\Delta\omega_{ab} = 15°$,设 $K = 50\mathrm{MPa}$,求 b 点的应力 σ_b 并写出 b 点的应力张量。

5. 已知变形体是理想刚性体且是平面塑性变形,其滑移线场如图2所示。α 是直线簇,β 簇是一组同心圆。$\sigma_{mc} = -90\mathrm{MPa}$,$K = 60\mathrm{MPa}$,试求:

(1) C 点的应力状态 σ_x、σ_y、τ_{xy}。

(2) D 点的应力状态 σ_x、σ_y、τ_{xy}。

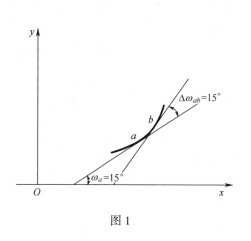

图1

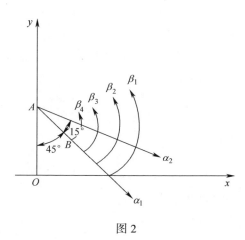

图2

参考文献

[1] 普拉格 W,霍奇 P C. 理想塑性固体理论[M]. 陈森,译. 北京:科学出版社,1964.

[2] HILL R. The plastic yielding of notched bars under tension[J]. Quarterly Journal of Mechanics and Applied Mathematics,1949,6:24-52.

[3] EWING D J F, HILL R. The plastic constraint of V-notched tension bars[J]. Journal of the Mechanics and Physics of Solids,1967,15:115-124.

第 8 章

变形功法与上限法

变形功法和上限法都是从功的角度来求解塑性成形中的受力问题,因而归到同一章讲解。

8.1 变形功法

8.1.1 变形功法的基本原理

变形功法(或称功平衡法)是一种利用功的平衡原理来计算变形力的方法。这种方法的基本原理是:塑性变形时,外力沿其位移方向所做的功 W_p 等于物体塑性变形功 W_v 和接触摩擦切应力所消耗功 W_f 之和:

$$W_p = W_v + W_f \tag{8-1}$$

对于变形过程的某一瞬时,式(8-1)可以写为增量表达式:

$$dW_p = dW_v + dW_f \tag{8-2}$$

1. 塑性变形功增量 dW_v

如变形体中某一单元体的体积为 dV,当在主应力 σ_1、σ_2 和 σ_3 的作用下产生主应变增量 $d\varepsilon_1$、$d\varepsilon_2$ 和 $d\varepsilon_3$ 时,则该单元体所消耗的塑性变形功增量 dW_v 可以写为

$$dW_v = (\sigma_1 d\varepsilon_1 + \sigma_2 d\varepsilon_2 + \sigma_3 d\varepsilon_3) dV \tag{8-3}$$

根据 Levy-Mises 方程,有

$$\begin{cases} d\varepsilon_1 = \dfrac{d\varepsilon_e}{\sigma_e}\left[\sigma_1 - \dfrac{1}{2}(\sigma_2 + \sigma_3)\right] \\ d\varepsilon_2 = \dfrac{d\varepsilon_e}{\sigma_e}\left[\sigma_2 - \dfrac{1}{2}(\sigma_1 + \sigma_3)\right] \\ d\varepsilon_3 = \dfrac{d\varepsilon_e}{\sigma_e}\left[\sigma_3 - \dfrac{1}{2}(\sigma_2 + \sigma_1)\right] \end{cases}$$

再将 Mises 屈服准则(不考虑加工硬化,即 $\sigma_e = S, S = \sigma_s$),代入式(8-3),整理后得

$$dW_v = \sigma_s d\varepsilon_e dV \tag{8-4}$$

式中:$d\varepsilon_e$ 为等效应变增量;σ_s 为屈服应力。

于是,该单元体在塑性变形过程中所消耗的塑性变形总功为

$$W_v = \int dW_v = \sigma_s \int d\varepsilon_e dV \tag{8-5}$$

2. 接触摩擦所消耗功的增量 dW_f

若接触面 A 上的摩擦切应力为 τ,在 τ 方向上的位移增量为 du_τ,则有

$$W_f = \int_A \tau du_\tau dA = \int_A dW_f \tag{8-6}$$

3. 外力所做的功的增量 dW_P

设外力 P 沿其作用方向上产生的位移增量为 du_P,则所做的功为

$$dW_P = \rho du_P \tag{8-7}$$

将式(8-4)、式(8-5)及式(8-6)代入式(8-7),可求得变形力:

$$P = \frac{1}{du_P}\left(\sigma_s \int d\varepsilon_e dV + \int \tau du_\tau dA\right) \tag{8-8}$$

式中:P 为外力;du_P 为作用力 P 沿其作用方向上产生的位移增量;du_τ 为摩擦切应力 τ 方向上的位移增量。

为了计算 dW_v 和 dW_f,需要知道变形体的位移场或应变场,但在塑性成形时,由于外摩擦的影响,变形总是不均匀的,计算 $d\varepsilon_{ij}$ 比较难,所以并不容易确定位移量或应变量(如 $d\varepsilon_{ij}$ 和 du_τ)。因此,往往需要作变形均匀的假设,以便确定位移量或应变量。这种基于均匀变形假设的变形功法又称均匀变形功法或功平衡法。在小变形和简单加载条件下,上述各式的增量可采用全量代替。

8.1.2 应用举例

在圆柱坐标系的圆柱体尺寸如图 8-1 所示。设 z 方向受到作用外力 P 的作用,则圆柱体有一微小压缩量 dh,同时径向产生微小位移。又设接触面上的摩擦应力 $\tau = \mu\sigma_s$ 为常数,求作用在圆柱体上的外力 P 和单位流动压力 p。

根据均匀变形假设,并引入应变与位移的关系,圆柱体 3 个方向的应变增量分别为

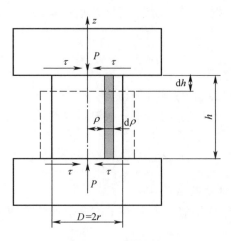

图 8-1 圆柱体镦粗

$$\begin{cases} d\varepsilon_z = -\dfrac{dh}{h} \\ d\varepsilon_\rho = \dfrac{\partial du}{\partial \rho} \\ d\varepsilon_\theta = \dfrac{du}{\rho} \end{cases} \quad (8\text{-}9)$$

根据体积不变条件,有

$$d\varepsilon_z + d\varepsilon_\rho + d\varepsilon_\theta = -\frac{dh}{h} + \frac{\partial du}{\partial \rho} + \frac{du}{\rho} = 0 \quad (8\text{-}10)$$

变换式(8-10),有

$$\frac{\partial(\rho du)}{\partial \rho} - \frac{dh}{h}\rho = 0 \quad (8\text{-}11)$$

将式(8-11)积分,得

$$du = \frac{1}{2}\frac{dh}{h}\rho + C \quad (8\text{-}12)$$

当 $\rho=0$,即在圆柱轴线上,$du=0$,所以 $C=0$,于是有

$$du = \frac{1}{2}\frac{dh}{h}\rho \quad (8\text{-}13)$$

代入式(8-9)中,得

$$d\varepsilon_\rho = \frac{\partial(du)}{\partial \rho} = \frac{1}{2}\frac{dh}{h} \text{ 且 } d\varepsilon_\theta = d\varepsilon_\rho \quad (8\text{-}14)$$

则等效应变增量为

$$\mathrm{d}\varepsilon_e = \frac{\sqrt{2}}{3}\sqrt{(\mathrm{d}\varepsilon_z - \mathrm{d}\varepsilon_\rho)^2 + (\mathrm{d}\varepsilon_\rho - \mathrm{d}\varepsilon_\theta)^2 + (\mathrm{d}\varepsilon_\theta - \mathrm{d}\varepsilon_z)^2} = \frac{\mathrm{d}h}{h} \quad (8\text{-}15)$$

将其代入式(8-5),得

$$W_v = \sigma_s \int_V \mathrm{d}\varepsilon_e \mathrm{d}V = \sigma_s \frac{\mathrm{d}h}{h}\int_V \mathrm{d}V = \sigma_s \frac{\mathrm{d}h}{h}\frac{\pi D^2}{4}h = \sigma_s \frac{\pi D^2}{4}\mathrm{d}h \quad (8\text{-}16)$$

由于圆柱体上下均有接触面,因此,由式(8-6)得到摩擦所消耗的功增量:

$$W_f = 2\int_A \tau \mathrm{d}u \mathrm{d}A \quad (8\text{-}17)$$

将 $\tau = \mu\sigma_s$,$\mathrm{d}A = 2\pi\rho\mathrm{d}\rho$,$\tau$ 方向上的 $\mathrm{d}u = \frac{1}{2h}\mathrm{d}h \rho$ 代入式(8-17),得

$$W_f = 2\int_A \tau \mathrm{d}u \mathrm{d}A = \mu\sigma_s \frac{\mathrm{d}h}{h} 2\pi \int_0^r \rho^2 \mathrm{d}\rho = \frac{2}{3}\mu\sigma_s \frac{\mathrm{d}h}{h} r^3 \quad (8\text{-}18)$$

将上述 W_v 和 W_f 的结果代入式(8-18)中,可求得外力:

$$P = \frac{\pi}{4}D^2 \sigma_s \left(1 + \frac{\mu}{3}\frac{D}{h}\right) \quad (8\text{-}19)$$

于是单位流动压力 p 为

$$p = \frac{P}{A} = \sigma_s \left(1 + \frac{\mu}{3}\frac{D}{h}\right) \quad (8\text{-}20)$$

该结果与主应力法求得的圆柱体镦粗公式相同。

8.2 上 限 法

上限法是用来研究平面问题所采用的求解方法,也是确定金属塑性变形时近似载荷的一种界限法。由于上限模式确定的载荷总是大于或等于实际所需要的真实载荷,因此称为上限模式。另一种界限法是下限法,用下限法确定的载荷总是小于或等于实际所需要的真实载荷。若将上限法应用于工程,这对于保证塑性成形过程的顺利进行、选择设备和设计模具都是十分有利的,因此塑性成形领域常用上限法。

8.2.1 虚功原理

处于平稳状态的变形体(即受到体积力 f_i 和面力 p_i 作用,$i = x$、y、z),当给予变形体一几何约束所许可的微小位移 δu_i(因为该位移只是几何约束所许可,实际上并未发生,故称虚位移)时,外力在此虚位移上所做的功(称虚功)必然等于变形体内的应力 σ_{ij}(由 f_i 和 p_i 引起)在虚应变 $\delta\varepsilon_{ij}$ 上所做的虚应变功,其表达式为

$$\int_V f_i \delta u_i dV + \int_S p_i \delta u_i dS = \int_V \sigma_{ij} \delta \varepsilon_{ij} dV \tag{8-21}$$

如果不考虑体积力,式(8-21)简化为

$$\int_S p_i \delta u_i dS = \int_V \sigma_{ij} \delta \varepsilon_{ij} dV \tag{8-22}$$

式(8-22)左侧是外力的虚功,右侧是内力的虚功。

不难看出,在推导式(8-21)或式(8-22)时,要求被积函数在 V 内连续。而实际变形中,很可能存在因变形体产生滑动,从而产生应力或速度间断问题。这时可以把物体沿间断面分开,使应力、速度等在每部分是连续的并应用虚功率原理,不过这样做增加了一些内部界面,因此有必要对虚功率原理加以适当修正。下面将讨论场内有间断面时的虚功率原理。

1) 应力间断面

在梁的弯曲、长柱体的扭转中都会遇到这一问题。在一般情形,由于作用在间断面两侧的作用力与反作用力大小相等、方向相反,故有

$$\sigma_{ij}^+ n_j = T_i^+ = T_i^- = \sigma_{ij}^- n_j \tag{8-23}$$

其中,上标+和下标-分别表示间断面两侧的量。从式(8-23)可知,沿间断面两侧的内应力做功将相互抵消,不影响虚功率原理的表达,即

$$\int_V T_i^+ \delta u_i dS = -\int_V T_i^- \delta u_i dS \tag{8-24}$$

2) 速度间断面

因为物体变形时不能出现裂缝或重叠,故法向速度应保持连续但切向速度可以间断。如果将间断面看成一个薄层,速度在层内仍然是急剧且连续地变化。由于薄层的宽度趋于零时,剪应变率将趋于无穷,这说明速度间断面必是滑移面,沿其切向的应力必为 K,且消耗塑性功率为

$$\int_{S_D} K |\Delta u| dS > 0 \tag{8-25}$$

式中:S_D 为速度间断面;Δu 为速度间断量。

于是在有速度间断面的情况下,虚功原理公式应修正为

$$\int_S p \delta u_i dS = \int_V \sigma_{ij} \delta \varepsilon_{ij} dV + \sum \int_{S_D} \tau |\Delta u| dS \tag{8-26}$$

式中:$\sum$ 表示对各个间断面求和;τ 为应力场 σ_{ij} 在 S_D 上的切向分量,且 $\tau \leq K$。

8.2.2 最大散逸功原理

在一切许可的塑性应变增量(应变速度)或许可的应力状态中,以符合增量理

论关系的应力状态或塑性应变增量(应变速度)所耗塑性应变功耗(或功率消耗)最大:

$$\oint_{\sigma_{ij}^0} (\sigma_{ij} - \sigma_{ij}^*) \mathrm{d}\varepsilon_{ij}^\mathrm{p} > 0$$

图 8-2 所示为 π 平面屈服轨迹,Q 点代表一个应力状态,由前面知识可知,与该应力状态对应的真实应变增量 $\mathrm{d}\varepsilon_{ij}^\mathrm{p}$,方向为该点的法向,也就是说应力、应变增量的夹角为零,则二者点积(即塑性功)最大。Q^* 点代表的是另一个满足塑性条件,但与 $\mathrm{d}\varepsilon_{ij}^\mathrm{p}$ 不满足本构关系的应力状态,因此 σ_{ij}^* 与 $\mathrm{d}\varepsilon_{ij}^\mathrm{p}$ 的夹角大于零,二者点积要比前者小,即如图 8-2 所示。

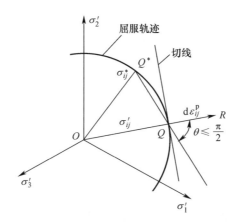

图 8-2 最大散逸功原理

8.3 静可容应力场与动可容速度场

8.3.1 静可容应力场

满足以下条件的应力场称为静可容应力场,它是一个满足基本条件的假设的应力场:

(1) 满足平衡微分方程;
(2) 满足力的边界条件;
(3) 满足屈服准则。

这里并没有涉及本构方程,也就是说,这个应力场没有和真实的应变场相联系,不一定是真实存在的,但却满足上述条件。

8.3.2 动可容速度场

满足以下条件的速度场称为动可容速度场,它同样是一个满足基本条件的假设的速度场:
(1) 满足速度边界条件;
(2) 变形体内保持连续,不发生重叠和开裂;
(3) 满足体积不变条件。

这里同样也没有涉及本构方程,也就是说,这个速度场没有和真实的应力场相联系,不一定是真实存在的,但却满足上述条件。

8.4 极 限 定 理

8.4.1 下限定理

下限定理指出:在静可容应力场情况下,外力功总是小于真实应力场下的外力功。

设有一个静可容应力场 σ_{ij}^*、τ^*、p_i^*,将其在真实应变场、位移场上应用虚功原理,有

$$\int_S p_i^* \delta u_i \mathrm{d}S = \int_V \sigma_{ij}^* \delta \varepsilon_{ij} \mathrm{d}V + \sum \int_{S_D} \tau^* |\Delta u| \mathrm{d}S \tag{8-27}$$

然后将真实应力场 σ_{ij}、p_i 在真实位移场上应用虚功原理,有

$$\int_S p_i \delta u_i \mathrm{d}S = \int_V \sigma_{ij} \delta \varepsilon_{ij} \mathrm{d}V + \sum \int_{S_D} K |\Delta u| \mathrm{d}S \tag{8-28}$$

式(8-28)减去式(8-27),得

$$\int_S (p_i - p_i^*) \delta u_i \mathrm{d}S = \int_V (\sigma_{ij} - \sigma_{ij}^*) \delta \varepsilon_{ij} \mathrm{d}V + \sum \int_{S_D} (K - \tau^*) |\Delta u| \mathrm{d}S$$

根据最大散逸功原理可知:

$$\int_V (\sigma_{ij} - \sigma_{ij}^*) \delta \varepsilon_{ij} \mathrm{d}V > 0 \tag{8-29}$$

并且 $\sum \int_{S_D} (K - \tau^*) |\Delta u| \mathrm{d}S \geq 0 (\tau \leq K)$,因此有

$$\int_S (p_i - p_i^*) \delta u_i \mathrm{d}S > 0 \tag{8-30}$$

即通过静可容应力场求出的外力总是小于真实外力,这称为下限定理。

8.4.2 上限定理

上限定理指出:在动可容速度场情况下,外力功总是大于真实应力场下的外力功。

设有一个动可容速度场 δu_i^*, $\delta \varepsilon_{ij}^*$, Δu^*, 对其在真实应力上应用虚功原理:

$$\int_S p_i \delta u_i^* \mathrm{d}S = \int_V \sigma_{ij} \delta \varepsilon_{ij}^* \mathrm{d}V + \sum \int_{S_D} K |\Delta u^*| \mathrm{d}S \tag{8-31}$$

然后再将与 δu_i^*、$\delta \varepsilon_{ij}^*$、$\Delta u^*$ 相联系的应力场应用于虚功原理:

$$\int_S p_i \delta u_i^* \mathrm{d}S = \int_V \sigma_{ij} \delta \varepsilon_{ij}^* \mathrm{d}V + \sum \int_{S_D} K |\Delta u^*| \mathrm{d}S \tag{8-32}$$

式(8-32)减去式(8-31),得

$$\int_S (p_i - p_i^*) \delta u_i^* \mathrm{d}S = \int_V (\sigma_{ij} - \sigma_{ij}^*) \delta \varepsilon_{ij}^* \mathrm{d}V + \sum \int_{S_D} (\tau^* - K) |\Delta u^*| \mathrm{d}S$$

根据最大散逸功原理可知:

$$\int_V (\sigma_{ij} - \sigma_{ij}^*) \delta \varepsilon_{ij}^* \mathrm{d}V > 0$$

并且 $\int_V (\tau^* - K) |\Delta u^*| \mathrm{d}S \leqslant 0 (\tau^* \leqslant K)$,因此有

$$\int_V (p_i - p_i) \delta u_i^* \mathrm{d}S > 0$$

即通过动可容位移场求出的外力总是大于真实外力,这称为上限定理。

8.5 Johnson 上限模式的基本原理

Johnson 上限模式的基本思路是:设一变形体在外力作用下处于平面应变状态,设想变形区由若干个刚性三角块组成,完全依赖于塑性变形时,刚性块内或本身不产生变形,变形过程中每一个刚性块之间互相滑动,认为每一个刚性块是一个均匀速度场,因此在边界产生速度间断。若不计附加外力和其他功率的消耗,其塑性变形功功率的消耗部分也为零,根据式(8-32),有

$$\iint_{S_p} p_i \delta v_i' \mathrm{d}S \leqslant \sum \iint_{S_p} \tau_i \Delta v_i' \mathrm{d}S \tag{8-33}$$

式中:τ_i 为沿刚性块边界的切应力,在自由表面上 $\tau_i = 0$,在接触表面上 $\tau_i = \mu \sigma_n$; S 为沿刚性块边界的接触面面积或摩擦面的面积;$\Delta v_i'$ 为沿刚性块边界接触面上的速度间断值;p_i 为平均单位压力。

8.5.1 Johnson 上限模式求解成形问题的力和能

Johnson 上限模式是 Johnson 于 20 世纪 50 年代末用来研究平面应变问题所采用的上限求解方法。

Johnson 上限模式解析成形问题的能力大致有以下几项。

(1) 分析金属流动规律。利用 Johnson 上限模式分析变形过程速度场和位移场,当工件边界上的位移确定后,就可以预测变形后工件的形状和尺寸。

(2) 力和能的参数计算由工程实践得出。由 Johnson 上限模式计算的力和能的参数比实际略高,这是比较有利的。

(3) 确定塑性成形极限能力。利用 Johnson 上限模式能确定比较合理的塑性成形条件和工艺装备结构。

(4) 可分析塑性成形出现缺陷的原因并提出解决方法。

8.5.2 Johnson 上限法解析成形问题的基本步骤

利用 Johnson 上限法解析成形问题一般按如下步骤进行。

(1) 根据金属流动的情况,依据或参考滑移线场和变形区几何形状和位置,将变形区分成若干个三角块。

(2) 根据速度边界条件绘制速度端图。

(3) 根据所作的几何图形,计算各刚性三角形边长及根据速度端图计算各刚性块之间的速度间断量,并按式(8-33)计算剪切消耗功率。

(4) 求解塑性成形的最佳上限解,在划分刚性三角形时,几何形状上有若干个待定的几何参数,因此要先对待定参数求极值并确定其具体数值,进而计算出最佳上限解。

需要说明的是,在划分刚性三角形时,参照滑移线场且与之越接近求得的上限解就越精确。其次,任意三角形的任意两边不能同时邻接同一速度边界,否则绘制不出该三角形的速度端图。

8.5.3 应用举例

如图 8-3(a)所示,光滑平冲头压入半无限体。参照该问题的滑移线场,设刚性平冲头压下速度为 $v_0 = 1$,由对称性,可只研究右半部分。右半部分的变形区由 3 个等腰三角形块组成,设其底角为 α,接触表面光滑无摩擦。三角形各边除两侧是自由表面外,其余都是速度间断面,据此绘制的速度端图如图 8-3(b)所示。

各滑块间的剪切功率为

$$p\frac{W}{2}v_0 = K(OB \cdot \Delta v_{OB} + AB \cdot \Delta v_{AB} + BC \cdot \Delta v_{BC} + AC \cdot \Delta v_{AC} + CD \cdot \Delta v_{CD}) \tag{8-34}$$

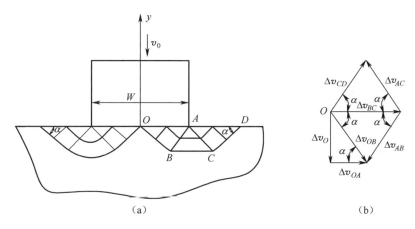

图 8-3 光滑平冲头压入半无限体的速度端图

式中:p 为平均单位压力。

根据图 8-3 所示的图形的几何关系,各速度间断线的长度为

$$OB = AB = AC = CD = \frac{W}{4\cos\alpha} \tag{8-35}$$

$$BC = AD = OA = CD = \frac{W}{2} \tag{8-36}$$

式中:W 为冲头宽度。

同样,按照速度端图可计算出各速度间断面上的速度不连续量分别为

$$\Delta v_{OB} = \Delta v_{AB} = \Delta v_{AC} = \Delta v_{AD} = \frac{v_0}{\sin\alpha} \tag{8-37}$$

$$\Delta v_{BC} = \frac{2v_0}{\cot\alpha} \tag{8-38}$$

将它们代入式(8-34),整理后可得

$$\frac{W}{2}pv_0 \leqslant \frac{KWv_0}{\sin\alpha \times \cos\alpha + \cot\alpha} \tag{8-39}$$

其应力状态系数(上限法常称为功率消耗系数)为

$$n_\sigma = \frac{p}{2K} = \frac{1+\cos^2\alpha}{\sin\alpha \times \cos\alpha} = \frac{1+\tan^2\alpha}{\tan\alpha} \tag{8-40}$$

对待定参数 $\tan\alpha$ 进行优化,取极值得 $\tan\alpha = \sqrt{2}$,即 $\alpha = 54°44'$,将其代回式(8-40),得这一问题在该上限模式下的最佳上限解为 $n_\sigma = 2.83$。而这一问题的

滑移线解为 $n_\sigma = 2.57$,提高了约 10%。如果选用更接近滑移线场的上限解模式,则精度可以更高。

习 题

1. 简述变形功法的基本原理。
2. 为何一般要用均匀变形功法求解变形力?
3. 试比较板条平面挤压时,图 1 所示两种 Johnson 上限模式的上限解。

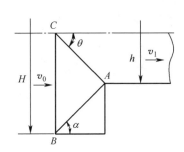
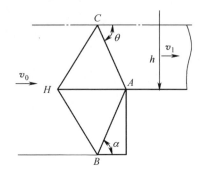

图 1

参考文献

[1] 霍奇 P G. 结构的塑性分析[M]. 蒋依秋,熊祝华,译. 北京:科学出版社,1966.
[2] 余同希. 对径受拉圆环的塑性大变形[J]. 力学学报,1979,15(1):88-91.
[3] 斯莱特 R A C. 工程质性理论及其在金属成形中的应用[M]. 王仲仁,袁祖培,等译. 北京:机械工业出版社,1983.
[4] 王仁,熊祝华,黄文彬. 塑性力学基础[M]. 北京:科学出版社,1983.

第 9 章

材料的塑性流动及其影响因素

金属塑性成形问题实质上是金属的塑性流动问题。影响金属流动的因素很多，本章重点对塑性流动进行讨论。

9.1 塑性流动的最小阻力定律

分析金属塑性成形质点的流动规律时，可以应用最小阻力定律。学者古布金将最小阻力定律描述为：当变形体的质点有可能沿不同方向滑动时，物体各质点将向着阻力最小的方向运动。

最小阻力定律实际上是力学的基本原理，它可以用来定性地分析金属质点的流动方向，或者通过调整某个方向的流动阻力来改变金属在某些方向的流动量，使得成形更为合理。例如，在开式模锻中（图9-1），金属有两个流动方向（A 处和飞边槽处），如果增加金属流向飞边槽的阻力，A 处的金属流动量就会增加，便可以保证金属填充模腔；或者修磨圆角 r，减少金属流向 A 腔的阻力，使金属填充得更好。在大型覆盖件拉深成形时，常常要设置拉深筋，用来调整板料进入模具的流动阻力，以保证覆盖件的成形质量。

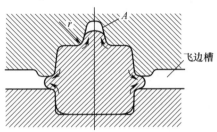

图 9-1 开式模锻的金属流动

当接触表面存在摩擦时,矩形断面的棱柱体镦粗流动模型如图 9-2 所示。因为接触面上质点向周边流动的阻力与质点离周边的距离成正比,因此离周边的距离越近,阻力越小,金属质点必然沿这个方向流动,这个方向恰好是周边的最短法线方向。因此,可用点划线将矩形分成两个三角形和两个梯形,从而形成 4 个流动区域。点划线是流动的分界线,线上各点距边界的距离相等,各个区域的质点到各边界的法线距离最短。这样流动的结果是,梯形区域流出的金属多于三角形区域流出的金属。镦粗后,矩形截面将变成点划线所示的多边形。可以想象,继续镦粗,截面的周边将趋于椭圆,而椭圆将进一步变成圆。此后,各质点将沿半径方向移动。在相同面积的任何形状中,圆形的周边最小,因此最小阻力定律在镦粗中也称为最小周边法则。

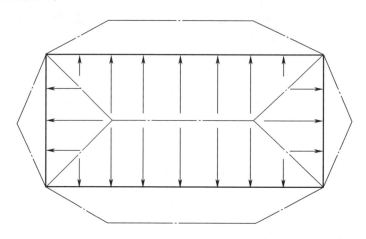

图 9-2　矩形断面棱柱体镦粗时的流动模型

金属塑性变形应满足体积不变这一条件,即坯料在某些方向被压缩的同时,在另一些方向将有伸长,而变形区域内金属质点是沿着阻力最小的方向流动。根据体积不变条件和最小阻力定律,可以大致确定塑性成形时的金属流动模型。因此,最小阻力定律在塑性成形工艺中得到了广泛应用。

9.2　影响金属塑性、塑性变形和流动的因素

9.2.1　塑性、塑性指标和塑性图

1. 金属塑性的概念

金属在外力作用下能稳定地改变自己的形状和尺寸,而各质点间的联系不被

破坏的性能称为塑性。

塑性不仅与金属或合金的晶格类型、化学成分和显微组织有关，而且与变形温度、变形速率和受力状况等变形外部条件有关，不是一种固定不变的性质。实验证明，压力加工的外部条件比金属本身的性质对塑性的影响更大。例如，一般来说铅是塑性很好的金属，但使其在三向等拉应力状态下变形，就不可能产生塑性变形，而在应力达到铅的强度极限时，它就像脆性物质一样被破坏。

2. 塑性指标

在生产中，塑性需用一种数量指标来表示，这就是塑性指标。由于塑性是一种依各种复杂因素而变化的加工性能，因此很难找出一个单一的指标来反映其塑性特征。在大多数情况下，只能用某种变形方式下试样破坏前的变形程度来表示。常用的主要指标有以下4种。

(1) 对材料进行拉伸试验，以破坏前总伸长率或断面收缩率为塑性指标，即

$$\delta = \frac{L_1 - L_0}{L_0} \times 100\% \tag{9-1}$$

$$\psi = \frac{A_1 - A_0}{A_0} \times 100\% \tag{9-2}$$

式中：L_0 为拉伸试样原始标距长度；L_1 为拉伸试样断裂后标距长度；A_0 为拉伸试样原始横截面面积；A_1 为拉伸试样断裂处横截面面积。

(2) 在锻压生产中，常用墩粗试验测定材料的塑性指标。将材料加工成圆柱形试样，其高度一般为直径的1.5倍。将一组试样在落锤上分别墩粗到预定的变形程度，以第一个出现表面裂纹的试样的变形程度 ε_c 作为塑性指标，即

$$\varepsilon_c = \frac{H_1 - H_0}{H_0} \tag{9-3}$$

式中：H_0 为试样的原始高度；H_1 为第一个出现表面裂纹的试样镦粗后的高度。

在做墩粗试验时，试样裂纹的出现是由于侧表面有周向拉应力作用的结果。工具与试样接触表面上的摩擦情况、散热条件以及试样的几何尺寸等因素，都会影响附加拉应力的大小。因此，在用镦粗试验测定塑性指标时，为了使试验结果具有可比性，必须说明试验条件。

(3) 扭转试验的塑性指标是以试样扭断时的扭转角（在试样标距的起点和终点两个截面间的扭转角）或扭转圈数（n）来表示。由于扭转时应力状态近于零静水压，且试样从试验开始到被破坏为止塑性变形在整个长度上均匀进行，始终保持均匀的圆柱形，不同于拉伸试验时会出现缩颈以及镦粗试验时会出现鼓形，从而排除了变形不均匀性的影响。

(4) 冲击试验时的塑性指标是冲击韧度 α_K，表示在冲击力作用下试样被破坏所消耗的功。因为在同一变形力作用下，消耗于金属破坏的功越大，金属破坏时所

产生的变形程度就越大。

还可以采用其他试验方法测定金属或合金的塑性指标。例如,采用艾力克逊试验,以板料出现裂纹时的压凹深度作为塑性指标;采用弯曲试验,以板料弯曲部分出现裂纹时的弯曲角度或弯曲次数作为塑性指标。

3. 塑性图

以不同的试验方法测定的塑性指标(如 δ、ψ、ε_c、n 和 α_K)为纵坐标,以温度为横坐标,绘制而成的塑性指标随温度变化的曲线图称为塑性图。图 9-3 所示为 W18Cr4V 高速钢的塑性图。

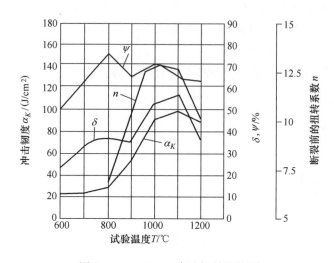

图 9-3　W18Cr4V 高速钢的塑性图

从图 9-3 中可以看出,W18Cr4V 在 900~1200℃ 温度范围内具有较好的塑性。因此,这种钢在 1180℃ 始锻,在 920℃ 左右终锻。

图 9-4 所示为 3 种铝合金的塑性图,从图中可以看出,3A21 铝合金在 300~500℃ 范围内塑性最好,静载和动载下的 ε_c 都在 30% 以上;2A50 铝合金在 350~500℃ 范围内亦具有良好的塑性,但对应变速率有一定的敏感性,动载下的 ε_c 明显低于静载下的;7A04 超硬铝合金的塑性较差,锻造温度较窄,并对变形速率相当敏感。

9.2.2　变形条件对金属塑性的影响

1. 变形温度对金属塑性的影响

对大多数金属而言,一般趋势是:随着变形温度的升高(直至过烧温度以下),金属的塑性增加。但是,某些金属材料在升温过程中,往往有过剩相析出或有相变发生而使塑性降低。由于金属材料的种类繁多,很难用一种统一的模式来概括各

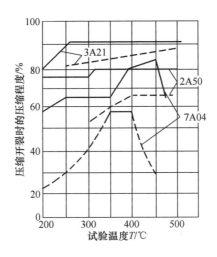

图 9-4　3 种铝合金的塑性图
——静载；----动载。

种金属材料在不同温度下的塑性变化情况。下面举几个例子来说明。

图 9-5 所示为强度极限(抗拉强度)σ_b 和碳钢伸长率 δ 随温度 T 变化的情形。从室温开始,随着温度的上升,δ 有些增加,σ_b 有些下降。在 200~350℃ 温度范围内产生相反的现象,δ 明显下降,σ_b 明显上升,这一温度范围一般称为蓝脆区。这时钢的性能变坏,易于脆断,断口呈蓝色,一般认为是由于氮化物、氧化物以沉淀形式在晶界、滑移面上析出所致。随后 δ 增加,σ_b 继续降低,直至在 800~950℃ 范围内又一次出现相反的现象,即塑性稍有下降,强度稍有上升,这个温度范围称为热

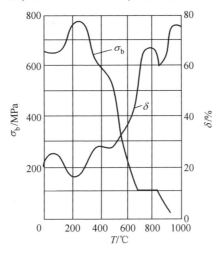

图 9-5　碳钢塑性图

脆区。有学者认为这与相变有关,钢由珠光体转变为奥氏体,由体心立方晶格转变为面心立方晶格,要引起体积收缩,产生组织应力。也有学者认为,这是由于分布在晶界的 FeS 与 FeO 形成的低熔点共晶体所致。过了热脆区,塑性继续上升,强度继续下降。一般当温度超过 1250℃时,由于钢产生过热,甚至过烧,δ 和 σ_b 均急剧降低,此区称为高温脆性区。

图 9-6 所示为高速钢的强度极限 σ_b 和伸长率 δ 随温度 T 变化的曲线。高速钢在 900℃ 以下时 σ_b 很高,塑性很低;从珠光体向奥氏体转变的温度约为 800℃,此时为塑性下降区。温度在 900℃ 以上时,δ 上升,σ_b 迅速下降。约 1300℃ 是高速钢莱氏体共晶组织的熔点,高速钢的 δ 急剧下降。

图 9-7 所示为黄铜 H68 的强度极限 σ_b 和塑性指标 δ、ψ 随温度 T 变化的曲线。随着温度的上升,σ_b 一直下降,δ、ψ 开始下降,在 300~500℃ 范围内降至最低,此区为 H68 的中温脆性区。在 690~830℃ 范围内 H68 的塑性最好。

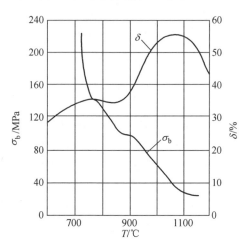

图 9-6 高速钢塑性图

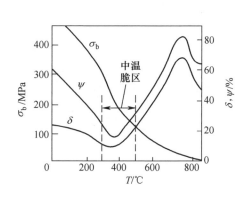

图 9-7 黄铜 H68 塑性图

下面从一般情况出发,分析温度升高时,金属和合金塑性增加以及实际应力降低的原因。

(1) 随着温度的升高,发生了回复和再结晶。回复能使变形金属稍得到软化,再结晶则能完全消除变形金属的加工硬化,使金属和合金的塑性显著提高,实际应力显降低。

(2) 温度升高,临界切应力降低,滑移系增加。因为温度升高,原子的动能增大,原子间的结合力变弱,使临界切应力降低。同时,在高温时还可能出现新的滑移系。例如,面心立方的铝在室温时的滑移面为(111),在 400℃ 时除了(111)面,(100)面也开始发生滑移,因此在 450~550℃ 的温度范围内,铝的塑性最好。由于滑移系的增强,金属塑性增强,并降低了由于多晶体内晶粒位向不一致而提高实际应力的影响。

（3）金属组织发生变化。可能由多相组织变为单相组织，或由滑移系个数少的晶格变为滑移系个数多的晶格。例如，碳钢在 950~1250℃ 范围内塑性好，这与处于单相组织和转变为面心立方晶格有关。又如，钛在室温时呈密排六方晶格，只有 3 个滑移系，当温度高于 882℃ 时，转变为体心立方晶格，有 12 个滑移系，塑性有明显提高。

（4）新的塑性变形方式（热塑性）的发生。当温度升高时，原子热振动加剧，晶格中的原子处于不稳定的状态。当晶体受外力时，原子就沿应力场梯度方向非同步地、连续地由一个平衡位置转移到另一个平衡位置（不是沿着一定的晶面和晶向），使金属产生塑性变形，这种变形方式称为热塑性（亦称为扩散塑性）。热塑性是非晶体发生变形的唯一方式，对晶体来说，是一种附属方式。热塑性较多地发生在晶界和亚晶界处，晶粒越细，温度越高，热塑性的作用越大。在回复温度以下，热塑性对金属塑性变形所起的作用不显著，只有在很低的变形速率下才有考虑的必要。高温时热塑性作用大为加强，提高了金属的塑性，降低了实际应力。

（5）晶界性质发生变化，有利于晶间变形，并有利于晶间破坏的消除。晶界原子排列不规则，原子处于不稳定状态，原子的移动和扩散易于进行。当温度较高时，晶界的强度比晶粒本身下降得快，不仅减小了晶界对晶内变形的阻碍作用，而且晶界本身也易发生滑动变形。另外，由于高温时原子的扩散作用加强，在塑性变形过程中出现的晶界破坏在很大程度上得到消除，这一切使金属和合金在高温下具有良好的塑性和低的实际应力。

2. 变形速率对塑性的影响

变形速率（即应变速率）$\dot{\varepsilon}$ 对金属塑性的影响十分复杂，可造成温度效应，改变金属的实际应力等。

（1）热效应及温度效应。塑性加工时，物体所吸收的能量一部分转化为弹性变形能，一部分转化为热能。塑性变形能转化为热能的现象称为热效应。如变形体所吸收的能量为 E，其中转化为热能的部分为 E_m，则两者之比为

$$\eta = \frac{E_m}{E} \qquad (9-4)$$

η 称为排热率。根据实验数据，在室温下塑性压缩时，镁、铝、铜和铁的排热率 $\eta=0.85\sim0.90$，上述金属合金的排热率 $\eta=0.75\sim0.85$。因此，塑性加工过程中的热效应是相当可观的。

（2）随着变形速率的增大，可能使塑性降低和实际应力提高，也可能相反。对于不同的金属和合金，在不同的变形温度下，变形速率的影响也不相同。

随着变形速率的增大，金属和合金的实际应力（或强度极限）提高，提高的程度与变形温度有着密切关系。冷变形时，变形速率的增大仅使实际应力有所增加

或基本不变;而在热变形时,变形速率的增大会引起实际应力的明显增大。图9-8表示在不同温度下,变形速率对低碳钢强度极限的影响。例如,$\dot{\varepsilon}$从$10^{-2}s^{-1}$增大到$10s^{-1}$,在600℃时,σ_b增加两倍,1000℃时,σ_b增加近3倍。

随着变形速率的增大,塑性变化的一般趋势如图9-9所示。当变形速率不大时(图中 ab 段),增加变形速率使塑性降低,这是由于变形速率增加所引起的塑性降低大于温度效应引起的塑性增加;当变形速率较大时(图中 bc 段),由于温度效应显著,塑性基本上不再随变形速率的增加而降低;当变形速率很大时(图中 cd 段),则由于温度效应的显著作用,造成塑性回升。冷变形和热变形时,该曲线各阶段的进程和变化程度各不相同。冷变形时,随着变形速率的增加,塑性略有下降,后续由于温度效应的作用加强,塑性可能会上升;热变形时,随着变形速率的增加,通常塑性降低较为显著,后续由于温度效应的增强而使塑性稍有提高。但当温度效应很大以致变形温度由塑性区进入高温脆性区时,金属和合金的塑性又急剧下降(图9-9中虚线段 de)。就材料本身而言,化学成分越复杂,含量越多,则再结晶速度越低,故提高变形速率会使塑性降低。例如,高速钢、高铬钢、不锈钢、高温合金以及镁合金、铝合金、钛合金等,在热变形时都表现出这种趋势。

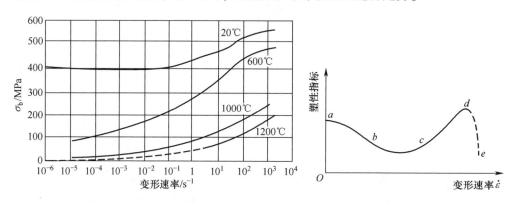

图9-8 不同温度下变形速率对低碳钢强度极限的影响　　图9-9 变形速率对塑性的影响示意图

下面从一般情况这一角度加以概括和分析。

(1) 变形速率大,由于没有足够的时间完成塑性变形,导致金属的实际应力提高,塑性降低。例如,晶体的位错运动、滑移面由不利方向向有利方向转动等都需要时间,若变形速度大,则塑性变形来不及在整个体积内均匀地传播开,从而更多地表现为弹性变形。根据胡克定律,弹性变形量越大,应力越大,这样就导致金属的实际应力增大。

(2) 如果是在热变形条件下,变形速率大时,还可能由于没有足够的时间进行回复和再结晶,使金属的实际应力提高,塑性降低。

(3) 变形速率大,有时由于温度效应显著而提高塑性,降低实际应力(这种现象在冷变形时比热变形时显著,因为冷变形时温度效应强)。某些材料(如莱氏体高合金钢)也会因变形速率大而引起升温,从而进入高温脆性区,反而使塑性降低。

(4) 变形速率还可能改变摩擦系数,从而对金属的塑性和变形抗力产生一定的影响。

变形速率对锻压工艺具有广泛的影响。提高变形速率可有下列影响:①降低摩擦系数,从而降低变形抗力,改善变形的不均匀性,提高工件质量;②减少热加工时的热量散失,从而减小毛坯温度的下降和温度分布的不均匀性,这对于工件形状复杂(薄壁、高筋)或材料锻造温度范围较窄的情况是有利的;③提高变形速率会由于"惯性作用"使复杂工件易于成形,例如,锤上模锻时上模型腔容易充填。

3. 变形程度对塑性的影响

冷变形时,变形程度越大,加工硬化越显著,金属塑性降低;热变形时,随着变形程度的增加,晶粒细化且分散均匀,会使塑性提高。

9.2.3 其他因素对塑性的影响

1. 化学成分对塑性的影响

在碳钢中,铁和碳是基本元素。在合金钢中,除了铁和碳外,还有合金元素,如Si、Mn、Cr、Ni、W、Mo、V、Ti等。此外,由于矿石、冶炼等方面的原因,在各类钢中还有一些杂质,如P、S、N、H、O等。下面以碳钢为例,讨论化学成分的影响。

碳对钢的性能影响最大,碳能固溶到铁里,形成铁素体和奥氏体,它们都具有良好的塑性和低强度。当含碳量增大,超过铁的溶解能力时,多余的碳和铁形成化合物渗碳体,它具有很高的硬度,塑性几乎为零,对基体的塑性变形起到阻碍作用。随着含碳量的增加,渗碳体的数量也增加,因而使碳钢的塑性降低、强度提高,如图 9-10 所示。

磷是钢中的有害杂质,磷能溶于铁素体中,使钢的强度、硬度显著提高,塑性、韧性显著降低。当磷的质量分数达到 0.3% 时,钢完全变脆,冲击韧度接近零,称为冷脆性。当然,钢中含磷量不会如此之多,但磷具有极强的偏析能力,会使钢中局部含磷量较高而变脆。

硫是钢中的有害杂质。不溶于铁素体中,但生成 FeS,FeS 与 FeO 形成共晶体,分布于晶界,熔点为 985℃。当钢在 1000℃ 以上热加工时,由于晶界处的 FeS-FeO 共晶体熔化,导致锻件开裂,这种现象称为热脆性。钢中加锰可减轻或消除硫的有害作用,因为钢液中的锰可与 FeS 发生反应生成 MnS,其在 1620℃ 时熔化,而且在热加工温度范围内具有较好的塑性,可以和基体一起变形。

氮在奥氏体中的溶解度较大,在铁素体中的溶解度很小,且随温度的下降而减小。将含氮量高的钢由高温较快冷却时,铁素体中的氮由于来不及析出而过饱溶解。在室温或稍高温度下，氮将以 FeN 形式析出，使钢的强度、硬度提高，塑性、韧性大幅降低，这种现象称为时效脆性。

钢中溶氢较多时会引起氢脆现象，使钢的塑性大大降低。氢在钢中的溶解度随着温度的降低而降低（图 9-11）。当含氢量较高的钢经锻轧后较快冷却时，从固溶体析出的氢原子来不及向钢坯表面扩散，会集中在钢内缺陷处（如晶界、嵌镶块边界和显微空隙处等），形成氢分子，产生相当大的压力。由于该压力以及组织应力、温度应力等内应力的共同作用，钢会出现细小型纹，即白点。白点一般易在大型合金钢锻件中出现。

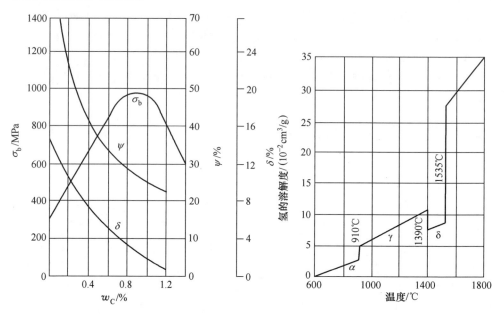

图 9-10　钢中含碳量对钢力学性能的影响　　图 9-11　氢的溶解度

氧在铁素体中的溶解度很小，主要是以 Fe_2O_3、FeO、MnO、Mn_3O_4、SiO_2、Al_2O_3 等形式存在于钢中，这些夹杂物对钢的性能有不良影响，会降低钢的疲劳强度和塑性。FeO 还会与 FeS 形成低熔点的共晶组织，分布于晶界，造成钢的热脆性。

钢中加入合金元素不仅改变钢的使用性能，也改变钢的塑性和实际应力。各种合金元素对钢的塑性和实际应力的影响十分复杂，需要结合具体钢种根据变形条件做具体的分析。

2. 组织结构的影响

一定化学成分的金属材料，若其相组成、晶粒度、铸造组织等不同，则其塑性亦有很大差别。

（1）相组成的影响。单相组织（纯金属或固溶体）比多相组织的塑性好。多相组织由于各相性能不同，变形难易程度不同，导致变形和内应力不均匀分布，因而塑性降低。例如,碳钢在高温时为奥氏体单相组织,故塑性好;在800℃左右转变为奥氏体和铁素体两相组织,塑性明显降低。因此,对于有固态相变的金属来说,在单相区内进行成形加工是有利的。

工程上使用的金属材料多为两相组织,第二相的性质、形状、大小、数量和分布状态不同,对塑性的影响程度也不同。若两个相的变形性能相近,则金属的塑性近似介于两相之间。若两个相的性能差别很大,一相为塑性相,另一相为脆性相,则变形主要在塑性相内进行,脆性相对变形起阻碍作用,如果脆性相呈连续或不连续的网状分布于塑性相的晶界处,则塑性相被脆性相包围分割,其变形能力难以发挥,变形时易在相界处产生应力集中,导致裂纹的早期产生,使金属的塑性大幅降低;如果脆性相呈片状或层状分布于晶粒内部,则对塑性变形的危害性较小,塑性有一定程度的降低;如果脆性相呈颗粒状均匀分布于晶内,则对金属塑性的影响不大,特别是当脆性相数量较小时,如此分布的脆性相几乎不影响基体金属的连续性,它可随基体相的变形而"流动",不会造成明显的应力集中,因而对塑性的不利影响就更小。

(2) 晶粒度的影响。金属和合金晶粒越细小,塑性越好。这是由于晶粒越细,则同一体积内晶粒数目越多,在一定变形数量下,变形可分散在许多晶粒内进行,变形比较均匀。相对于粗晶粒材料而言,这样能延缓局部应力集中、出现裂纹以致断裂的过程,从而在断裂前可以承受较大的变形量,即提高塑性。另外,金属和合金晶粒越细小,同一体积内晶界就越多,室温时晶界强度高于晶内,因而金属和合金的实际应力高。但在高温时,由于会发生晶界黏性流动,细晶粒材料的实际应力反而较低。

(3) 铸造组织的影响。铸造组织由于具有粗大的柱状晶粒以及偏析、夹杂、气泡、疏松等缺陷,使得金属塑性降低。锻造时应创造良好的变形力学条件,打碎粗大的柱状晶粒,并使变形尽可能均匀,以获得细晶组织,使金属的塑性提高。

3. 应力状态的影响

在主应力图中,压应力的个数越多、数值越大,即静水压力越大,金属的塑性越高;反之,拉应力的个数越多、数值越大,即静水压力越小,金属的塑性越低。

德国的卡门(Karman)在20世纪初针对大理石和砂石曾做过一次著名的实验,他将圆柱形大理石和砂石试样置于实验装置中进行压缩,同时压入甘油对试样施加侧向压力。实验证明:在没有侧向压力作用时,大理石和砂石显示完全的脆性;在有侧向压力作用时,表现出一定的塑性,侧向压力越大,所需轴向压力也越大,塑性也越高。卡门的实验装置简图如图9-12所示。

限于当时的实验条件,卡门所得到大理石的压缩程度 $\varepsilon = 8\% \sim 9\%$,砂石的压缩程度 $\varepsilon = 6\% \sim 7\%$。后来,拉斯耶夫(Ласчев)在更大的侧向压力下进行大理石的压缩试验,获得78%的变形程度,并在很大的侧向压力下拉伸大理石试样,得到了

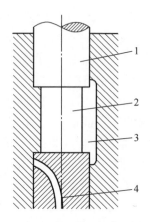

图 9-12 卡门的实验装置简图
1—加压柱塞；2—试样；3—实验腔室；4—高压油通道。

25%的伸长率,出现了像金属试样上的那种缩颈。

静水压力越大,金属的塑性就越高,可以解释如下:

(1) 拉应力促进晶间变形,加速晶界破坏。压应力阻止或减少晶间变形,随着三向压缩作用的增强,晶间变形更加困难,从而提高了金属的塑性。

(2) 压应力有利于抑制或消除晶体中由于塑性变形而引起的各种微观破坏,而拉应力则相反,它促使各种破坏发展、扩大。如图 9-13 所示。

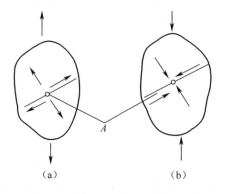

图 9-13 滑移面的破损受拉应力及压应力作用的示意图
(a)拉应力；(b)压应力。

滑移面上的破损 A 在拉应力作用下将扩大,在压应力作用下将闭合或消除。同样,当变形体原来存在脆性杂质、微观裂纹等缺陷时,三向压应力能抑制这些缺陷,全部或部分地消除其危害性。而在拉应力作用下,将使这些缺陷扩大,形成应力集中,促使金属破坏。

(3) 三向压应力能抵消由于变形不均匀所引起的附加拉应力。例如,圆柱体在镦粗时,侧表面可能出现附加切向拉应力,施加侧向压力后,能抵消此附加拉应力而防止裂纹的产生。

4. 周围介质的影响

周围介质对金属塑性的影响有以下几方面:

(1)在金属表面层形成脆性相。例如,镍及其合金在煤气中加热时,由于炉内气氛中含有硫,硫被金属吸收后生成 Ni_3S_2,此硫化物又与镍形成低熔点(625~650℃)共晶,并呈薄膜状分布于晶界,使镍及其合金产生红脆,热轧时易产生裂纹。

(2)使金属表层腐蚀。例如,黄铜在加热和退火中,由于锌优先受腐蚀溶解,使物体表面形成一层海绵状(多孔)的纯铜而损坏。

(3)在金属表面形成吸附润滑层,在塑性加工中起润滑作用,使金属的塑性升高。

5. 尺寸(体积)因素的影响

实践表明,变形体的尺寸(体积)会影响金属的塑性。尺寸越大,塑性越低;但当变形体的尺寸(体积)达到某一临界值时,塑性将不再随体积的增大而降低。

尺寸因素影响塑性的原因是:变形体尺寸越大,其化学成分和组织越不均匀,内部缺陷也越多,导致金属塑性降低。对于锭料来说,这种塑性的降低就更为显著。其次,大变形体比几何相似的小变形体具有较小的相对接触表面积,因而由外摩擦引起的三向压应力状态就较弱,导致塑性降低。因此,由小试样或小锭料所获得的实验结果和数据用于生产实际时,应考虑尺寸因素对塑性的影响。

9.2.4 提高金属塑性的途径

提高金属塑性的途径有很多种,下面仅从塑性加工的角度讨论提高塑性的途径。

(1)提高材料成分和组织的均匀性。合金铸锭的化学成分和组织通常是很不均匀的,若在变形前进行高温均匀化退火,则能起到均匀化的作用,从而提高塑性。但是高温均匀化处理生产周期长、耗费大,可采用适当延长锻造加热时的出炉保温时间来代替,其不足之处是降低了生产率。同时,还应注意避免晶粒粗大。

(2)合理选择变形温度和变形速度。这种途径对于塑性加工是十分重要的,加热温度过高,容易使晶界处的低熔点物质熔化或使金属的晶粒粗大;加热温度太低,金属会出现加工硬化。这些都会使金属的塑性降低,引起变形时的开裂。对于具有速度敏感性的材料,应合理选择变形速度,即合理地选择锻压设备。一般而言,锤类设备的变形速度最高,压力机其次,液压机最低。

(3)选择三向压缩性较强的变形方式。挤压变形时的塑性一般高于开式模锻的塑性,而开式模锻又比自由锻更有利于塑性的提高。在锻造低塑性材料时,可采用一些能增强三向压应力状态的措施,以防止锻件的开裂。

(4) 不均匀变形引起的附加应力会导致金属的塑性降低。合理的操作规范、良好的润滑、合适的工模具形状等都能减小变形的不均匀性,从而提高塑性。例如,镦粗时采用铆锻、叠锻,或在接触表面施加良好的润滑等,都有利于减小毛坯的鼓形和防止表面纵向裂纹的产生。

9.3 金属塑性成形中的摩擦

无论是在机械传动中,还是在金属塑性成形中,都存在着有相对运动或有相对运动趋势的两接触表面之间的摩擦。前一种摩擦称为动摩擦,后一种摩擦称为静摩擦。在机械传动中主要是动摩擦。

金属塑性成形中的摩擦又有内、外摩擦之分。内摩擦是指变形金属内晶界面上或晶内滑移面上产生的摩擦;外摩擦是指变形金属与工具之间接触面上产生的摩擦。此处研究的是外摩擦。外摩擦力简称摩擦力,本书讨论的是这种摩擦力。单位接触面上的摩擦力称为摩擦切应力,其方向与变形体质点运动方向相反,它阻碍金属质点的流动。

9.3.1 塑性成形时摩擦的分类和机理

金属在塑性成形时,根据坯料与工具的接触表面之间润滑状态的不同,可以把摩擦分为3种类型,即干摩擦、边界摩擦和流体摩擦,由此还可以派生出混合型摩擦,即半干摩擦和半流体摩擦。

(1) 干摩擦。当变形金属与工具之间的接触表面上不存在任何外来的介质,即直接接触时,产生的摩擦称为干摩擦(图9-14(a))。但在实际生产中,这种绝对理想的干摩擦是不存在的。这是由于金属在塑性成形过程中,其表面总会产生氧化膜或吸附一些气体、灰尘等其他介质。通常所说的干摩擦是指不加任何润滑剂的摩擦。

(2) 边界摩擦。当变形金属与工具之间的接触面上存在很薄的润滑剂膜时产生的摩擦称为边界摩擦(图9-14(b)),膜的厚度约为0.1μm。这种润滑膜一般是一种流体的单分子膜,接触表面就处在被这种单分子膜隔开的状态。这种单分子膜润滑的状态称为边界润滑,若这层薄膜完全被挤掉,则工具与变形金属直接接触,会出现粘模现象。大多数塑性成形中的摩擦属于边界摩擦。

(3) 流体摩擦。当变形金属与工具表面之间的润滑剂层较厚,两表面完全被润滑剂隔开时的润滑状态称为流体润滑,这种状态下的摩擦称为流体摩擦(图9-14(c))。流体摩擦与干摩擦和边界摩擦有本质上的区别,其摩擦特征与所加润滑剂的性质和相对速度梯度有关,而与接触表面的状态无关。

在实际生产中,上述3种摩擦不是截然分开的,虽然在塑性加工中多半是边界摩擦,但有时也会出现所谓的混合摩擦,即半干摩擦与半流体摩擦。半干摩擦是边界摩擦与干摩擦的混合状态;半流体摩擦是边界摩擦与流体摩擦的混合状态。

塑性成形过程中摩擦的性质是复杂的,目前关于摩擦产生的原因(摩擦机理)有以下几种学说。

(1) 表面凹凸学说。此学说认为摩擦是由于接触面上的凹凸形状引起的。因为所有经过机械加工的表面并非绝对平坦光滑,都有不同程度的微观凸峰和凹坑。当凸凹不平的两个表面相互接触,并处在压力的作用下时,一个表面的"凸峰"可能会插入另一个表面的"凹坑",产生机械咬合(图9-15)。这样的接触表面在外力作用下产生相对运动时,相互咬合的凸峰部分或被切断,或使其产生剪切变形,此时摩擦力表现为这些凸峰被切断或产生剪切变形时的阻力。根据这一观点,相互接触的表面越粗糙,微"凸峰"和"凹坑"就越大,相对运动时的摩擦力就越大。降低接触表面的粗糙度,或者涂抹润滑剂以填补表面凹坑,都可以起到减小摩擦的作用。对于普通粗糙程度的表面来说,这种观点已被验证。

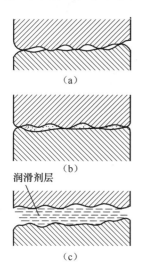
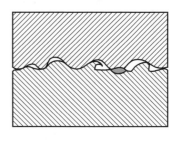

图 9-14 摩擦分类示意图
(a)干摩擦;(b)边界摩擦;(c)流体摩擦。

图 9-15 接触表面凹凸不平形成的机械咬合

(2) 分子吸附学说。当两个接触表面非常光滑时,摩擦力不但不降低,反而会提高,这一现象无法用凹凸学说来解释。这就产生了分子吸附学说,认为摩擦产生的原因是由于接触表面上分子之间相互吸引的结果。物体表面越光滑,实际接触面积就越大,接触面间的距离也就越小,分子吸引力就越强,则摩擦力也就越大。

(3) 粘着理论。这一理论认为,当两个表面接触时,接触面上某些接触点处的压力很大,以致发生粘接或焊合,当两表面产生相对运动时,粘接点被切断而产生相对滑动。

现代摩擦理论认为,摩擦力不仅包含剪切接触面机械咬合所产生的阻力,而且包含真实接触表面分子吸附作用所产生的黏结力,以及切断粘接点所产生的阻力。对于流体摩擦来说,摩擦力主要表现为润滑剂层之间的流动阻力。

9.3.2 塑性成形时摩擦的特点及其影响

与机械传动中的摩擦相比,塑性成形中的摩擦具有以下特点:

(1) 高压下的摩擦。塑性成形时接触面上的压强(单位压力)很大,一般达到 500MPa 左右,钢在冷挤压时可高达 2500MPa。而机械传动中承受重载荷的轴承的工作压力一般为 10MPa 左右,即使重型轧钢机的轴承也不过承受 20~40MPa 的压力。接触面的压力越高,润滑越困难。

(2) 伴随着塑性变形的摩擦。由于接触面压力高,故真实接触表面大。同时,在塑性成形过程中会不断增加新的接触面,包括由原有接触表面所形成的新表面,以及从原有接触表面下挤出的新表面。而且,接触面上各处的塑性流动情况各不相同,有快有慢,还有的黏着不动,因此各处的摩擦也不一样。

(3) 在热成形时是高温下的摩擦。在塑性成形过程中,为了减小材料的变形抗力,提高其塑性,常进行热压力加工。这时金属的组织、性能都有变化,而且表面要发生氧化,从而对摩擦产生影响。

因此,塑性成形时的摩擦比机械传动中的摩擦要复杂得多。

塑性成形时,接触摩擦在多数情况下是有害的:①使变形抗力增加,因而使所需的塑性变形力和变形功增大;②引起或加剧变形的不均匀性,从而产生附加应力,附加应力严重时会造成工件开裂;③增加工具的磨损,缩短模具的使用寿命。

但是,摩擦在某些情况下也会起一些积极的作用,可以利用摩擦阻力来控制金属流动方向。例如,开式模锻时可利用飞边阻力来保证金属充填模腔;辊锻和轧制是凭借足够的摩擦力使坯料咬入轧辊等。

9.4 塑性成形时接触表面摩擦力的计算

金属塑性成形时摩擦力的计算,分别按以下 3 种情况来考虑。

(1) 库仑摩擦条件。

该条件下不考虑接触面上的黏合现象,认为单位面积上的摩擦力与接触面上的正应力成正比,即

$$\tau = \mu \sigma_N \qquad (9-5)$$

式中:τ 为接触表面上的摩擦切应力;σ_N 为接触表面上的正应力;μ 为摩擦系数。

摩擦系数应根据试验来确定。上式在使用中应注意,摩擦切应力不能随 σ_N 的增大而无限增大。当 $\tau = \tau_{max} = K$ 时,接触面将产生塑性流动。式(9-5)适用于三向压应力不太显著、变形量小的冷成形工序。

(2) 最大摩擦力条件。

当接触表面没有相对滑动、完全处于黏合状态时,摩擦切应力等于变形金属的最大切应力 K,即

$$\tau = K = \frac{\beta S}{2} \qquad (9\text{-}6)$$

式中:S 为塑性变形的流动应力,即屈服力。

根据屈服准则,在轴对称情况下,$\tau = 0.5S$;在平面变形条件下,$\tau = 0.577S$。在热变形时,常采用最大摩擦力条件。

(3) 摩擦力不变条件。

在摩擦力不变条件下,认为接触面上的摩擦力不变,单位摩擦力为常量,即

$$\tau = \mu S \qquad (9-7)$$

与式(9-6)对比可知,当 $\mu = 0.5$ 或 $\mu = 0.577$ 时,两个条件完全一致。式(9-7)适用于摩擦系数低于最大值的三向压力显著的塑性成形过程,如挤压、变形量大的镦粗、模锻等。

9.4.1 影响摩擦系数的因素

塑性成形中的摩擦系数通常是指接触面上的平均摩擦系数。影响摩擦系数的因素有很多,主要有以下几点:

1) 金属的种类和化学成分

金属的种类和化学成分对摩擦系数的影响很大。由于金属表面的硬度、强度、吸附性、原子扩散能力、导热性、氧化速度、氧化膜的性质等都与化学成分有关,因此,不同种类的金属及不同化学成分的同一类金属,其摩擦系数都是不同的。黏附性较强的金属通常具有较大的摩擦系数,如铅、铝、锌等。一般情况下,材料的硬度、强度越高,摩擦系数就越小。因此,凡是能提高材料的硬度、强度的化学成分都可以使摩擦系数减小。对于黑色金属,随着碳含量的增加,摩擦系数有所降低,如图 9-16 所示。

2) 工具的表面状态

工具表面越光滑,即表面凸凹不平的程度越轻,机械咬合效应就越弱,摩擦系数就越小。若接触表面非常光滑,分子吸附作用增强,反而会引起摩擦系数增加,但这种情况在塑性成形中并不常见。工具表面粗糙度在各个方向不同时,各方向

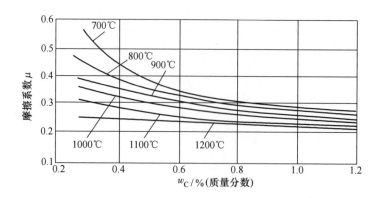

图 9-16　钢的含碳量对摩擦系数的影响

的摩擦系数亦不相同。试验证明,沿着加工方向的摩擦系数比垂直于加工方向的摩擦系数约小 20%。

3) 接触面上的正应力

单位压力较小时,表面分子吸附作用不明显,摩擦系数保持不变,与正压力无关。当单位压力增大到一定数值后,接触表面的氧化膜被破坏,润滑剂被挤掉,这不但增加了真实接触面积,而且使坯料和工具接触面间的分子吸附作用增强,从而使摩擦系数随单位压力的增加而增大,当增大到一定程度后又趋于稳定,如图 9-17 所示。

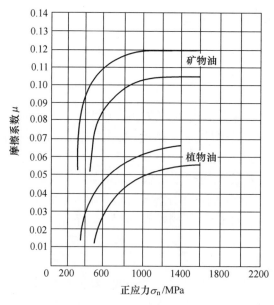

图 9-17　正应力对摩擦系数的影响

4）变形温度

变形温度对摩擦系数的影响很复杂。一般认为,变形温度较低时,摩擦系数随变形温度升高而增大,达到某一温度时,摩擦系数达到最大值,此后,摩擦系数随变形温度的继续升高而降低,如图 9-18 所示。这是因为,当变形温度较低时,金属坯料的强度、硬度较大,氧化膜较薄,所以摩擦系数较小;随着变形温度的升高,金属坯料的强度、硬度降低,氧化膜增厚,而且接触表面间分子吸附能力也增强,同时,高温使润滑剂性能变坏,因此摩擦系数增大;当变形温度继续升高时,氧化皮会变软或者脱离金属基体表面,在金属坯料与工具之间形成一个隔离层,起到润滑作用,所以摩擦系数反而下降。

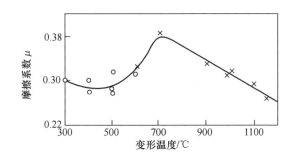

图 9-18　热轧时温度对碳钢摩擦系数的影响

5）变形速率

许多实验结果表明,摩擦系数随变形速率的增加而有所下降。例如,锤上镦粗时的摩擦系数要比同样条件下压力机上镦粗时的摩擦系数小 20%~25%。摩擦系数降低的原因与摩擦状态有关。在干摩擦时,由于变形速率的增大,接触表面凸凹不平的部分来不及相互咬合,同时由于摩擦面上产生的热效应,使真实接触面上形成"热点",该处金属变软,这两个原因均使摩擦系数降低。在边界润滑条件下,由于变形速率增加,可使润滑油膜的厚度增加,并较好地保持在接触面上,从而减少了金属坯料与工具的实际接触面积,使摩擦系数下降。但要注意的是,变形速率的影响很复杂,有时会得到相反的结果。

9.4.2　塑性加工中摩擦系数的测定方法

目前有许多测定摩擦系数的方法,由于影响摩擦系数的因素有很多,这些因素在变形过程中又不稳定,所以测得的摩擦系数都不够精确,带有平均值的性质。下面介绍几种测定摩擦系数的方法。

1. 锥形压头镦粗法

锥形压头镦粗法由古布金提出。如图 9-19 所示,设压头锥面倾斜角为 θ,试件两端面具有与压头锥面完全吻合的锥形窝;设镦粗时试件锥面上的单位面积正压力为 F,单位面积摩擦力为 t,$t=\mu F$,其中 μ 为摩擦系数。设 F 和 t 的水平分力分别为 F_x 和 t_x,则有

$$F_x = F\sin\theta \tag{9-8}$$
$$t_x = \mu\cos\theta \tag{9-9}$$

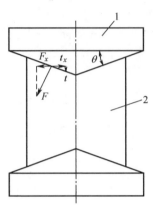

图 9-19 锥形压头镦粗试验
1—压头;2—压件。

若 $F\sin\theta < \mu F\cos\theta$,说明试件端面在镦粗过程中受到摩擦力水平分力的作用,端面金属难以外流,试件出现鼓形(图 9-20(b))。

若 $F\sin\theta > \mu F\cos\theta$,说明试件端面受到正压力水平分力的作用,端面金属易于外流,试件出现两端大中间小的双曲面形(图 9-20(c))。

若 $F\sin\theta = \mu F\cos\theta$,说明试件端面水平分力相平衡,镦粗后试件呈圆柱形(图 9-20(d))。此时可得 $\mu = \tan\theta$。这就是锥形压头镦粗法求摩擦系数的原理。使用此法时,需要一组锥面倾斜角 θ 相差 1°~2° 的压头,同时需要一组端面锥形窝

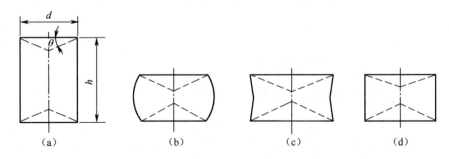

图 9-20 锥形压头镦粗试件示意图
(a)原始试件;(b),(c),(d)镦粗后试件。

与上锥形压头一一相符的试件,试件尺寸比 $h:d=1.5$,然后依次镦粗,便可求得摩擦系数。镦粗时,压缩率 ε 取 20%~25%,可以得到最精确的结果。

2. 分段拉模法

分段拉模法的装置和受力分析如图 9-21 所示,对在两半拉模中的试件进行拉拔,并同时测得拉拔力 F 和侧向推力 F_m。侧向推力 F_m、摩擦力 F_n。与拉模上的正压力 F_p 之间的平衡关系为

$$F_m = F_p\cos\theta - F_n\sin\theta = F_p(\cos\theta - \mu\sin\theta) \tag{9-10}$$

而铅垂方向的平衡条件为

$$F = 2F_p\mu\cos\theta + 2F_p\sin\theta \tag{9-11}$$

将式(9-10)和式(9-11)联立求解,得

$$\mu = \frac{\dfrac{F}{2F_m} - \tan\theta}{1 + \dfrac{F\tan\theta}{2F_m}} \tag{9-12}$$

利用分段拉模法可以获得足够精确的摩擦系数值。

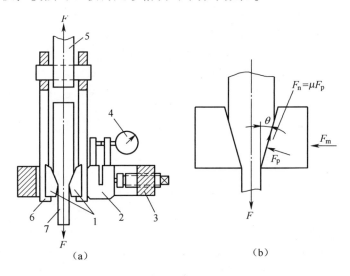

图 9-21 分段拉模法

(a)装置简图;(b)受力分析图。

1—拉模;2—测力计;3—框架;4—千分表;5—拉杆;6—平板;7—试样。

3. 圆环镦粗法

圆环镦粗法是把一定尺寸的圆环试样放在平砧间进行压缩。由于接触表面上的摩擦系数不同,圆环的内外径在压缩过程中将产生不同的变化(图 9-15)。

外径总是增大,而内径的扩大量则是随着摩擦系数的增加而逐渐减小。当摩擦系数超过某一数值以后,内径停止扩大而开始缩小。利用塑性理论对圆环进行分析,可求得不同摩擦系数和在不同压缩量下圆环的变化值。由此可以做出在不同摩擦系数条件下,内径随压缩量变化的一组曲线——摩擦系数的标定曲线,如图9-22所示。按标定试样尺寸制出待测的圆环试样,对试样压缩并绘制该试样的内径与压缩量的关系曲线,通过与标定曲线进行比较,就可以方便地求得试样的摩擦系数。图9-22中曲线1是15钢试样在磷化后以MoS_2粉为润滑剂测得的,其摩擦系数$\mu=0.08$。

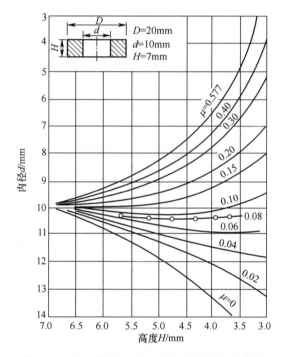

图9-22 圆环镦粗法确定摩擦系数的标定曲线

圆环镦粗法比较简单,无须测定压力,也无须制备许多压头和试件,即可测得摩擦系数,可用于测定各种温度、速度条件下的摩擦系数。但由于圆环试件在镦粗时常出现鼓形,环孔出现椭圆形等,会引起测量上的误差,影响结果的精确性。

9.5 金属塑性成形中的润滑

润滑是减小摩擦对塑性成形过程不良影响的最有效措施。润滑的目的是降低接触面间的摩擦力,提高模具寿命,提高产品质量,降低变形抗力,减少金属不均匀变形,提高金属充满模腔的能力,同时还具有冷却(流体润滑)作用等。为了实现上述目的,必须选用合适的润滑剂。

1) 塑性成形中对润滑剂的要求

在塑性成形中使用的润滑剂一般应符合下述要求:

(1) 良好的耐压性能。塑性成形在高压下进行,要求润滑膜仍能吸附在接触表面上,保持良好的润滑状态。

(2) 良好的耐热性。热加工用的润滑剂在使用时应不分解、不变质。

(3) 有冷却模具的作用。为了降低模具的温度,避免模具过热,提高模具寿命,润滑剂应具有冷却作用。

(4) 无腐蚀作用。润滑剂不应腐蚀金属、坯料和模具。

(5) 无毒。润滑剂应对人体无毒、无害,不污染环境。

(6) 使用、清理方便,并考虑其来源丰富,价格便宜等因素。

2) 塑性成形中常用的润滑剂

用于塑性成形的润滑剂分为液体润滑剂和固体润滑剂两大类。

(1) 液体润滑剂。这类润滑剂主要包括各种植物油、动物油、矿物油、机油乳液和有机化合物液体等。动植物油(猪油、牛油、鲸油、蓖麻油、棕榈油等)中含有脂肪酸,能与金属起化学反应,附着力强,润滑性能好,但由于其化学性能不稳定,因而长期贮存容易变质。常用的矿物油是机油,它的化学稳定性好,价格便宜,来源充足,但形成稳定润滑膜的张力较差,着火点低。机油常与其他固体润滑剂配合使用,主要用于冷成形。乳液是由矿物油、乳化剂、石蜡、肥皂和水组成的水包油或者油包水的乳状稳定混合物,它除了具有润滑作用外,还对模具有较强的冷却作用。有机化合物液体,如乙醇、十八醇等,具有游离的极性分子,与金属的结合力强,使用效果良好,它们还经常作为一种活性剂,与其他润滑剂配合使用,以提高润滑效果。

(2) 固体润滑剂。这类润滑剂在常温下呈固态,根据它在高温时存在的形式不同,又可分为干性固体润滑剂和软(熔)化固体润滑剂。

① 干性固体润滑剂。这类润滑剂在变形过程中不改变自身的聚集状态,如石墨、二硫化钼、云母等。

a. 石墨。石墨具有六方晶系的层状结构,由于同一层的原子间距比层与层的原子间距要小得多,所以同层原子间的结合力比层与层间的结合力大,层与层之间容易滑移。当石墨作为润滑剂处于工具与金属坯料之间时,金属坯料与工具接触面间所表现的摩擦实质上是石墨层与层之间的内摩擦,这种内摩擦力比金属坯料与工具直接接触时的摩擦力要小得多,从而起到润滑作用。石墨还具有良好的导热性和热稳定性,它在540℃以上才开始氧化,因而常用作热锻、温挤的润滑剂。石墨的摩擦系数随单位压力的增大而增大。此外,石墨吸附气体以后,摩擦系数会减小。一般情况下,μ 值为 $0.05 \sim 0.19$。

b. 二硫化钼。二硫化钼与石墨一样具有六方晶系层状结构,其润滑原理与石墨相同,所以摩擦系数也较小,一般在 $0.12 \sim 0.15$ 范围内。二硫化钼的开始氧化温度为 400℃ 左右,比石墨低,因此在较高温度下使用时其润滑效果不如石墨。

石墨和二硫化钼是目前塑性成形中最常用的固体润滑剂,使用时可制成水剂或油剂,其比例大致是 1∶1。为了防止石墨、二硫化钼氧化,提高其高温下的润滑性能,常加入三氧化二硼,用着火点较高的变压器油或炮油作为油剂。

② 软(熔)化型固体润滑剂。此类润滑剂在工作温度超过其软(熔)化点时会变软或熔化,但不燃烧,不会逸出有害气体。属于这一类的润滑剂有玻璃、珐琅、天然矿物及各种无机盐等。

a. 玻璃。在高温塑性成形时,常用玻璃作润滑剂,它具有以下特点:

a) 玻璃在加热过程中没有明显的熔点,随着温度升高,它逐渐软化,直至成为液态。液态玻璃包在坯料表面上,使坯料不与模具直接接触,从而起到润滑作用。同时。由于玻璃的导热性差,因而坯料的降温减少,模具也可以避免过热,这都有利于塑性成形。

b) 玻璃熔化后的黏度随着温度的升高而降低,不同成分的玻璃具有不同的黏度-温度特性。因此,可根据塑性成形的温度和所需的黏度选择合适的玻璃成分。

c) 玻璃的使用温度范围很广,在 $450 \sim 2200$℃ 范围内都可采用玻璃作润滑剂。

d) 玻璃不与金属起化学作用,而且化学稳定性很好,使用时可以粉状、薄片状或网状单独使用,也可与其他润滑剂混合使用,具有良好的润滑效果。

e) 玻璃润滑剂的摩擦系数很小,一般为 $0.04 \sim 0.06$。

b. 珐琅。珐琅是涂在金属表面作为防腐蚀及装饰用的普通搪瓷,它以粉末、含水悬浊液及酒精悬浊液的形式使用。工件变形后,可用酸洗、碱洗或其他一些专门方法除掉制品表面上的珐琅。

c. 无机盐类。无机盐类是天然的或者合成的结晶物质。在塑性成形中常用的无机盐润滑剂有盐酸盐、磷酸盐、硝酸盐等。

此外,皂类、蜡类等有机盐和硬脂酸钠、硬脂酸锌及一般肥皂也常用来作为润滑剂。固体润滑剂的使用状态可以是粉末,但多数制成糊剂或悬浮液。

3) 润滑剂中的添加剂 为了提高润滑剂的润滑、耐磨及防腐等性能,需要在润滑剂中加入少量的活性物质,这种活性物质称为添加剂。

润滑剂中的添加剂一般应易溶于机油,热稳定性要好,且应具有良好的物理和化学性能。常用的添加剂有油性剂、极压剂、抗磨剂和防锈剂等。

油性剂是指天然脂、醇、脂肪酸等物质,这些物质都含有羧(COOH)类的活性基。由于它和金属表面的物理吸附作用,可在金属表面形成润滑膜,起到润滑和减摩作用。在润滑剂中加入油性剂以后,可使摩擦系数减小。但油性剂形成的润滑膜只能在温度不高、压力较低的条件下起润滑作用,当温度较高或压力增大时,油膜容易被破坏,这时,应在润滑剂中加入极压剂。

极压剂是一种含硫、磷、氯的有机化合物,如氯化石蜡、硫化烯烃等。在高温、高压下,极压剂发生分解,分解后的产物与金属表面起化学反应,生成熔点低、吸附性强、具有片状结构的氯化铁和硫化铁等薄膜,在较高压力和较高温度下仍然可起润滑作用。

抗磨剂常用的有硫化棉籽油、硫化鲸鱼油等。这些物质可以分解出自由基,与金属表面起化学反应生成耐腐蚀、减磨损的润滑油膜。

防锈剂常用的有石油磺酸钡,当它加入润滑剂后,在金属表面形成吸附膜,起隔水、防锈作用。

在润滑剂中加入适当的添加剂后,可使摩擦系数降低、变形量增大、金属粘模现象减少,使产品表面质量得到改善,因此目前广泛采用加有添加剂的润滑剂。

4) 表面磷化皂化处理冷挤压钢制零件时,接触表面上的压力往往高达2000~2500MPa,在这样高的压力下即使在润滑剂中加入添加剂,润滑剂还是会遭到破坏或者被挤掉,而失去润滑作用。因此,应将坯料表面进行磷化处理,即在坯料表面用化学方法制成一层磷酸盐或草酸盐薄膜,这种磷化膜是由细小片状的无机盐结晶组成的,呈多孔状态,对润滑剂有吸附作用。

磷化膜的厚度为 $10 \sim 20 \mu m$,它与金属表面结合很牢,而且有一定的塑性。在挤压时磷化处理后的坯料应进行润滑处理,常用的有硬脂酸钠、肥皂等,故称为皂化。磷化皂化处理方法出现之后,大大推动了钢的冷挤压工艺的发展。但磷化皂化工序繁杂,因此人们正在研究新的润滑方法。

9.6 不同塑性加工条件下的摩擦系数

下面介绍不同塑性加工条件下的摩擦系数,可供使用时参考。

热锻时的摩擦系数见表 9-1。

表 9-1 热锻时的摩擦系数

材料	坯料温度/℃	不同润滑剂的 μ 值		
		无润滑	炭末	油+石墨
45 钢	1000	0.37	0.18	0.29
	1200	0.43	0.25	0.31

续表

材料	坯料温度/℃	不同润滑剂的 μ 值				
		无润滑	汽缸油+10%石墨（成分比例按质量计量）	胶体石墨	精致石蜡+10%石墨（成分比例按质量计量）	精致石蜡
锻铝	400	0.48	0.09	0.10	0.09	0.16

磷化处理后冷锻时的摩擦系数见表9-2。

表9-2 磷化处理后冷锻时的摩擦系数

压力/MPa	不同润滑剂的 μ 值			
	无磷化膜	磷酸锌	磷酸锰	磷酸镉
7	0.108	0.013	0.085	0.034
35	0.068	0.032	0.070	0.069
70	0.057	0.043	0.057	0.055
140	0.07	0.043	0.066	0.055

拉深时的摩擦系数见表9-3。

表9-3 拉伸时的摩擦系数

材料	不同润滑剂的 μ 值		
	无润滑	矿物油	油+石墨
08钢	0.20~0.25	0.15	0.08~0.10
12Cr18Ni9	0.30~0.35	0.25	0.15
铝	0.25	0.15	0.10
杜拉铝	0.22	0.16	0.08~0.10

热挤压时的摩擦系数。钢在热挤压（玻璃作为润滑剂）时，$\mu = 0.025 \sim 0.050$。有色金属热挤压时的摩擦系数见表9-4。

热轧时的摩擦系数。咬入时 $\mu = 0.3 \sim 0.6$；在轧制过程中 $\mu = 0.2 \sim 0.4$。

拉拔时的摩擦系数。拉拔低碳钢时 $\mu = 0.05 \sim 0.07$；拉拔铜及铜合金时 $\mu = 0.05 \sim 0.08$；拉拔铝及铝合金时 $\mu = 0.07 \sim 0.11$；拉拔黄铜丝时 $\mu = 0.04 \sim 0.11$。

表9-4 热挤压时的摩擦系数

润滑	μ 值					
	铜	黄铜	青铜	铝	铝合金	镁合金
无润滑	0.25	0.18~0.27	0.27~0.29	0.28	0.35	0.28
油+石墨	比上面相应系数的值降低 0.030~0.035					

习题

1. 解释下列名词:金属的塑性、最小阻力定律、塑性图、干摩擦、边界摩擦、流体摩擦。

2. 何谓最小阻力定律？最小阻力定律对分析塑性成形时的金属流动有何意义？

3. 简述变形速率、变形温度、应力状态对金属塑性的影响。

4. 塑性成形时,影响金属变形和流动的因素有哪些？各产生什么影响？

5. 为什么说塑性成形时金属的变形都是不均匀的？不均匀变形会产生什么后果？

6. 塑性成形中摩擦的机理是什么？

7. 摩擦在金属塑性成形中有哪些消极和积极的作用？塑性成形中的摩擦有什么特点？

8. 塑性成形时接触面上的摩擦条件有哪几种？各适用于什么情况？

9. 塑性成形中常用的液体润滑剂和固体润滑剂各有哪些？

参考文献

[1] 杨扬. 金属塑性加工原理[M]. 北京:化学工业出版社,2016.

[2] 彭大暑. 金属塑性加工原理[M]. 2版. 长沙:中南大学出版社,2014.

[3] 李尧. 金属塑性成形原理[M]. 2版. 北京:机械工业出版社,2013.

[4] WANG Z R. Engineering plasticity: Theory and applications in metal forming[M]. New Jersey: Wiley,2018.

[5] WILLIAM F. HOSFORD,ROBERT M. CADDELL. Metal forming: mechanics and metallurgy[M]. 4th Edition. Cambridge: Cambridge University Press,2011.

第 10 章

塑性成形新技术

10.1 螺旋孔型斜轧

10.1.1 螺旋孔型斜轧的原理

螺旋孔型斜轧简称孔型斜轧,其工作原理如图 10-1 所示。两个带螺旋孔型的轧辊同向旋转,并带动圆形坯料旋转前进,坯料在螺旋孔型的作用下,变形为回转体零件,螺旋孔型斜轧的变形主要是径向压缩和轴向延伸。

螺旋孔型斜轧可生产直径为 φ4~φ120mm、长度为 4~200mm 的回转体零件毛坯,如钢球、铜球等;也可生产直径为 φ10~φ100mm、最大长度为 10m 的螺旋零件毛坯,如锚杆等。螺旋孔型斜轧生产的锻件如图 10-2 所示。

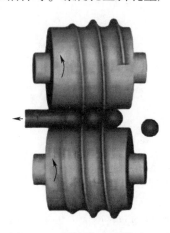
图 10-1 螺旋孔型斜轧原理图

图 10-2 螺旋孔型斜轧生产的锻件

10.1.2 螺旋孔型斜轧的特点

螺旋孔型斜轧是一种高效的成形工艺,它从轧制技术发展而来,将轧制等截面型材的技术发展成轧制变截面回转体件的技术;它又从锻压技术发展而来,将整体塑性成形变为连续局部塑性成形,螺旋孔型斜轧与常规的锻造成形工艺相比,有以下优点。

(1) 单机生产率高。轧辊每转一圈生产一个产品(单头轧)或多个产品(多头轧)。轧辊转速一般为40~500r/min,即每分钟可生产40~500个产品。与锻造相比,生产率可提高了5~20倍。

(2) 材料利用率高。斜轧的材料利用率一般为90%以上,目前精密斜轧可达95%以上,显著节约材料。

(3) 产品质量高。斜轧产品金属流线沿轴线连续分布(不像切削那样有断头),经过轧制后晶粒细化,因此产品的静载强度与疲劳强度较切削产品提高10%以上。

(4) 设备投资少。由于是局部连续成形,工作载荷只有模锻的几十分之一,所以设备小且投资少。

(5) 劳动条件改善。斜轧无冲击且噪声低,轧件的精整、切断等工序均在孔型中连续自动完成,容易实现自动化,改善了工人的劳动条件。

(6) 模具寿命长。模具的寿命一般在20万件以上,是模锻的十多倍。

(7) 生产成本低。由于效率高、节材、设备费低等原因,生产成本平均下降30%左右。

螺旋孔型斜轧的缺点是:只能生产回转体零件与螺旋零件;模具设计与制造复杂;工艺调整难度大。

10.2 摆动辗压

10.2.1 摆动辗压的原理

摆动辗压是通过连续的局部塑性变形使工件整体成形的回转成形工艺。摆动辗压的工作原理如图10-3所示,摆动辗压机的摆动机构即摆头的中心线 OO' 与摆动辗压机机身轴线 O_1z 呈夹角 γ(称为摆角)。在摆动辗压成形过程中,摆头带动锥面上模(即摆头)1沿工件2的表面连续摆动(有的摆动辗压机有转动),加压油缸4以一定的压力推动滑块3将工件向上推动。在整个摆动辗压过程中,上模和工件局部接触,使工件2由局部变形累积为整体成形。自20世纪60年代以来,摆动辗压在机械、汽车、电器、仪表、五金工具等许多行业得到了广泛应用,受到世界各国的重视。

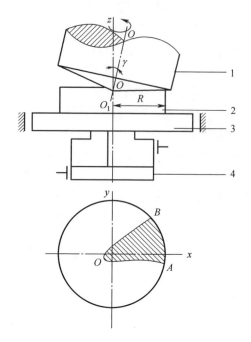

图 10-3　摆动辗压的工作原理图

10.2.2　摆动辗压的特点

摆动辗压是在压力下连续而局部的变形,接触面积小,每一次变形量小,总结起来具有如下特点。

(1) 省力。与一般锻造工艺相比,成形同样大小的工件,摆动辗压所需的总变形力显著减小,摆动辗压变形力为一般锻造变形力的 $\frac{1}{20} \sim \frac{1}{5}$,视工件复杂程度的不同而不同。

(2) 适合成形薄盘类零件。薄盘类零件是高径比很小的件,高径比甚至为 0.1。采用一般锻压设备生产薄盘类零件时,因坯料的高径比很小,在坯料与模具接触面将产生很大的摩擦力。一方面使工件的单位面积变形力急剧上升,甚至可能超过模具材料的强度极限;另一方面过大的接触摩擦严重妨碍材料的流动变形,甚至在很大的锻造力作用下仍不能产生塑性变形。这种情况下,一般的整体锻造难以生产薄盘类零件。采用摆动辗压工艺生产薄盘类零件时,由于模具与坯料间的接触面积小,而变形区的高径比并不小,加之模具与坯料表面间的摩擦可能由滑动摩擦变为滚动摩擦,从而使摩擦系数大大降低,使妨碍金属流动的摩擦力大幅度降低,因此薄盘类零件的成形便比较容易。实验表明,无润滑摆动辗压成形时,接触摩擦系数为 0.30;有润滑摆动辗压成形时,接触摩擦系数减小到 0.06~0.031;一般锻造成形时,有润滑状态及无润滑状态的接触摩擦系数为 0.15~0.30。显然,在润滑条件下,摆动辗压成形的接触摩擦远小于一般锻造。

图 10-4 所示为铅试件普通镦锻和摆动辗压变形力曲线。从图 10-4 中可以看出,摆动辗压变形力比普通镦锻的变形力小得多,且工件越薄(即工件高径比(H/D)越小),摆动辗压成形的效果越好。因此,摆动辗压能使高径比很小、普通锻造不能成形的工件成形,特别适合制造薄盘、圆饼、法兰、半轴类和勾销等零件,显著扩大了产品的范围。对于带杆的薄盘类零件,更能显示出摆动辗压的优势。

(3) 工作条件好。摆动辗压成形可以看作静压成形,无振动,噪声低,容易实现机械化和自动化,故劳动条件好。

(4) 生产效率高。

(5) 设备小,占地面积少。

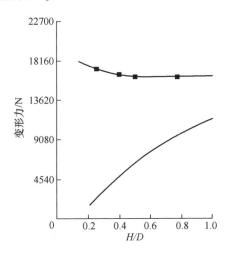

图 10-4　普通镦锻和摆动辗压变形力曲线

摆动辗压除了有以上优点外,也有一些局限性,具体如下。

(1) 在辗压大直径圆盘坯料前,需要先制坯。因为摆动辗压是多次小变形累积而成的整体成形,且辗压时坯料始终受偏心载荷作用,所以坯料高径比 H/D 不能太大,否则效率低,工艺稳定性差。

(2) 机器结构复杂。由于摆动辗压机要实现复杂的摆动运动,始终在偏心载荷下工作,因此要求摆动辗压机要比普通锻造机有更紧凑的结构和更高的刚性,特别是用于冷精密成形的摆动辗压机更是如此。摆动辗压机的操作空间相对狭小,故摆动辗压对工件的尺寸有一定的限制。

摆动辗压工艺是通过局部非对称变形区的连续移动来完成整体变形的,金属径向流动容易,轴向流动较困难。因此,摆动辗压工艺适合薄盘类及法兰类零件成形,对于轴向尺寸大的工件则不适合。

10.2.3 摆动辗压的分类

摆动辗压按照辗压温度的不同分为冷辗、热辗、温辗三类。

冷辗的特点是:锻件精度高、表面粗糙度低、力学性能好,一般不需要后续机械加工就可以直接使用;但是冷辗变形力大,故每次变形程度不宜过大。

热辗的特点是:变形力小,容易成形,因此尺寸较大的锻件一般都需要热辗;但是热辗的锻件精度低和表面粗糙度较高,辗压后还需要进行机械加工,且模具寿命较短。

温辗介于热辗和冷辗之间,变形力较小(比冷辗减少1/2以上),表面氧化少,而且不容易产生裂纹,锻件质量较高,是一种很有发展前途的成形方法。

摆动辗压工艺生产的产品有变速器齿轮、同步器齿环、差速器行星半轴齿轮、启动棘轮、油泵凸轮、离合器盘毂、半轴端面齿轮、主减速器从动齿轮、空压机阀盖、碟形弹簧、扬声器导磁体、铣刀片等。摆动辗压也可以成形各种饼盘类、环类及带法兰的长轴类锻件,如法兰盘、齿轮坯、铣刀坯、碟形弹簧坯、汽车半轴、带齿形的齿轮、链轮、销轴等。此外,摆动辗压还可以应用于冲压、挤压、缩口、翻边等。凡是具有一定塑性的金属材料均适用摆动辗压工艺,如碳钢、不锈钢、轴承钢、工具钢、18CrMnTi、20CrNiMo 等,以及铝、铜等多种有色金属及其合金。

摆动辗压技术发展得很快,我国在摆动辗压的成形规律、变形机理、设备参数、工艺优化等诸多方面取得了系统深入的研究成果,研制了 36~4000kN 等多种规格系列的立式、卧式摆辗机以及摆辗铆接机;在摆辗机结构上也不断创新,如横轧摆辗机、多用途摆辗机、双轮摆辗机等。汽车半轴摆动辗压工艺经过多年生产考验已经大批量投产,全国有多家企业采用摆动辗压法生产汽车半轴;采用摆辗法生产的碟形弹簧质量高并且节省材料;中小型企业用摆动辗压法锻造各种齿轮,解决了生产大型模锻件需要添置大型设备的困难。粉末摆动辗压以粉末冶金烧结体作为预制坯,经过摆动辗压成形可以获得致密度很高的各种金属制品。摆辗铆接与气动和液压铆接相比,噪声振动小、铆接质量好,可以实现圆头、平面、扩孔、翻边等铆接工序,已经广泛用于电器仪表、五金家电、办公用品、航空电器的生产。

10.3 旋压成形

10.3.1 旋压成形的原理

旋压是用于成形薄壁回转体零件的一种压力加工方法,它综合了锻造、挤压、拉深、弯曲、环压、横扎和滚压等工艺特点,是一种少无切削的先进加工工艺。它是借助于旋轮或杆棒等工具作进给动力,加压于随芯模沿同一轴线旋转的金属毛坯,使其产生连续的局部塑性变形而成为所需的空心回转体零件。

10.3.2 变形及受力分析

在旋压成形的工艺参数中,旋压力的分析计算对于选择旋压机及设计、确定工艺参数和深入理解旋压过程都具有重要意义。旋压力是指旋轮直接施加于筒坯的作用力。旋压过程中,作用在旋轮与筒坯接触区的旋压力可分解为3个旋压分力:即作用方向与工件圆周相切的切向分力 F_t,作用方向为垂直于工件旋转轴线的径向分力 F_r,以及作用方向为平行芯模轴线的轴向分力 F_z,如图10-5所示。在整个成形过程中除了在旋压初始阶段和旋压终了阶段之外,旋轮与筒坯的接触区形状是保持不变的。通常旋压工作者感兴趣的不是旋压力的合力,而是其分量。因为需要根据旋压力的分量来分别确定旋压设备所需的功率和进给机构的动力。切向分力通常较小,对成形影响关系大的主要是径向分力和轴向分力。

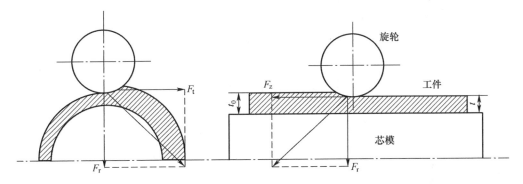

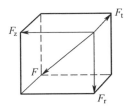

图 10-5 旋压受力分析

根据旋压过程中金属材料流动方向的不同,旋压可分为正旋和反旋两种方式。正旋是指旋压过程中金属材料的流动方向与旋轮的进给方向相同,如图10-6所示;反旋是指旋压过程中金属材料的流动方向与旋轮的进给方向相反,如图10-7所示。

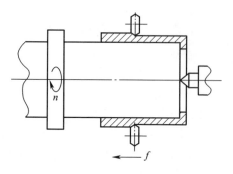

图 10-6 正旋示意图

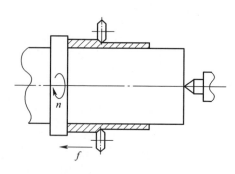

图 10-7 反旋示意图

合理地选择旋压方式对于零件的成形具有重要的意义。正旋时,杯状筒坯底部与芯模端面接触,旋轮从筒坯底部开始旋压,已旋压的金属处于拉应力状态,而未旋压的部分则处于无应力状态,并朝着旋轮的进给方向流动。此时旋压所需的扭矩由芯模经筒坯底部以及已旋压即变薄的壁部来传递,最后传到旋轮上。反旋时,采用的筒坯其一端与芯模的台肩环形面接触,在旋轮进给推力作用下,由接触端面的摩擦力通过未减薄的原始壁部传递扭矩,旋轮从端部开始旋压,被旋出的金属向着旋轮进给的反方向流动,如图 10-8 所示。

确定旋压变形区金属流动情况和应力应变状态是对旋压过程进行力学分析的基础。从图 10-6、图 10-7 可以看出,对正旋和反旋两种方式而言,变形区的金属流动情况及应力应变状态是不同的,因此其力学模型也有一定的区别。正旋时,变形区的切向和径向受压应力,轴向为拉应力,切向和轴向为伸长应变,径向为压缩应变;反旋时,变形区为三向压应力,应变情况与正旋相同,切向和轴向为伸长应变,径向为压缩应变,如图 10-9 所示。

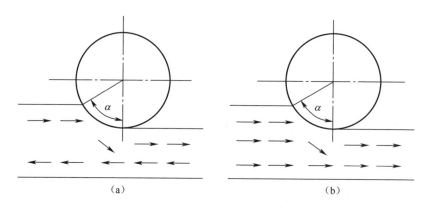

图 10-8 旋压变形区金属流动示意图
(a)正旋;(b)反旋。

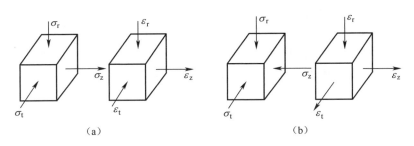

图 10-9 旋压变形区应力应变图
(a)正旋;(b)反旋。

10.4 无模拉伸成形

10.4.1 无模拉伸成形的原理

对金属坯料进行局部加热,在一定的外力作用下,通过适当的加热和冷却方法,不采用模具而使金属得到预期形状的塑性变形,称为无模拉伸成形。无模拉伸成形工艺是一种柔性塑性加工技术,是一种高精度、高效率、低能耗、无污染、少无切削、柔性近终成形技术,可直接生产出零件。

无模拉伸成形的基本原理是取消昂贵的模具加工,不使用模具仅靠金属变形抗力随温度变化的性质实现的塑性变形过程,产品的形状及精度通过精确控制速度来实现。通过对金属的快速加热、快速冷却与加载、加工速度的配合,拉伸成异形变断面细长件。因此,它是在高温变形和快速冷却中实现的复杂的塑性变形过程。

无模拉伸成形时的断面收缩率只与拉伸速度和冷热源移动速度的比值有关。如果在变形过程中,拉伸速度与冷热源移动速度的比值发生连续的变化,就可以加工出所需形状的变断面细长件,包括锥形细长件、阶梯形细长件、波形件等。变断面细长件的形状及加工精度通过改变及精确控制速度来实现。

快速加热与快速冷却相结合而形成的温度梯度是无模拉伸成形稳定进行的前提条件,因此温度场的分布是无模拉伸应用基础研究中的重要组成部分。无模拉伸速度场及变形力是无模拉伸工艺应用的关键,无模拉伸速度场及变形力参数的确定对设计或选择无模拉伸设备提供了重要依据。对无模拉伸过程进行数值模拟可以预测无模拉伸金属流动规律、变形区形状及加工件外形尺寸等。

无模拉伸成形作为一种新的金属成形方法而发展起来。与传统的拉拔工艺相比,无模拉伸成形最突出的特点是:适合具有高强度、高摩擦阻力、低塑性、用有模拉伸工艺很难拉伸的金属材料;对材料可以进行某些热处理,提高产品的组织性能;可加工各种金属材料的锥形管件、阶梯管件、波形管件、纵向外形曲线给定的细长变断面异型管件以及复合异型管件等。不足之处是:由于无模拉伸成形的挠性强,形状变化的自由度增多,影响因素也就增多;另外,在加工过程中,需要测定、控制形状影响因素,装置必须智能化,又由于形状影响因素,加工件要达到一定温度,故又附加部分热能。此外,装置的智能化相应地要求人应具备更高的技术水平。

10.4.2 无模拉伸成形的基本形式

无模拉伸成形的基本形式有两种,即连续式无模拉伸工艺和非连续式无模拉件工艺。图 10-10 所示为连续式无模拉伸成形,图 10-11 所示为非连续式无模拉伸成形。

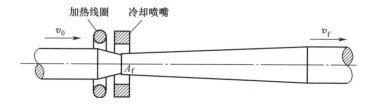

图 10-10 连续式无模拉伸成形

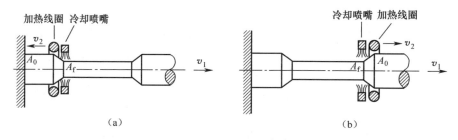

图 10-11 非连续式无模拉伸成形
(a) v_1 和 v_2 反向;(b) v_1 和 v_2 同向。

金属的轴类件或管类件的一端固定,采用感应加热线圈将材料局部加热到高温,然后以一定的速度拉伸轴类件或管类件的另一端,而感应加热线圈和冷却喷嘴(简称冷热源)则以一定的移动速度向相反或相同的方向移动,见图 10-10、图 10-11,只要给定拉伸速度与冷热源移动速度的比值,就可以获得所需断面尺寸的产品零件。所获得的轴类件或管类件的断面收缩率由速度的比值决定。由于此方法无摩擦且属于金属热加工的一种形式,因此即使材料的可加工性低,也可以获得较大的断面收缩率。

在无模拉伸过程中,对材料施加轴向拉伸载荷的同时进行局部加热。加热采用高频感应加热,冷却采用风冷或水冷。其变形机制是:当温度升高时,材料局部的变形抗力下降,塑性好,从而产生局部变形,出现缩颈,而且金属易变形且变形程度较大;相反,当加热温度降低时,材料局部的变形抗力增大,塑性差,则金属不易变形,该处金属变形量较小或不变形。

无模拉伸成形的变形程度通过断面收缩率判断,而断面收缩率只与拉伸速度和冷热源移动速度的比值有关。由于连续式无模拉伸成形与非连续式无模拉伸成形的断面收缩率的计算方法是相似的,因此在此只对非连续式无模拉伸成形进行分析研究。

如图 10-11(a) 所示,拉伸速度与冷热源移动速度反向,根据体积不变条件有:

$$A_0 v_2 = A_f (v_1 + v_2) \tag{10-1}$$

速度与断面收缩率的关系为

$$\Psi = \frac{A_0 - A_f}{A_0} = \frac{v_1}{v_1 + v_2} \tag{10-2}$$

$$\frac{1}{\Psi} - 1 = \frac{v_2}{v_1} \tag{10-3}$$

式中:A_0、A_f 分别为拉伸前、拉伸后的断面面积;v_1、v_2 分别为拉伸速度和冷热源移动速度。

如图 10-11(b) 所示,拉伸速度与冷热源移动速度同向,根据体积不变条件有:

$$(v_2 - v_1) A_0 = A_f v_1 \tag{10-4}$$

速度与断面收缩率的关系为

$$\Psi = \frac{A_0 - A_f}{A_0} = \frac{v_2}{v_1} \tag{10-5}$$

$$\frac{1}{\Psi} = \frac{v_2}{v_1} \tag{10-6}$$

由于 $\Psi<1$,则 $v_1<v_2$。

由此可见,只要断面收缩率给定,则拉伸速度与冷热源移动速度的比值就一定。无模拉伸成形时,控制拉伸速度与冷热源移动速度到指定的比值以后就可以获得所需形状的细长件。

在变形过程中,使拉伸速度与冷热源移动速度的比值发生连续的变化,就可以获得任意变断面零件。例如,锥形棒的非连续式无模拉伸成形也有两种形式,如

图 10-12 所示。

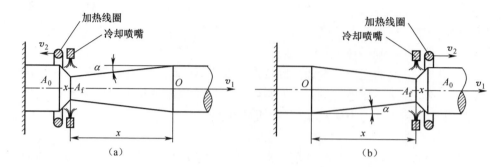

图 10-12　锥形棒无模拉伸成形
(a) v_1 和 v_2 反向；(b) v_1 和 v_2 同向。

如图 10-12(a)所示，拉伸速度与冷热源移动速度反向，在 x 点处的断面收缩率为

$$\Psi = \frac{A_0 - A_f}{A_0} = 1 - \frac{(d_0 - 2x\tan\alpha)^2}{d_0^2} \tag{10-7}$$

式中：α 为锥半角，显然断面收缩率是 x 的函数，从而使拉伸速度与冷热源移动速度的比值 $\dfrac{v_2}{v_1}$ 也是 x 的函数。

如图 10-12(b)所示，拉伸速度与冷热源移动速度同向，在 x 点处，断面收缩率为

$$\Psi = \frac{A_0 - A_f}{A_0} = 1 - \frac{(d_0 - 2x\tan\alpha)^2}{d_0^2} \tag{10-8}$$

10.4.3　无模拉伸变形机制

在无模拉伸成形中，由根据体积不变条件而得到的断面收缩率的计算公式可知，无模拉伸时的断面收缩率只与拉伸速度和冷热源移动速度的比值 $\dfrac{v_1}{v_2}$ 有关。因此，变断面细长件无模拉伸的变形机制就是在无模拉伸过程中的每一瞬间都满足体积不变定律，从而就可以根据拉伸速度与冷热源移动速度的比值来确定每一瞬间的断面收缩率。因此，只要连续地改变冷热源移动速度或拉伸速度，使拉伸速度与冷热源移动速度的比值发生连续的变化，就可以获得所需形状的变断面细长件。采用这种加工方法可以加工锥形细长件、阶梯细长件、波形细长件、任意变断面细

长件等,如图 10-13 所示。所能实现的极限变形程度取决于拉伸件材质及变形区温度场等工艺参数。

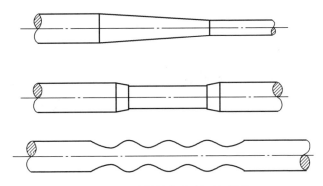

图 10-13 无模拉伸变断面细长件

控制断面收缩率,可通过改变冷热源移动速度或拉伸速度来实现。图 10-14 所示为冷热源移动速度的变化模型与对应的加工零件外形。

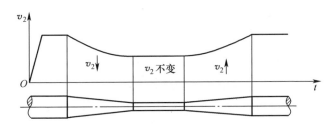

图 10-14 速度变化模型与对应的加工工件形状

实践证明,要得到大的加工速度,必须给出快速加热、快速冷却的加工条件。无模拉伸能够稳定进行的必要条件是在变形区产生一定的温度梯度,从而产生一定的变形抗力梯度。设在变形起始处的温度为 T_1,流动应力为 σ_1,在变形结束处的温度为 T_f,流动应力为 σ_f,为了使变形能够稳定地进行,必须满足条件 $A_0 \sigma_1 < A_f \sigma_f$,由断面收缩率公式可得

$$\Psi = \frac{A_0 - A_f}{A_0} = 1 - \frac{A_f}{A_0} < 1 - \frac{\sigma_1}{\sigma_f} \tag{10-9}$$

通过式(10-9)可以看出,当断面收缩率增大到一定值 Ψ_{max} 时,无模拉伸变形不能稳定进行,因此 Ψ_{max} 称为极限断面收缩率,且有

$$\Psi_{max} = 1 - \frac{\sigma_1}{\sigma_f} \tag{10-10}$$

10.5 管道内高压成形

10.5.1 液压成形的定义和种类

液压成形是指利用液体作为传力介质或模具使工件成形的一种塑性加工技术,也称为液力成形。按使用的液体介质的不同,液压成形分为水压成形和油压成形。水压成形使用的介质为纯水或由水添加一定比例乳化油组成的乳化液;油压成形使用的介质为液压传动油或机油。按使用坯料的不同,液压成形分为:管材液压成形、板料液压成形和壳体液压成形三类。

板料液压成形和壳体液压成形需要的压力较低;管材液压成形使用的压力较高,又称为内高压成形。内高压成形使用的介质多为乳化液,工业生产中使用的最大成形压力一般不超过 400MPa。

10.5.2 变径管内高压成形技术

1. 工艺过程

变径管是指管件中间一处或几处的管径或周长大于两端管径或周长,其主要几何特征是管件直径或周长沿着轴线变化,轴线为直线或弯曲程度很小的二维曲线。

变径管内高压成形过程可以分为 3 个阶段:①充填阶段(图 10-15(a)),将管材放在下模内,然后闭合上模,使管材内充满液体,并排出气体,将管的两端用水平冲头密封;②成形阶段(图 10-15(b)),对管内液体加压胀形的同时,两端的冲头按照设定加载曲线向内推进补料,在内压和轴向补料的联合作用下使管材基本贴靠模具,这时除了过渡区圆角以外的大部分区域均已成形;③整形阶段(图 10-15(c)),提高压力使过渡区圆角完全贴靠模具而成形为所需的工件,这一阶段基本没有补料。

从截面形状来看,可以把管材的圆截面变为矩形、梯形、椭圆形或其他异形截面。根据受力和变形特点,零件分为成形区和送料区两个区间。成形区是管材直径发生变化的部分;送料区是在模具内限制管材外径不变的部分,主要作用是向成形区补充材料。

2. 应用范围

变径管内高压成形技术适用于制造汽车进/排气系统、飞机管路系统、火箭动力系统、自行车和空调中使用的异形管件和复杂截面管件,主要用于制造管路系统

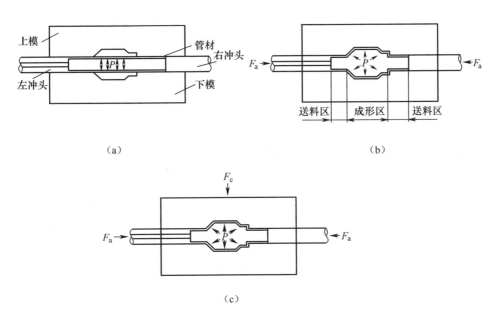

图 10-15 变径管内高压成形过程

中的功能元件或连接不同直径的管件。此外，小型飞机发动机的空心曲轴和传动系统中的空心阶梯轴也可以采用内高压成形技术制造。

变径管的结构又分为对称和非对称两种形式。非对称变径管又有上下不对称、左右不对称和完全不对称三种结构形式。非对称结构，尤其是上下不对称结构，其成形难度要大于对称结构。

适用的管径为 $\phi 20 \sim \phi 25 mm$，壁厚为 18mm，管径与壁厚比一般为 10~50。汽车和飞机中使用的变径管壁厚为 1~3m，空心轴壁厚为 4~8mm。

10.6 严重塑性变形技术

严重塑性变形（severe plastic deformation，SPD）是一类通过在加工时引入大应变，制备纳米晶或者超细晶材料的工艺方法。其基本原理是，在加工时通过塑性变形引入应变，金属内部产生高密度的位错，在大的累积应变下位错发生重新排列产生新的晶界，这样就完成了晶粒的细化。区别于常规的金属材料加工方法，严重塑性变形技术可以在加工时不大幅度改变工件的形状，从而保证可以通过累积变形引入足够大的累积应变。基于严重塑性变形加工方法的基本设计思想，科研工作者们开发出多种严重塑性变形加工技术，这些技术包括等通道挤压、高压扭转、多向锻造、累积叠轧、搅拌摩擦加工和连续挤压等。在这些技术中等通道挤压和高压扭转是目前研究较多的有关制备超细晶材料或纳米结构材料的两种方法。

10.6.1 等通道角挤压

在众多超大塑性变形加工方法中,等通道角挤压(equal channel angular pressing,ECAP)技术发展较早。由于其装备和力学条件简单,操作简便,因此在多种工程合金中得到广泛研究。等通道角挤压基本原理如图 10-16 所示。

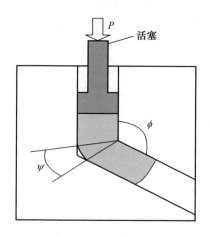

图 10-16 等通道角挤压原理示意图

等通道角挤压的模具由两个具有相同横截面面积的通道以一定角度相交组成,两通道相交的内角为 ϕ,两通道相交的外角为 ψ。加工时,将试样放入上部通道中,在压力 P 的作用下试样从一个通道经过弯曲部位被挤压到另一个通道。值得注意的是,试样需要与通道形状一致,并且与通道润滑良好以减小摩擦力。当试样经过转角部位时,主要变形区产生近似理想的纯剪切变形。对于等通道角挤压加工的样品,除试样两端外,整个试样变形均匀,因此可获得组织均匀的块状材料。

试样的放置情况会影响试样的剪切面和剪切方向,因此,通过改变试样每次加工前的放置情况可以获得不同的显微组织结构。等通道角挤压加工时的路径可以分为 4 种。路径 A:每道次间试样不旋转,以相同方向直接进入下道次工具内。路径 B_A:每道次间顺时针或逆时针将试样旋转 90°,顺时针或逆时针交替进行。路径 B_C:每道次间以顺时针或逆时针旋转 90°,在整个实验中不改变试样旋转的方向。路径 C:每道次间试样旋转 180°后再进入下一道次,如图 10-17 所示。研究表明,经路径 B_C 加工后,材料中大角度晶界比例最高,材料性能最为优异。

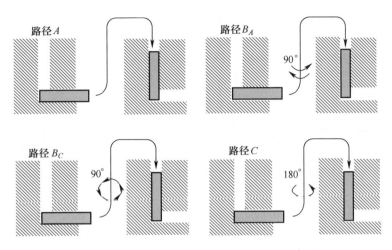

图 10-17　等通道角挤压 4 种变形路径示意图

10.6.2　高压扭转

高压扭转(high pressure torsion,HPT)技术从开发以来,经过了许多人改进,形成了现代高压扭转技术,基本原理如图 10-18 所示。该高压扭转的装置主要由上下两个模具组成,上模固定不动,下模可以转动。事实上,基于以上原理,高压扭转有两种不同的变形模式:样品不受约束变形模式和受约束变形模式,如图 10-19 所示。这两种变形模式的区别在于,样品在变形过程中是否受到模具的约束而不

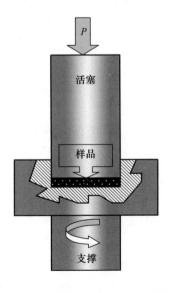

图 10-18　高压扭转基本原理示意图

改变形状。进行高压扭转时,将圆片状的样品放置于上下两个模具之间,对上模具施加压力,通常压力大小为数个吉帕。下模在转动时与圆盘接触而在试样截面形成剪切摩擦扭矩,样品在剪切力的作用下显微组织发生改变。

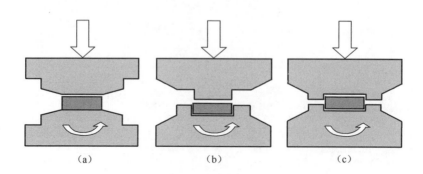

图 10-19　不同类型高压扭转示意图
(a)非约束型高压扭转;(b),(c)约束型高压扭转。

目前,大量的研究都使用高压扭转对铝合金进行加工,以获得强度更高的铝合金。这些研究结果表明,通过高压扭转可以有效地将合金的晶粒细化到 100~300nm,甚至更小。据报道,高压扭转加工的商业铝合金 V96Z1(Al-Zn-Mg-Cu-Zr)晶粒尺寸达到了 90nm。除晶粒的细化之外,超大塑性变形后材料产生的各种纳米特征结构也对铝合金的强化起到了明显的作用。例如,高压扭转加工后的 A7075 铝合金产生了强度翻倍的效果,而强化效果的提升就是由于晶粒内产生了纳米晶和独特的溶质纳米结构。由于高压扭转模具的大小对样品尺寸有一定的限制,因此通常用来加工小尺寸样品。尽管如此,高压扭转技术依然有望用于制备航空航天、汽车、生物医疗等领域使用的中小部件。

10.7　表面纳米化技术

1999 年,卢柯院士提出了金属表面纳米化概念,被认为是最有可能在结构材料上获得突破的纳米技术之一,为我国表面纳米强化技术研究奠定了基础。众所周知,材料的失效大部分源于表面,而纳米材料与常规粗晶材料相比,具有超高强度、超高硬度等特性,因此将纳米技术与表面强化技术相结合,在材料表层形成一定厚度的纳米晶层,就可以达到改善材料表层性能、提高使用寿命的目的。近年来,大量学者运用不同方法已经成功实现了多种金属材料的纳米化,并对其进行了研究,表面纳米化技术也得到了进一步发展。

10.7.1 金属表面纳米化方法

随着对表面工程关注度的提高,对表面纳米化技术的研究也越来越多,纳米化手段层出不穷,目前根据纳米化特点的不同,主要将纳米化技术分为三类:第一类是表面涂层或沉积,通过引入其他纳米颗粒材料在金属表面形成纳米结构涂层;第二类是表面自纳米化,不引入其他成分,依靠材料自身发生改变,在材料表层形成梯度纳米结构,实现自纳米化;第三类是混合纳米化,需分两步进行,首先通过表面自纳米化在其表面形成纳米结构,使其表层性能发生改变,然后与涂层或化学热处理相结合,从而在材料表层形成与基体化学成分不同的固溶体、化合物或复合组织,如图10-20所示。下面将介绍三类表面纳米化方法的基本原理及其发展现状。

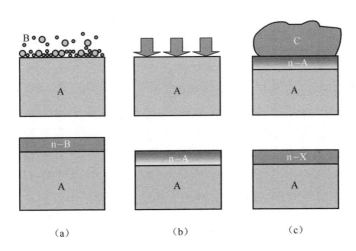

图 10-20 表面纳米化的 3 种方法
(a)表面涂层或沉积;(b)表面自纳米化;(c)混合纳米化。

1. 表面涂层或沉积

它是通过将预先制备好的纳米材料颗粒以一定的工艺方法固结于材料表面,从而在基体表面形成一定厚度的纳米结构层。其工艺与常规表面涂层制备方法相似,气相沉积、溅射、电镀等工艺也可用于制备表面纳米涂层。由于该方法制得的纳米层与基体之间存在界面甚至分离,故严重制约了其应用。不过,当前表面沉积和涂层技术仍具有很大的开发空间,实验中通过控制相关工艺参数来调整试样表面涂层的厚度和晶粒的尺寸。在这个过程中的核心问题是,如何最大限度地提高纳米结构层与基体之间的结合强度,同时尽可能避免处理过程中表层晶粒的长大。

2. 表面自纳米化

表面自纳米化主要包括非平衡热力学法和表面机械处理法,前者是通过电子束或激光等照射使材料表面迅速升温然后迅速冷却获得纳米晶;后者主要通过外加载荷反复作用于材料表面,产生剧烈的塑性变形,从而使表层粗晶逐渐细化至纳米级,是当前研究中采用最为广泛的方法,主要工艺有表面机械研磨、激光冲击、超声喷丸、超声表面滚压等。

3. 混合纳米化

它是以上两种纳米化方法的综合,首先在其表面实现自纳米化形成具有梯度结构的表层,然后在此基础上进行化学热处理或其他工艺在其表面形成成分不同的化合物或组织,是一种复合强化技术。

10.7.2 金属表面纳米化机理

自卢柯院士提出金属表面纳米化概念以来,该研究领域已经历了二十余年的发展。目前研究重点大多是针对表面纳米化制备加工技术进行的研究与创新,通过不同的处理方式,如喷丸、机械研磨、表面滚压等,实现金属材料表面纳米化,研究侧重的是表面纳米化处理后材料表层性能的变化。

关于表面纳米化过程中材料晶粒细化机理的研究也取得了一定进展。现有研究结果表明,在材料表面引入大量应变是实现表面自纳米化的本质,当前金属材料表面自纳米化大部分是通过适当的机械处理加工技术,使材料表面产生往复剧烈塑性变形来实现的。塑性变形是诱导晶粒细化的重要方式,晶粒细化过程不仅受外界载荷的影响,而且与金属材料本身特性也相关。对于多晶体金属材料来说,其塑性变形方式主要有两种,分别为机械孪生和位错滑移。本质上就是通过重复作用的载荷在金属表层粗晶组织中产生孪晶和位错等高密度缺陷并不断相互作用,完成对晶粒的分割使其细化至纳米级。

习 题

1. 简述螺旋斜轧技术与轧制和锻造技术的关系。
2. 简述摆动辗压和旋压技术与轧制和锻造技术的关系。
3. 试分析内高压成形中金属变形部位的力学特点。
4. 严重塑性变形技术为什么能够获得远高于传统塑性变形方法的累积应变?
5. 表面纳米化技术与整体塑性变形技术相比,其优点是什么?表面纳米化技术的分类依据是什么?

参考文献

[1] 张士宏,程明,宋鸿武,等. 塑性加工先进技术[M]. 北京:科学出版社,2012.
[2] 李峰. 特种塑性成型理论及技术[M]. 北京:北京大学出版社,2011.
[3] GHADER FARAJI,HYOUNG SEOP KIM,HESSAM TORABZADEH KASHI. Severe plastic deformation:methods,pressing, and properties[M]. Amsterdam:Elsevier, 2018.
[4] ROSHOWSKI A. Severe plastic deformation technology[M]. Dunbeath:Whittles Publishing,2017.